時兆文化

奇妙的恩典

God's
Amazing
Grace

懷愛倫 著・焦望新 編譯

每日靈糧 Daily Devotions

耶穌堅持不懈地強調生命中的重要問題，
祂在當時就試圖帶領猶太人，
聚焦於信仰中真正重要的事上。
如果看懷愛倫的著作，她所做的也是如此。
——喬治賴特，《走進懷愛倫的異象世界》

目錄

出版序｜

　　本書初版乃源自1977年懷愛倫師母所著之《奇妙的神恩》晨更靈修用書，因蒙各界期盼重新出版，特在2012年邀請焦望新牧師在百忙之中為這本書重新編譯，以全新面貌介紹給讀者，因此，在此特別感謝他的大力支持。

　　懷愛倫師母的著作繁多，內容豐富且言淺意深；她那充滿屬靈教訓的信息雖出自一人的手筆，但均透過聖靈的啟示而寫下，她說道：「懷愛倫並非這些書的創作者，這全是上帝在她畢生事業中所傳授與她的訓誨。其中包含的，乃是珍貴而予人慰藉的明光，是上帝恩賜她僕人，要她傳給世人的。」——見1903年1月20日《評論與通訊》

　　本書的編製方式一如以往，資料來源均散見於懷著「預言之靈」各書，以及早期《評論與通訊》、《時兆月刊》、《青年導報》等期刊，而選擇的摘錄或刪減之處則均經過極為審慎的考慮，務使互相關聯，彙成編章。因資料來源的出處，都來自她的英文原稿，故本書不再另設「索引」供大家查閱，而書中所採用的聖經版本，乃聯合聖經公會所出版的《新標點和合本聖經》。

　　但願本書來自聖靈啟示的訓誨與信息，能鼓勵讀者更重視並接近上帝無限恩典之源，每日領受這「奇妙的神恩」，使「內心一天新似一天」，與基督有更親密的交往。這既是今日復臨信徒所急需的準備，也是每一個願當前教會有復興經驗與真正改革之人所作的盼禱。另，若有任何錯誤漏失，尚希讀者予以指正！

時兆出版社編輯部　謹誌

懷愛倫是基督復臨安息日會的創始人之一，亦是作家、講演者和顧問，教友相信她具有預言的恩賜。她於1827年11月26日出生在美國緬因州戈勒姆，是羅伯特·哈門和友尼基·哈門夫婦八個孩子中的一個。

她積極為教會服務70年，著作浩繁，計有10萬多頁的文稿。單是她留給教會的這份珍貴遺產，也佔用了她畢生的光陰。

但她對教會的服務遠不止寫作。她的日記講述了她的公共服務、旅行、個人之工、待客、訪鄰和身為人母與家庭主婦的事蹟。上帝在這些活動中大大賜福於她。她的志向和願望，她的滿足和喜樂，甚至她的憂傷—她的整個一生—都是為了推進她所愛的聖工。

懷愛倫以世界上著作被翻譯成最多語言，和美國歷史上著作被翻譯成最多語言的女作家而聞名。例如她的小冊子《喜樂的泉源》，就已被譯成100多種語言。

她畢生獻身為上帝和人民服務，於1915年7月16日逝世，坦然無懼地倚賴她一生所信的主。

The Kingdom of Grace

恩典之國

我將國賜給你們,正如我父賜給我一樣,叫你們在我國裏,坐在我的席上吃喝,並且坐在寶座上。

JAN
01
一月一日

恩典之國的佳音

馬太
福音

4：23

耶穌走遍加利利，在各會堂裏教訓人，傳天國的福音。

「祂就開口教訓他們説：虛心的人有福了！因為天國是他們的。」（太5：2－3）這句話落在那些詫異的群眾耳中，猶如新奇的事物一般，這樣的教訓與他們平常從祭司和拉比處所聽來的完全相反。他們看不出其中有什麼奉承他們的驕念，或滿足他們的奢望的，但這位新教師卻具有一種足以使他們心悅誠服的能力，祂的臨格流露著神聖之愛的芬芳，猶如花卉吐放香氣一般。

在耶穌身旁的群眾中，已經有一些人覺察到自己的靈性貧乏。……也有人因祂的純潔感到自己是「困苦、可憐、貧窮、瞎眼、赤身的。」（啟3：17）他們就很渴望「上帝救眾人的恩典」（多2：11）。

耶穌論到虛心的人説：「天國是他們的」，這個國度並不像基督的聽眾所盼望的屬世暫存的國度。基督乃是在向世人展示祂仁愛、恩典和公義的屬靈國度。祂的屬民是那班虛心、謙卑、為義受逼迫的人，天國乃是他們的。在他們裏面開始的善工，雖然還未完全成功，卻必使他們配「與眾聖徒在光明中同得基業」（西1：12）。

那些深覺自己靈性貧乏，知道在自己裏面毫無良善的人，藉著仰望耶穌就可以得到公義與能力。祂勸你以你的貧乏換取祂恩典的財富。我們原來並不配得蒙上帝的愛，但我們的中保基督卻是配得的，而且凡到祂面前來的人，祂都能拯救到底。無論你過去的經歷如何，或是現今的環境是多麼令人灰心，只要你不隱藏你的軟弱、無助、絕望，願意來到耶穌面前，我們慈悲的救主就會從遠處跑來迎接你，用祂慈愛的膀臂懷抱你，將祂的義袍給你披上。

只賜予罪人

人因違背上帝的誡命，就落在祂律法的定罪之下了。這一墮落便需要上帝的恩典為罪人的緣故而顯明出來，我們若沒有墮落，就永不會明白「恩典」一辭的意義。上帝愛那班無罪而為祂服務，順從祂一切命令的眾天使；但祂並不賜予他們恩典。這些天國的生靈對於恩典並不知曉；他們不需要恩典，因為他們從來沒有犯過罪。恩典是上帝向不配的世人所顯示的一種屬性。我們並沒有去尋求恩典，而是恩典受命來尋找我們。上帝很樂意將恩典賜予所有渴慕的人。祂向我們提出一切蒙憐恤的條款，並不是因為我們配得，而是因為我們全然不配得。因為我們需要，我們就有了領受這種恩賜的資格。

然而上帝並不用祂的恩典使祂的律法歸於無效，或取代祂的律法。上帝的恩典和祂國度的律法全然和諧；二者是攜手並行的。祂的恩典使我們憑著信心來就近祂，藉著接受恩典，並容它在我們的生活中發揮效能，我們就可以證明律法的效力；藉著基督之恩典的權能，實踐律法活潑的原理，我們就尊崇了律法；而且我們藉著心悅誠服地遵行上帝的律法，就是在全宇宙，並在使上帝律法無效的背道世界面前，證明救贖的權能。

上帝愛我們，並不是因為我們先愛祂，而是因為「在我們還作罪人的時候」（羅5：8），基督替我們死，為我們蒙救贖做了完備與周全的準備。我們雖因悖逆應受上帝的厭惡與定罪，祂卻沒有棄絕我們；祂也沒有撇下我們，任憑我們以自己有限的能力與仇敵的權勢交戰。天上的使者在為我們作戰；我們若與他們合作，就可戰勝罪惡的權勢。我們信賴基督為我們個人的救主，就可「靠著愛我們的主，……得勝有餘了。」（羅8：37）

提多書

2：11

因為，上帝救眾人的恩典已經顯明出來。

按著上帝所定的時日

加拉
太書

4：4－5

及至時候滿足，上帝就差遣祂的兒子，為女子所生，且生在律法以下，要把律法以下的人贖出來，叫我們得著兒子的名分。

在天上的議會中，基督降世的時辰是已經決定了的。時間的大鐘一指到那個時辰，耶穌就在伯利恆降生了。天意指引著列國的變動，和人間情勢的趨向，直到時機成熟，拯救者就將降臨了。

罪惡的欺詐已經到了絕頂，一切足以敗壞人心的方法，都已使用出來了。上帝的兒子觀看這個世界，所看到的盡是苦難和災禍，祂看見人怎樣成為撒但殘酷行為之下的犧牲品，不禁動了慈心。祂見到他們遭受敗壞、殺害和喪亡，便生了憐憫的心。在全宇宙之前已經證明：離了上帝，人類是無法離開罪惡，高舉自我的。生命和能力的新元素，必須由創造世界的主分賜予人。

那些未墮落的諸世界十分關注著，耶和華會怎樣起來除滅地上的居民。可是上帝非但不毀滅這世界，反而差遣祂的兒子來拯救它。正當撒但似乎要勝利之時，上帝的兒子奉差遣帶著上帝的恩惠而來。歷代以來，上帝無時無刻不向墮落的人類發出愛心。人雖然很固執，但上帝還是不斷地向他們顯示憐憫的心。「及至時候滿足」，醫治的恩澤就傾注於世界，上帝的榮耀就因此彰顯了。這種恩澤永不被阻塞，永不再撤回，直到救恩的計劃完成為止。

撒但以為他在人類的身上敗壞了上帝的形像，但耶穌來在人身上恢復了創造主的形像。除了基督以外，沒有人能更新被罪惡損壞的品格。祂來了，將控制人意志的鬼魔驅逐出去，祂來將我們從灰塵中舉起來，將敗壞了的品格，照著祂神聖品德的模樣重新再造，用祂自己的榮耀把我們裝飾得更美。

基督第一次降世的信息

當耶穌周遊加利利全地，教訓人，醫治人的疾病時，有許多群眾從各城各鄉來到祂那裏，甚至從猶太或鄰近的省分，也有許多人來。因此耶穌往往不得不避開眾人，那時民眾的情緒非常激昂，所以祂必須有所戒備，以免引起羅馬官長懼怕叛亂的心理。世上從來沒有過像這樣的一個時期。天庭降到人間了。那些如饑如渴地，長久等候以色列蒙救贖的人——如今得以享受慈悲救主的恩惠了。

救主親自所傳的福音，是以預言為根據的。祂所宣佈已經滿了的「日期」，就是天使加百列對但以理所說的日期。……「你當知道，當明白，從出令重新建造耶路撒冷，直到有受膏君的時候，必有七個七和六十二個七。」（但9：25）這裏共六十九個七，即四百八十三年。重建耶路撒冷的最後一道命令，是在公元前四五七年秋天，由亞達薛西發出的（拉6：14；7：11）。從這一年算起，過了四百八十三年，就是公元二十七年秋天。照預言所說的，這就是有受膏君彌賽亞的時候。耶穌在公元二十七年受洗，受了聖靈的膏。此後祂開始傳道，宣佈說：「日期滿了。」

基督第一次降臨，受聖靈的膏，祂的死，以及福音傳到外邦，這些大事發生的時候，預言中都有明確的指示。……「基督的靈」「在他們心裏」「預先證明基督受苦難，後來得榮耀。」（彼前1：11）基督第一次降臨的消息，是宣佈祂恩典的國來到。祂第二次降臨的消息，是宣佈祂榮耀的國來到。🜂

馬可福音

1：14 — 15

耶穌來到加利利，宣傳上帝的福音，說：「日期滿了，上帝的國近了；你們當悔改，信福音！」

屬靈的國度

上帝的國來到，並不是眼所能見的。上帝恩典的福音具有捨己為人的精神，永不能和屬世的精神相協調。這兩種精神是不相容的。

今日的宗教中，有許多人自以為在建立基督屬世的國度。他們想要使我們的主成為世界萬國的統治者，管理其中的法庭、軍營、議會、宮庭和商場。他們希望祂成為世人的律法和權威。因為基督現今不在人間，他們很希望能代替祂執行祂國家的律法。基督時代的猶太人所希望的，也就是這樣的一個國度。那時只要耶穌願意建立一個屬世的國度，實施他們所認為是上帝的律法，並讓他們解釋祂的聖旨，執掌祂的權柄，那麼他們就必接待祂了。可是祂說：「我的國不屬這世界。」祂不肯接受屬世的王位。

建立基督的國，不是靠朝廷、議會或立法機關的決定；也不是靠世上偉人的贊助；乃是靠聖靈的工作，在人心裏培植基督的品格。這就是唯一能提升人類的力量。人對於完成這工作所有的本分，就是傳揚並實行上帝的道。

現今正像基督的時代一樣，上帝之國的工作，不靠那些專求世上執政者與法律的承認和支持的人去推動，乃是靠那些奉祂名的人，把屬靈真理向人宣揚出來；這屬靈的真理能使接受的人有保羅的經驗：「我已經與基督同釘十字架，現在活著的不再是我，乃是基督在我裏面活著。」（加2：19－20）

約翰
福音

18：36

耶穌回答說：「我的國不屬這世界。」

與屬世之國不同

JAN
06

一月六日

基督發現屬世的國度都已敗壞。撒但從天上被驅逐之後，就在這地上樹立他叛逆的旗幟，並竭盡百般方法誘人歸順他旗幟之下。他的目的乃是建立一個由他自己法律所轄管的國家，不受上帝的轄制，而單憑他自己的資源來發展；他在這方面很成功，以致基督降世要建立國度時，祂觀察了世上的各種政權，便說：「上帝的國，我們可以用什麼比較呢？」祂從世上的團體中沒有找到可作比較的。

基督的使命與工作，與當時風行的不義和壓制有著顯著的對比。祂所計劃的，乃是一種全不使用武力的政權。祂的臣民必不經受任何壓制。祂的來臨，並非以兇殘的暴君身分，而是以人子的身分；不是要以鐵似的權力來征服列國，乃是要「傳福音給貧窮的人」，「醫好傷心的人，報告被擄的得釋放，被囚的出監牢。」「安慰一切悲哀的人。」（賽61:1-2）祂以神聖恢復者的身分來到，將天上豐富充足的恩典帶給被壓制與受蹂躪的人類，使雖已墮落敗壞的人，藉著祂的義，仍可能與神聖的性情有分。

基督教訓人：祂的教會是一個屬靈的國度。祂是「和平之君」，是教會的元首，祂的神性透過人性向世人顯現。祂使命偉大的宗旨，乃在於作全世界的贖罪祭，藉著流血的功勞，得以為全人類成就救贖的大功。我們的救主耶穌，時時體恤我們軟弱的心，時時垂聽受苦人類哀呼的耳朵，時時準備拯救灰心絕望之人的手，「周流四方，行善事。」（徒10:38）

凡為基督之國的公民，都必要在品格與性情上代表祂。

馬可福音

4:30

耶穌又說：「上帝的國，我們可用什麼比較呢？可用什麼比喻表明呢？」

基督之國的旌旗

但以理看見一個代表世上列國的猛獸異象，但彌賽亞之國的大旗卻以羔羊為表號。屬世的國度乃憑物力的權勢統治，但基督卻要消除各種世上的兵器和高壓的工具。祂國度的建立，就是要超拔並提高墮落的人類。

第一次的獻祭，對亞當而言，的確是一個最痛苦的儀式。他必須舉手殺那惟獨上帝所能賜予的生命。當他宰殺那無辜的祭牲時，一想到自己的罪會使上帝無瑕疵的羔羊流血，心中就戰慄不已。這個景象使他更深刻地認識到他所犯的罪是多麼大，甚至於除了上帝的愛子捨命流血之外，別無救贖的方法。而且他一想起無窮仁愛的上帝竟願意親自付出這樣的贖價來拯救犯罪的人，就驚奇不已。

獻祭儀式的一切象徵與預表，加上各項預言，使以色列民隱約地看到將來由基督顯現帶給世界的慈憐與恩典。世人唯有藉著基督，才能遵守道德的律法。人因違背了這種律法，罪就來到世界，罪也帶來了死亡。基督來為世人的罪作了挽回祭，祂以自己完美的品格代替世人的罪行。祂將因悖逆而來的咒詛，歸在自己的身上。各種的祭牲和供物都預指祂所要作的犧牲，被殺的羊也都預表那將要除去世人罪孽的羔羊。

律法與福音原是完全和諧無間的。二者互相支持。律法憑其全備的威嚴與良心對質，使罪人感悟到他需要基督為罪作的挽回祭。福音則承認律法的權柄與永不變更性。保羅聲稱：「只是非因律法，我就不知何為罪。」（羅7：7）由律法促進對罪的感悟，迫使罪人來到救主跟前。人因為有這樣的需要，才能提出髑髏地十字架大有能力的論據，他才可以要求得到基督的義；因為這義是分賜給每一個悔改罪人的。

約翰
福音

1：29

「看哪，上帝的羔羊，除去世人罪孽的！」

上帝的國在人心裏

基督在世的時候，政治腐敗，當局暴虐無道；各方面弊端百出、苛斂勒索、頑固偏執和冷酷殘忍。然而，救主卻未從事任何社會改革，祂既不攻擊本國的弊端，也不譴責國民的公敵。祂從未干預執政掌權者的權威和行政，而是以身作則，超然於世上政治之外。這並非因祂對人類的災禍漠不關心，實是因為補救的方法，並不在於人為的手段與外表的方法。為求有效起見，每個人必須作一番革心的功夫。

有幾個法利賽人來問耶穌：「上帝的國幾時來到？」施洗約翰所傳「天國近了」的信息（太3：2）曾像號筒的聲音響徹全地，到現在已經三年多了，可是法利賽人一點也看不出天國建立的跡象。

耶穌回答說：「上帝的國來到，不是眼所能看見的，也不得說，看哪！在這裏；看哪！在那裏。因為上帝的國就在你們心裏。」上帝的國是在人的心裏開始的。我們不必東張西望地尋找任何屬世的權利，作為天國來臨的象徵。

基督的作為不但表示祂是彌賽亞，也足以使人知道祂的國度是要怎樣建立的。就是藉著祂的道在人的心中所生發的溫柔感動、祂的靈在人心內所起的作用，以及人在靈性方面與上帝的溝通。而天國能力最大的表現，就是在人性上看見基督完美的品格。

上帝將祂的兒子賜下，降臨在我們的世界時，就是將那永不消滅的寶物賜給人類。自有天地以來，人的一切財寶若與這個寶物比較起來，就不值一文了。基督來到這個世界上，滿帶著永遠的愛，站在人們面前，這就是我們藉著與基督聯絡所要接受，要顯示，也要轉給別人的寶物。

路加
福音

17：21

因為上帝的國就在你們心裏。

像芥菜種

種子的發芽生長，表現了上帝所賦予生命的本質。它的發育成長並不靠賴人的力量。基督的國也是如此。那是一種新的創造。它的發展原則和那些支配世界列國的發展原則相反。地上的政權是靠武力得勝的；他們藉戰爭來維護自己的統治；但是新國度的建立者乃是和平之君。基督要培植一種原則，祂藉栽種真理與公義來抵制謬論與罪惡。

基督的國起初似乎微不足道，它與地上的國度比較起來，顯然是最小的，所以當基督自稱為王時，就被世上的統治者所嗤笑。其實在基督所託付給門徒的偉大真理之中，福音之國已經有了神聖的生命。這國度的成長是何等地迅速，它的影響又是何等地廣大啊！在基督講述這個比喻的時候，只有幾個加利利的小民作這新國度的代表。但這粒芥菜種卻要生長，並伸展它的枝子遍及全世界。即使當時輝煌炫耀人心的地上國度盡都滅亡之後，基督的國仍必存留，仍要作一個雄偉博大的強國。

恩典在人心中的工作，起先也是微小的。我們所說的一句話，就像是一線光明射入了人心，都有影響發生，那也就是新生命的起始；而它的結果誰能測度呢？

在這末後的時代，芥菜種的比喻將要顯著而勝利地應驗，那粒微小的種子要長成為一棵樹。最後的警告與恩典的信息，將要傳給「各國、各族、各方、各民」，「從他們中間選取百姓歸於自己的名下」（啟14：6－14；徒15：14），全地也要「因祂的榮耀發光。」（啟18：1）

馬太
福音

13：31－32

天國好像一粒芥菜種，有人拿去種在田裏。這原是百種裏最小的，等到長起來，卻比各樣的菜都大，且成了樹，天上的飛鳥來宿在它的枝上。

像麵酵

在救主的比喻中，麵酵用來象徵天國；並說明上帝的恩典具有甦醒和感化人心的能力。

罪人必須先領受上帝的恩典，才能進入榮耀之國。世界上的文化與教育，並不能使一個墮落之子成為天國之子，那使人更新的能力必須從上帝而來。

酵母在調入麵糰之後如何從裏面向外發酵，照樣，上帝的恩典也藉著人心靈的更新而改造人的生活。

那藏在麵糰裏的麵酵在暗中工作著，使全糰都發起來；照樣，真理的酵也是隱祕，安靜而確定地進行改造心靈的工作。犯罪本性的傾向被軟化、被克服了，並種下新的思想、新的感覺，與新的動機。一種人格的新標準建立了——那就是基督的生活。人的心思改變了，人也被喚醒走向新的方向，良心也覺醒了。

那領受上帝恩典之人的心，流露出對上帝以及對那些基督所替死之人的愛。自我的本性不再爭先求利。他待人是仁慈而周到的，對自己的看法是謙卑的，然而卻滿有指望，常常信靠上帝的憐憫和慈愛。

基督的恩慈要控制人的心情和言語，其結果就表現在弟兄之間彼此對待的禮貌、親切，以及和藹、勉勵的話語上。在這種家庭中必有天使蒞臨，此等人所發出的馨香之氣，如同聖香一樣升到上帝面前。愛就在良善、恩慈、寬容與忍耐上表現出來。人的面貌也改變了。住在心內的基督，彰顯在那些愛祂並遵守祂誡命的人身上。這些變化一旦實現，天使就要發聲歡唱，上帝與基督也必為那照著神的形像而造的人欣喜。

因基督的死而建立

正在他們（基督的門徒）希望看到他們的主登上大衛的寶座時，他們卻看見祂像一個囚犯一樣被捉拿、鞭打、侮辱、定罪，並在髑髏地的十字架上被舉起來。

彼得
前書

2：24

門徒奉主的名所傳的信息在各方面都是正確的，而且這信息所指的種種大事正在一一發生。他們的信息是：「日期滿了，上帝的國近了。」門徒所宣稱已經臨近之「上帝的國」，要因基督的死而建立起來。這並不是地上的國，像他們向來所相信的，這國也不是那將來永不朽壞之國，不是那在「國度、權柄和天下諸國的大權，必賜給至高者的聖民」的時候所要建立的，或是「一切掌權的都必事奉祂，順從祂」的永遠的國（但7：27）。聖經中所用「上帝的國」這個口氣是指著恩惠的國，也是指著榮耀的國說的。

在人類墮落之後，這恩惠的國就立時建立起來了。然而直到基督釘死的時候，這國才實際成立。因為在救主開始祂地上的使命之後，祂仍可以不到髑髏地去犧牲。在客西馬尼園中，那災禍的苦杯在祂手中搖搖欲墜。那時，祂很可以從祂的額上擦去那如大血點的汗珠，而聽憑犯罪的人類死在他們的罪孽之中。但當救主捨棄了祂的性命，而用祂最後的一口氣呼喊「成了」的時候，救贖計劃的成功就確定了。那向伊甸園犯罪的夫婦所發救恩的應許批准生效了。前此藉著上帝的應許而存在的恩惠的國，這時才算正式成立。

這樣，基督的死——門徒所看為使他們的希望歸於幻滅的事——正好使他們的希望永遠確定。那使他們充滿憂愁失望的事，反倒為亞當的每一個兒女打開了希望之門，而且上帝各世代的忠心兒女將來的生命和永久的幸福，都以此為中心。

祂被掛在木頭上，親身擔當了我們的罪，使我們既然在罪上死，就得以在義上活。因祂受的鞭傷，你們便得了醫治。

政權的原則

上帝的律法，就其本質而言，乃是不變的。律法顯明了創立者的旨意和品德。上帝就是愛，祂的律法也是愛。律法的兩條大原則，就是愛上帝和愛人。上帝的品德就是公義與誠實，祂律法的性質也是如此。

起初，人是照著上帝的形像造的。他與上帝的性情和律法完全諧和，有公義的原則寫在他心上。但是人類因為犯了罪，就與創造主隔絕了，他就不再反照上帝的形像，他的心開始與上帝律法的原則為敵。但「上帝愛世人，甚至將祂的獨生子賜給他們」，使人類可能與上帝和好。藉著基督的功勞，人就能重新與創造主和諧。人的心必須因上帝的恩典而更新；他必須有那從上頭來的新生命。這種改變就是重生。

人與上帝和好的第一步，乃是覺悟自己的罪。「律法本是叫人知罪」的（羅 3：20），罪人若要知道自己的罪，就必須以上帝公義的大原則來衡量自己的品格。律法是一面鏡子，顯明公義的品格是如何的完全，並使罪人看出自己的缺點，律法顯明人的罪，……它也宣佈死亡是違犯律法之人的結果，唯有基督的福音才能救人脫離罪的裁判和污穢。罪人當悔改，承認他違犯律法的罪，並信靠基督救贖的犧牲。

人既重生，他的心就與上帝和諧，並與祂的律法相符。當罪人心中起了這種變化時，他就已出死入生，出罪入聖，不再違背叛逆，而是服從效忠了。

基督的門徒必須變成祂的樣式——靠著上帝的恩典建立一個符合祂聖潔律法原則的品格，這就是聖經中所顯示的「成聖」。

羅馬書

7：12

這樣看來，律法是聖潔的，誡命也是聖潔、公義、良善的。

我們最首先的要務

那些傾聽基督話的民眾，仍然在熱切地指望著有關屬世國度的宣告。當耶穌向他們展示屬天的財寶時，許多人心中最先想到的總是：該如何與祂建立關係，以增進我們屬世的前途呢？耶穌說明，他們若專以屬世的事物為念，就與四圍的異教國家相似了。

馬太
福音

6：33

你們要先求祂的國和祂的義，這些東西都要加給你們了。

耶穌說：「這都是外邦人所求的。」（路 12：30）「我來是要向你們顯示仁愛、公義與和平的國度。」你們當敞開心門接受這個國度，並且將為天國服務作為你們最高的志趣。這雖是一個屬靈的國度，但也不必擔心你們今生的需要會被忽略了。

耶穌並不是說我們可以不勞而獲，祂教導我們應當在凡事上以祂為始、為終、為至善。我們不要參與任何事業，從事任何職務，追求任何娛樂，是足以阻擋祂的義在我們品格與人生中成就其善工的。我們無論作什麼，都要從心裏去作，像給主作的一樣。

耶穌在世時，祂將上帝的榮耀顯在人前，並完全歸服祂天父的旨意，就使人生每一細節都顯得可貴了。我們若效法祂的榜樣，祂向我們所作的保證便是：此生所需用的一切「都要加給」我們。無論貧窮或富貴，患病或健康，愚鈍或聰明——在祂應許的恩典中，都已有充分的供應。

凡決心先求上帝的國和祂的義的人，任何困難都無法攔阻他。信徒既仰望那位為我們信心創始成終，並忍受罪人頂撞祂的耶穌，他就必甘心樂意冒侮辱與嘲笑的危險。那位說話信實的主，已經應許賜予我們幫助和恩典，以應付各樣的處境。凡向祂求助的人，祂必以永久的膀臂懷抱他們。我們在祂的看顧之下，可以萬無一失地休憩，說：「我懼怕的時候要倚靠你。」（詩 56：3）

進入的先決條件

JAN
14
一月十四日

耶穌在與尼哥底母（又稱尼哥德慕）的談話中，揭示了救恩的計劃和祂到世上來的使命。

祂非常直接又很鄭重，並且很和藹地說：「我實實在在地告訴你，人若不重生，就不能見上帝的國。」（約3：3）祂舉起手來，帶著鎮靜嚴肅的態度，用更肯定的口氣將真理放入尼哥底母的心，說：「我實實在在地告訴你，人若不是從水和聖靈生的，就不能進上帝的國。」

約翰
福音

3：3

耶穌回答他說：「我實實在在地告訴你，人若不重生，就不能見上帝的國。」

人心生來是惡的。人心的泉源必須先被淨化，然後流出來的才能清潔。人想靠自己的功德遵守律法進入天國，乃是不可能的；一個人只有正規的宗教和敬虔的外貌是不可靠的。基督徒的人生不是舊生活的修整或改良，乃是本性的變化。自我和罪必須置之死地，隨之而來的才是全新的生活。這種變化唯有藉著聖靈的運行，才能成功。……人不能解釋聖靈的行動，正如不能解釋風的行動一樣。

人雖然看不見風，卻能看見並感覺到風的果效。照樣，聖靈在人心中作工，人一旦感受其拯救的功能，就必在他所有的行為上表現出來。上帝的靈住在人的心裏，就能改變人的整個生活。罪惡的思想丟開了，不良的行為拋棄了；仁愛、謙讓及和平，代替了憤怒、嫉妒與紛爭；憂愁變成喜樂；面容也反映出天上的光輝。當人因著信投靠上帝之時，恩惠福氣就臨到他了，於是肉眼所看不見的能力，就按著上帝的形像造了一個新人。

我們都必須像尼哥底母一樣，甘願承認自己是罪魁而開始過新生命，除了基督別無拯救；「因為在天下人間，沒有賜下別的名，我們可以靠著得救。」（徒4：12）

蒙上帝的恩典

基督在祂的許多比喻中，用「天國」二字來敘述上帝的恩典在人心中所運行的工作。

在人類墮落時，這恩典的國就立時建立起來了，當時上帝為有罪之人類擬定了一個救贖的計劃。恩典的國那時存在於上帝的旨意和應許中；人亦可因著信而成為這個國度的子民。使用強權是與上帝政體的原則相悖的。祂要人出於愛的事奉。人認識上帝，就會愛祂；與撒但的品格相反，上帝的品德必須表現出來。這表現上帝品德的工作，在宇宙之間只有一位能作到，就是那明白上帝的愛是何等長闊高深的主。

救贖人類的計劃，並不是一種事後的措施，也不是在亞當墮落之後才擬訂的。它是「永古隱藏不言的奧祕」的啟示（羅16：25）；它顯示了萬古以先作為上帝寶座根基的原則。上帝並沒有規定罪惡應當存在，但祂預先看到它的存在，而且預作準備，來應付這可怕的變故。祂對於世人的愛是這麼偉大，甚至立約賜下祂的獨生子，「叫一切信祂的，不至滅亡，反得永生。」

只要有罪的出現，就有了救主。基督明知祂必須受苦，但祂仍成為人類的替身。亞當一犯罪，上帝的兒子便親自獻身作人類的擔保者，無論是那時，還是當祂死在髑髏地十字架上時，祂都有著同樣阻止判定罪人之惡運的權柄。

這是何等慈愛，何等令人驚奇的屈尊啊！榮耀之君竟願意降卑到墮落人類的地位！祂竟願步亞當的後塵；祂竟要披上人類墮落的本性，預備好對抗那戰勝了亞當的強敵。祂要戰勝撒但，並因此為凡信祂的人開闢一條道路，使人從亞當的失敗與墮落中被贖回。

羅馬書

3：24

如今卻蒙上帝的恩典，因基督耶穌的救贖，就白白地稱義。

王袍

婚禮禮服的比喻（太22：1－14），向我們闡明一項重要的教訓。比喻中的禮服是象徵那真正跟從基督之人的純潔無瑕疵的品格。聖經說這細麻衣，「就是聖徒所行的義」。它也就是基督的義——就是祂自己那無瑕疵的品格，也要藉著信心分賜予凡接受祂為個人救主的人。

當初上帝將我們的始祖安置在聖潔的伊甸園時，他們所穿的，就是這潔白無罪的外袍。他們在與上帝旨意完全相符的景況中生活著。柔美的光輝　一上帝的光輝——掩覆著這一對聖潔的夫婦。但罪侵入之後，他們便與上帝斷絕了關係，而環繞他們的光輝也消失了。在赤身的羞愧中，他們便設法用無花果樹的葉子編成裙子來代替天上的外袍遮身。

我們不能為自己預備義袍，因為先知有話說：「我們……所有的義都像污穢的衣服。」（賽64：6）我們本身並沒有什麼可用以遮蓋心靈，而使其赤露情形不致顯露出來的方法。我們要承受天國紡織機所織成的義袍，就是那無玷污的基督的義袍。

上帝已作了充分的準備，以便我們得以在祂的恩典中完全，毫無缺欠，等候我們主的顯現。你準備好了嗎？你是否已穿上婚筵的禮服？這禮服絕不會遮掩任何的欺騙、污穢、敗壞或假冒為善。上帝的眼在看著你，祂能洞察人心思意念。我們或許能瞞過世人的眼目，看不到我們的罪，但我們絕不能向創造主隱藏任何事。

當教導青年和小孩子們為自己選擇天庭織機上所織成的王袍——就是那「潔白的細麻衣」，也是地上的一切聖者將來要穿的。基督自身無瑕疵品格的義袍，是白白賜給每一個人的。凡接受這義袍的人，也必在今世接受並穿著起來。

啟示錄

19：8

就蒙恩得穿光明潔白的細麻衣。（這細麻衣就是聖徒所行的義。）

天上的基業

有一次基督正在教訓人，像往常一樣，除了祂的門徒以外，也有其他人聚集在祂的周圍。然而有許多人只想藉天賜的恩惠來達成其自私的企圖。他們看出基督有清楚闡明真理的奇妙能力。難道祂不能憑祂的能力為他們求得屬世的利益嗎？

彼得
前書

1：4

你們存留在天上的基業。

可以得著不能朽壞、不能玷污、不能衰殘、為

「眾人中有一個人對耶穌說：『夫子！請你吩咐我的兄長和我分開家業。』」（路12：13）正在基督嚴肅地教訓人時，這個人顯出了他自私的本質。他只賞識主有能力可以幫助他發展屬世的事業，但那屬靈的真理並沒有打動他的心。耶穌正在向他敞開上帝之愛的寶庫，聖靈也在邀請他承受那「不能朽壞、不能衰殘」的基業，「然而」他的眼睛卻注視著地上。

救主在地上的使命將要結束了。還有幾個月，祂就要完成所要作的事，就是建立祂恩典的國度。可是人性中的「貪婪」，這時竟要使祂在工作上分心，去調解有關一塊地產的糾紛。但耶穌不願轉離祂的使命，祂的回答是：「你這個人，誰立我作你們斷事的官，給你們分家業呢？」基督實際上就是向他們說：「調停這一類的紛爭不是我的工作。」祂為另一個目的而來，就是傳福音，藉此喚醒人對永恆現實的覺悟。

當祂差派十二使徒出去的時候，祂說：「隨走隨傳，說『天國近了！』」（太10：7）他們出去不是要解決人們屬世的問題。他們的工作乃是要勸人與上帝和好，他們也因此有能力把福氣帶給人類。罪惡與憂傷唯一的救藥就是基督。唯有祂恩典的福音能醫治加害於社會之邪惡的傷害。唯有祂能賜我們一顆新的仁愛的心，來代替那自私而有罪的心。

親切的邀請

基督設法教導門徒：在上帝的國裏並無疆域、階級、貴賤之分；因此他們必須到萬民那裏去，將救主之愛的信息傳與他們。

基督拆毀了中間隔斷的牆，就是專愛自己的心，以及他們民族主義的歧視偏見，並教導一種對全人類的愛。祂教訓我們應視每一個有需要的生靈為我們的鄰舍，視世界為我們的園地。如果太陽的光芒能照射地球上最偏僻的角落，上帝也要使福音的光照亮世界上每一個人。

世界各地都有男女存著盼望的心望著上天。那些渴望亮光、恩惠和聖靈之人所發的禱告、眼淚與詢問，將要上達天庭。許多人正在天國的邊緣，等待有人把他們領進去。

那交給首批門徒的委託，也是給各世代信徒的。每一個已經領受福音的人，都已經賦予要將真理傳給世人。上帝忠誠的子民素來都是勇往直前的傳道士，獻上自己的資財來尊榮祂的聖名，並善用自己的才能為祂服務。

每一接受基督的人都已蒙召為同胞的得救而工作。「聖靈和新婦都說：『來！』聽見的人也該說：『來！』口渴的人也當來。」（啟22：17）這一邀請是向全教會的人發出的。凡聽見這邀請的人，都要從山谷中響應這信息說：「來！」。

上帝已經長久等待著服事的精神能充滿整個教會，以致每一個人都要按照自己的能力為祂工作。當上帝教會的信徒們，都在國內和國外許多需要的地區，從事指派與他們的工作，以完成福音的使命時，全世界就必很快受到警告，主耶穌就必有能力有大榮耀地回到這地上來。

馬太福音

11：28

凡勞苦擔重擔的人可以到我這裏來，我就使你們得安息。

包括全世界

「田地就是世界。」（太 13：38）我們要比那些領受傳福音使命的使徒們更加明白這句話的含義，全世界就是傳道的大田地。

這世界的悲慘景象似乎顯明，基督的死好像是徒然的，撒但已經得了勝利，但我們卻未曾受欺騙。雖然撒但似乎勝利了，基督卻正在天上的聖所裏和在地上進行祂的工作。

這個上帝所賜的嚴正警告必須傳到福音最難進入的地方，以及罪惡最重的城市裏，加上那些未得此三位天使信息大光照耀的地方，人人都要聽見那請人赴羔羊婚筵的末次呼召。從這鎮到那鎮，從這城到那城，從這國到那國，現代的真理必須被傳揚，不是藉著外表的炫耀，乃是在乎聖靈的權能。

在歸屬於基督之國以前，人品格中的罪孽必須被潔淨，並因基督的恩得以成聖。基督切望彰顯祂的恩典，並將祂的品德與形像銘印在全世界之上。那個天上的叛逆者為了使基督順從於罪惡的原則，曾提出要將世上的萬國都交給祂；然而祂來乃為要建立一個公義的國度，因此祂不願被收買，也不肯放棄自己的宗旨。這個地球是祂自己所收買的基業，故此祂希望世人都得以自由、純潔而聖化。撒但雖藉世人為工具阻攔基督的旨意，然而憑著基督為世界所流的寶血，我們仍然可以獲得勝利，將榮耀歸於上帝和羔羊。祂的國度必定擴展到全世界。除非全面勝利，基督絕不會心滿意足。然而「祂必看見自己勞苦的功效，便心滿意足」；「從日落之處，必敬畏耶和華的名；從日出之地，也必敬畏祂的榮耀。」（賽 53：11；59：19）

詩篇

2：8

你求我，我就將列國賜你為基業，將地極賜你為田產。

恩典之國的欽差

自從教會的大元首基督升天之後，祂所揀選的使者，便繼續推進祂在世上的工作；祂藉著這些人與世人說話，並補助他們的缺欠。這些蒙上帝呼召用言語和道理來建立祂教會的人，他們負有很大的責任，因為他們替基督勸勉男女要與上帝和好。

基督的傳道人，是交託他們去照應之人的靈性保護者，他們的工作好比守望者的工作。古時在各處城牆上險要的崗位，都有哨兵看守，他們在高處可以望見那些重要又需小心防守的地方，並在敵人迫近時，發出警告。通城居民的安全，有賴守望者的忠心。

主向每個傳道人說：「人子啊，我照樣立你作以色列家守望的人；所以你要聽我口中的話，替我警戒他們。……」（結33：7－9）先知的這些話，說明了那些奉派為教會的守望者，就是上帝奧祕事的管家，是負有嚴肅責任的。

在錫安城牆上守望之人的特權，就是能時常親近上帝，加上有一顆受祂的靈感動的心，以致上帝能藉著他們向罪人指明危險，並指引他們到平安之所。

一個真實傳道人的心，一定是充滿著拯救生靈之熱望的。他為眾人的靈魂時刻警醒，好像那將來要交賬的人。他定睛注視髑髏地的十字架，仰望那被舉起來的救主，倚賴祂的恩典，篤信基督必作他的盾牌，他的力量，他的效能，並與他同在，直到世界的末了，這樣他就一直為上帝作工。正因為有上帝慈愛的保證，他就向人發出邀請和懇求，竭力領人歸向耶穌，因此在天上，他要被列在那些「蒙召、被選、有忠心的，也必得勝」的行列之中。（啟17：14）

哥林多後書

5：20

所以，我們作基督的使者，就好像上帝藉我們勸你們一般；我們替基督求你們與上帝和好。

主的軍隊

一支軍隊的能力，要以隊伍中士兵的能力來衡量。一位明智的將軍，會指示他軍官訓練每一位士兵應付實際的戰役。他也想力圖使各個人都達到最高的效能。假如他只是依賴軍官，就毫無打勝仗的希望。他所倚仗的，乃是每個軍人忠誠與不倦的服役，大部分的責任都落在士兵的身上。

以馬內利大君的軍隊也是如此。我們這位從未打過敗仗的元帥，期望每一投身在祂旌旗下的人，都要忠誠的服役。祂期望在這即將結束的善惡之爭中，平信徒與傳道人一樣，人人都要參加。凡投身作祂精兵的人，都當隨時準備好盡忠誠的服役，各個人都敏銳地感悟到自身所負的責任。

參加軍旅的人並非個個都要作軍長、連長或班長，也並非每一個人都負有領袖的操勞和責任。有艱難的工作待人去作，有的人必須挖掘戰壕，建築防禦工事；有的人要作哨兵；有的人要去傳達訊息。官長雖只少數人，但卻需要多數的士兵方能成立軍隊，而且全軍的成敗，也在乎各個士兵的忠誠。一個人的怯懦或背叛，可能招致全軍的災禍。

我們若要打那美好信心的仗，就有一番認真的工作，待我們各個人去作成，永恆的福益在乎我們的努力，我們務須穿戴全副公義的軍裝，抵擋魔鬼。而我們也有確切的應許，說魔鬼必戰敗逃跑。教會當發動緊密攻勢，為基督去打勝仗，拯救生靈脫離仇敵的權勢，上帝與聖天使也都參與這場戰爭，但願我們都得蒙那位召我們當兵者的喜悅。

以弗
所書

6：13

所以，要拿起上帝所賜的全副軍裝，好在磨難的日子抵擋仇敵，並且成就了一切，還能站立得住。

真理的腰帶

JAN
22
一月二十二日

除了真理之外，絕無其他防範罪惡的保障。人若沒將真理懷藏於心，就不能堅持正義。惟一能促使並保持我們堅定不移的，就是藉著基督的恩典賜給我們的上帝權能。

教會中有許多人自以為已經明白所信的；但直到危機發生，他們才知道自己的軟弱。他們一旦與同信仰的人分開，而被迫單獨講解自己的信仰，就會驚奇地發現，自己對於真理的概念是多麼地混淆不清。

以弗
所書

6：14

主呼召凡相信聖言的人，要從昏睡中覺醒過來。合時的寶貴亮光正在照耀著，它就是聖經的真理，要顯明將要臨到我們的種種危險。這光會引導我們去殷勤地查考聖經，並更深切地檢討自己所持的立場。信徒不應相信假定或是有關真理的不確切觀念，他們的信仰應牢牢地建立在上帝的聖言上，以致當考驗來臨，他們被帶到議會前為自己的信仰答辯時，就可以憑溫柔與虔敬的心，說明自己心中盼望的緣由。

風行一時的神學謬論，已造就了千千萬萬的懷疑派和無神論者。許多錯誤與矛盾，被認為是聖經教訓的，實際上是因為對經文的錯繆解釋所造成的。我們非但不要批評聖經，更當竭力以教訓和榜樣向世人闡明賜生命的真理，以便「宣揚那召你們出黑暗入奇妙光明者的美德。」（彼前 2：9）

真理已經穩穩地建立在萬古「磐石」──就是那暴風雨無法搖動的基礎上。不可將真理的旌旗降下，或是將任何遮掩我們信仰特點的東西，摻合在末日嚴肅的信息中。

所以要站穩了，用真理當作帶子束腰。

確保安全的護心鏡

我們必須穿戴每一件軍裝，然後站立穩固。主已藉選召我們作祂的精兵而使我們得了榮耀。惟願我們奮勇為祂作戰，在凡事上都持守正義。……要用神保佑的義作為護心鏡，這原是人人有權配備的，它會保衛你們屬靈的生命。

以弗
所書

6：14

用公義當作護心鏡遮胸。

對於凡是有誠意、認真仔細地在敬畏上帝中追求成聖之工的人，都已有充足的安排。能力、恩典與榮耀都已經藉著基督準備妥當，將由服役的天使帶給那將要承受救恩的人。人雖然卑鄙、敗壞、惡劣，但都能在替他們受死的耶穌裏，尋得能力、清潔與公義，只要他們肯放棄自己的罪過，止住作惡的行為，而全心全意轉向永生上帝。祂正在等待要脫去他們被罪孽染污的衣服，把潔白光明的義袍給他們穿上。

真正公義而誠心敬畏上帝的人，無論在順境或逆境之中，都必穿著基督的義袍。凡與上帝有真關係的人，就會在生活中表現出克己、無私、自我犧牲、仁慈、親切、親愛、忍耐、堅毅和基督化的信賴。世人或許不知道他們的行為，然而他們自己卻每天與罪惡博鬥，並在試探與邪惡中得到了大勝利。

凡已穿上基督義袍的人，必須站在祂面前，作一位蒙揀選的忠實子民。撒但無權將他們從救主手中奪去，基督絕不容許任何憑著悔改和信心而求祂保護的人，落在仇敵的權勢之下。

每個人都要經過艱苦的努力，去戰勝自己心中的罪孽。這樣的工作有時是非常痛苦，而使人灰心的；因為我們既看出自己品格上有種種缺點，就不住地專注這些缺點，其實我們應當仰望耶穌，穿上祂的義袍。每個進入上帝聖城珍珠之門的人，都要以得勝者的身分進去，而且他們最大的勝利，就是戰勝了自我。

履行和平使命的福音之鞋

我們正處在「罪病流行」的時代，這是每一個關懷他人需要、敬畏上帝的人都感到驚恐的。在社會上哪一天沒有強暴、犯法、殘忍、兇殺、自盡，以及種種家破人亡的痛心記錄呢？有誰會懷疑，這完全是撒但的使者們正在竭力作祟，要擾亂人的思想，毀壞人的身心呢？

世上充滿罪惡的時候，傳福音的人卻常常帶著漠不關心的態度，以致無法感動人的良心和生命。到處都有內心感到飢渴的人，他們企盼得到制勝罪惡的力量，救拔他們脫離罪惡捆綁的力量，一種把健康安寧和生命給與他們的力量。

福音確是一個和平的信息。人若接受並遵守基督的道，就會將和平、融洽與幸福帶到全世界，基督的宗教能使一切接受其教訓的人表現出弟兄般的熱情。

基督的和平是由真理而生，是與上帝和睦的。世界與上帝的律法為仇，罪人與他們的主為敵，因此人與人之間也彼此不和。人不能製造和平，世人想要提升人與社會的種種計劃，都無法產生和平，因為這些計劃無法深入人的內心。唯有基督的恩典，才能帶來並保持真正的和平。這恩典深入人心，就能剷除造成紛爭與分裂的惡慾。

凡與上帝同工同行的男女，他們臉上必流露著天上的平安，他們周圍環繞著天庭的氣氛，對這些人來說，上帝的國已經實現了。主即將降臨。我們要常常述說、祈求並相信這事。當使這事成為生活的一部分。要穿戴基督徒的軍裝，並且務要將「平安的福音，當作預備走路的鞋穿在腳上。」

以弗所書

6：15

又用平安的福音，當作預備走路的鞋穿在腳上。

護身的盾牌

撒但在尋找機會，要乘我們不備之時奪取那珍貴的恩典，我們必須與黑暗權勢作劇烈的爭戰才能保全恩典。我們若因缺少警覺而導致失去了它，也必須經過同樣的爭戰才能得回。然而……基督徒有權從上帝那裏領受能力，來保守各樣寶貴的恩賜。上天必定重視熱切有效的禱告，基督的忠僕一旦拿起信德的盾牌護身，又用聖靈的寶劍作戰，仇敵的軍營中就有了危險。

在沒有任何遮蔽的陷阱中，他們非常需要堅固牢靠而足可信賴的保障。許多人在這敗壞的世代中，擁有上帝的恩典太少了，往往首次突擊就被摧毀，而猛烈的試探便將他們奪走了。恩典的盾牌能保全人們在極度腐化的勢力包圍下，仍然不被仇敵的試探所勝。堅定的原則和對上帝的篤信不移，使他們品格的美善和高貴都閃耀出來，因此，即使被罪惡所包圍，德行和正直方面也不會有污點。

勝過罪惡的工作須靠賴信心完成。那些參與戰爭的人，都會發現自己必須穿戴上帝所賜的全副軍裝。信德的盾牌必作為保障，而使他們得勝有餘。信賴萬軍之主耶和華，服從祂的命令——除此之外別無功效。在最後的大爭戰中，配有各式精良裝備的龐大軍隊，並不能發揮作用。沒有信心，就是天使天軍也無法幫助我們。只有活潑的信心才能使我們常勝不敗，並使我們在磨難的日子站立得住，堅固而不搖動，所以當將起初確實的信心堅持到底。

以弗
所書

6：16

此外，又拿著信德當作盾牌，可以滅盡那惡者一切的火箭。

保衛的頭盔

上帝囑咐我們要用崇高和純潔的思想來充實我們的心思。祂要我們默想祂的仁愛與慈憐，並研究祂偉大救贖計劃中的奇妙工作。這樣，我們對於真理的認識便愈來愈清晰，我們渴慕心靈清潔和思想純正的願望，也必愈來愈高尚而聖潔了。藉著研究聖經與上帝交通，心靈就會在聖潔思想的純淨氣氛中更新。

我們必須教育並鍛鍊心思，使之愛惜純潔。應促進對屬靈事物的愛好，特別是如果你希望在恩典與真理的知識上有所長進的話，就更要促進這種愛好。善良的宗旨固然好，但若不堅決地實行便全無效用。許多人希望作基督徒，最後卻無疾而終，因為他們並未作誠懇的努力，被稱在天平裏，就顯出虧欠來。意志必須運用在正當的方向。我絕對要作一個誠心誠意的基督徒，我絕對要體會全備之愛的長闊高深，且聽耶穌的話，説：「飢渴慕義的人有福了！因為他們必得飽足。」（太5：6）基督已作妥充分的準備，要滿足飢渴慕義的生靈。

我們應該多默想聖經，嚴謹地思索與我們永遠得救有關的事物。耶穌的無限憐憫與仁慈，以及為我們作的犧牲，都值得我們去嚴肅鄭重的思考。我們應該注意親愛救贖主和中保的聖德，也當力求了解救贖計劃的意義；我們當默想主降世拯救祂子民脱離罪惡的使命；當我們不住地思念屬天的題旨時，我們的信心和愛心就會逐漸增強。我們的祈禱也必愈來愈蒙上帝的悦納，因為其中所有的信心和愛心必愈來愈多了。我們的祈禱會更明智而熱切，信賴耶穌的心更恆切。你必天天得到活的新體驗，知道基督對一切靠著祂進到上帝面前的人，祂都能拯救到底。

以弗
所書

6：17

並戴上救恩的頭盔。

作戰的寶劍

上帝已經為我們準備了充分的武器，使我們與世上的惡者作戰時可以獲勝。聖經是我們獲得裝備，從事戰鬥的武器庫。我們必須以真理束腰，以公義護胸，手拿信德的盾牌，頭戴救恩的頭盔；並用聖靈的寶劍，就是上帝的道，從罪惡的諸般障礙和攔阻之中打開一條出路。

頭一個亞當墮落了，第二個亞當雖處於最難堪的情況之中，卻緊握住上帝和祂的聖言，而且祂對於天父的良善、憐憫與仁愛的信任，從來都沒有動搖過。「經上記著說」是祂抗敵的武器，這也是每一個生靈所能運用的聖靈的寶劍。

在如今危險與腐敗的日子中，青年們備受種種的考驗與試探。許多人正航行在危險的港灣中。他們需要一位領航者，然而他們卻不願意領受幫助，覺得自己能駕駛自己的船，卻沒有意識到船將要撞上隱而未見的礁石，造成信仰危機與幸福的破滅。許多人都有傲慢剛愎的傾向，他們不理會上帝聖言明智的勸告，也沒有戰勝自我。驕傲固執的意志，反倒使他們遠離了順從的義務。

上帝的兒女原可指望成就大事。我觀看今日的青年，心裏想念著他們。他們面對許多機會，如果他們誠懇地追求學習基督的樣式，祂就必賜給他們智慧，正如祂從前賜給但以理一樣「敬畏耶和華是智慧的開端。」「在你一切所行的事上，都要認定祂，祂必指引你的路。」（詩 111：10；箴 3：6）

但願青少年都能意識到，他們有權利得蒙上帝萬無一失之智慧的引導。讓他們都以真理之道為顧問，以致能熟練運用「聖靈的寶劍。」撒但雖是個聰明的將帥，然而耶穌基督謙卑忠誠的精兵卻能勝過他。🙏

以弗
所書

6：17

拿著聖靈的寶劍，就是上帝的道。

論戰場

在這墮落的世界上，發生了全宇宙和屬世的政體有史以來最大的爭戰。它成為善與惡、天國與地獄的決戰之地，在這爭戰中，每一個人都有他所必須作的事，沒有一個能保持中立。每一個人都必須接受或拒絕世界的救贖主，眾人都要作證人，擁護或反對基督。基督呼召凡立在祂大旗之下的人，要作祂忠勇的戰士，以便獲得生命的冠冕。

每一天都會有爭戰，黑暗之君和生命之君，現在正為每一個生靈猛烈父戰。你既是上帝的僕人，就當將自己全然獻給祂，使祂能與你合作，並為你計劃，替你作戰。生命之君親自帶領祂的工作。你每天與自我作戰時，祂都與你同在，幫助你忠於正義，使你的情慾被基督的恩典制服，使你靠著愛我們的耶穌而得勝有餘。耶穌曾親自打仗，祂知道諸般試探的強烈程度，祂也知道如何應付一切危機，引領你走過每條危險的途徑。

在這敗壞世代的各樣污穢中，上帝有一班熱心為善，作中流砥柱的子民。他們緊握神的能力，證明他們足能抵擋各樣試探。雖然媒體的煽情與邪惡信息，在刺激著人的感官和心靈；因為他們與上帝和天使有緊密的聯繫，他們可以對這些試探視而不見聽而不聞。他們的工作別人無法代替，就是為真道打那美好的仗，持定永生。

青少年應該持守堅定的原則，以致一連撒但最強有力的試探，也無法誘惑他們背離自己的忠貞。

以弗所書

6：12

因我們並不是與屬血氣的爭戰，乃是與那些執政的、掌權的、管轄這幽暗世界的，以及天空屬靈氣的惡魔爭戰。

忠誠必不可少

你要和我同受苦難，好像基督耶穌的精兵。

我們都是基督的精兵，凡投身祂軍隊中的人都受命要從事艱苦的工作，就是那必須竭盡他們精力的工作。我們必須明白軍兵的人生是一種進攻的人生，是需要堅忍持久的人生。我們為基督的緣故要忍受試煉，因為我們所參與的並非是模擬戰。

不要靠自己的力量，乃要靠賴上帝所賜的能力和恩惠，現在就決定將所有的能力才幹都獻給祂，然後你就必因耶穌的呼召而跟從祂，你也不會詢問要往何處去，或將得到怎樣的報償。

當你讓自我死去，將自己降服於上帝，從事祂的工作，讓祂所賜給你的光在善工上照耀出來時，你就必不是單獨在工作了。上帝的恩典出現，要啟迪愚昧者和那班不曉得萬物的結局已經臨近的人，然而上帝並不會作你所當作的工，上帝會賜下許多亮光，如果你甦醒過來與神聖的動力合作，恩典就會使你的心靈改變。你蒙召要穿戴基督徒的全副軍裝，並以常備軍的身分為主服務。上帝的權能要與人的努力合作，粉碎仇敵在世人身上的迷惑力。

主已揀選我們作祂的精兵，這就是我們的榮耀。但願我們奮勇為祂作戰，凡事維持正義，在心靈的戰爭上，凡事都必須正直。當你致力與自我的傾向搏鬥時，祂必藉著祂的聖靈幫助你，使你保持慎重，不給仇敵任何可能譭謗真理的機會。

我們都是基督的精兵。祂是我們救恩的元帥，我們須服從祂的命令與規則，我們要穿戴祂的軍裝，確定在祂的旌旗之下。我們須隨時穿戴上帝全副的軍裝，在全宇宙的觀望下工作。

前進的命令

以色列民的歷史，乃是為教導並勸告一切基督徒而寫的。當以色列民突然遭遇危險困難，似乎已到達山窮水盡的境地，他們的信心便消失了，於是他們就埋怨上帝為他們所派的領袖。神的命令乃是「往前走」，他們並不是要等到前途全然開朗，得蒙拯救，全盤計劃都知曉時才向前走。上帝的聖工是一直向前的，祂必定為祂的子民開路。

基督徒的人生有時似乎危機四伏，任務難以完成。他們看到的是前有毀滅臨頭，後有奴役及死亡迫近，然而在一切灰心之中，有上帝明確的聲音說：「往前走！」我們應聽從這道命令，毫不顧慮後果如何，即使我們的眼目看不透黑暗，或是覺得自己的腳已陷入寒波冷浪中。

凡在前途尚未明朗化之前，不願意順從上帝旨意且相信祂應許的人，必永不會順從祂。信心並非確定的知識，它乃是「所望之事的實底，是未見之事的確據」。（來 11：1）得蒙上帝悅納的唯一方法，就是順從祂的命令，「往前走」，應作為基督徒的口號。

上帝的旨意是要我們在知識及德行上不斷進步。主的律法就是祂聲音的迴響，祂對眾人發出邀請說：「請向上到更高之處來；要成為聖潔，聖潔而又聖潔。」我們每天都可以在追求基督徒品格的完美上有所長進。

我們要信賴上帝，穩健地向前邁進，毫不自私地從事祂的聖工，謙謙卑卑地倚靠祂，將我們自己以及一切有關現在及將來的事都託付於祂，並將我們起初確實的信心堅持到底。要記得！我們領受上天的福惠，並非因為我們配得，乃因基督是配得的，而我們只是藉著相信祂，才得以領受上帝豐盛的恩典。

出埃及記

14：15

你吩咐以色列人往前走。

勝利

獲勝並不在於儀式或炫耀，乃在於完全服從最高的元帥，天上的主宰上帝。信靠這位領袖的人絕不會失敗。

人生絕大多數的煩惱、憂慮、傷心和刺激，全是性情未受控制的結果。戰勝自我乃是世上最良好的統治，人若以溫柔安靜的心為妝飾，那使生活極度痛苦的煩惱，百分之九十九就可免除了。凡跟隨耶穌的人，過去的老我必須死去，而新人要邀請基督耶穌在心中，以致可以真實無偽地說：「現在活著的不再是我，乃是基督在我裏面活著。」（加2：20）

自我是很難攻克的。屬肉體的敗壞，實在不易使之順服基督的靈。但我們都應意識到：若不靠著基督獲勝，我們就毫無希望。我們可以得勝，因為在上帝沒有難成的事。藉著祂助人的恩典，一切惡劣的性情，屬肉體的敗壞，都可以克服。你若願奉基督的名下定決心，就可以作得勝者。

現今撒但的試探愈來愈強大，因為他知道自己的時候不多了，很快每一個案件都要決定了——或得著生命或遭受滅亡。現在不是因挫折與試煉就灰心喪志的時候；我們務須堅毅地忍受艱難，全然信賴雅各信靠的全能上帝。祂的恩典足以應付我們一切的試煉，雖然試煉從來沒有現在這樣猛烈，但只要我們全心全意地信靠上帝，仍能勝過每一試探，靠著祂的恩典而得勝。

在試探與試煉向我們猛衝之時，我們要到上帝那裏去，向祂懇切地祈禱。祂一定不會讓我們空手離開，乃要賜給我們恩典與能力，打破仇敵的權勢。

哥林多
前書

15：57

感謝上帝，使我們藉著我們的主耶穌基督得勝。

The King of Grace and His Subjects

君王及其子民

所以，無論何人廢掉這誡命中最小的一條，又教訓人這樣做，他在天國要稱為最小的。但無論何人遵行這誡命，又教訓人遵行，他在天國要稱為大的。

伊甸園的統治者──亞當與夏娃

亞當在伊甸園被立為王，他也得蒙授權管理上帝所造各樣的活物。上帝賜福與亞當夏娃，使他們具有智慧，超乎其他的受造之物。祂也立亞當作祂所造一切之物的合法統治者。

亞當夏娃乃照「上帝的形像和榮耀」受造，他們得到的天賦，表明了他們是如何被上帝看重的。他們在心智和靈性方面，都反映出了創造主的榮耀。他們在心智和靈性方面天賦很高，僅「比天使微小一點」，所以他們不但能洞識宇宙間一切有形的奇妙，同時也領悟到他們在道德方面的責任和義務。

我們的始祖被造的時候，雖然是聖潔無罪的，卻不是不會犯錯。上帝賦予他們自主權，能認識上帝智慧和慈愛的品德，以及祂律法的公正，並在完全自由的情形之下，可以選擇順服或者違背。他們能與上帝和聖天使交往，但他們的忠順必須先受試驗，才能確保他們是忠於上帝的。在人類生命的起頭，上帝就在他們自我放縱的慾念上加以測試，這個慾念就是撒但墮落的基本原因。在伊甸園當中，靠近生命樹有一棵「分別善惡」的樹，這樹是要試驗我們始祖的順從、忠心和愛心。上帝將人放在律法之下，作為人生存的必要條件。他是上帝統治下的子民，而任何政權都不能沒有律法。

如果亞當和他的伴侶夏娃能繼續效忠上帝，他們就必能管理全地。管理一切生物的大權已經賜給他們，獅子與羔羊和平相處地圍著他們嬉戲，或一同臥在他們的腳前，快樂的雀鳥毫無畏懼地在他們頭上跳躍；當牠們清脆讚美的歌聲升到造物主面前的時候，亞當和夏娃也同聲應和著感謝聖父和聖子。

創世紀

1：27－28

> 上帝就照著自己的形像造人，乃是照著祂的形像造男造女。上帝就賜福給他們，又對他們說：「要生養眾多，遍滿地面，治理這地，也要管理海裏的魚、空中的鳥，和地上各樣行動的活物。」

統治權喪失了

亞當在所有的動物中居王位；但他一犯了罪，這一主權就喪失了。由他自己引來的叛逆精神，一直延伸到整個動物界。這樣，不僅在人的生命中，就在野獸的本性，森林的樹木，田野的青草地，以及在他所呼吸的空氣中，都能表現出犯罪後的悲慘後果。

人和世界都因罪，處在惡者的權勢之下。在亞當受造的時候，上帝曾派他管理全地，但他既屈服於試探，就落在撒但的權下了。「因為人被誰制伏就是誰的奴僕。」（彼後 2：19）人既作了撒但的俘虜，他原來的管理權就落到征服者的手中了，於是撒但便成了「這世界的神」（林後 4：4），奪取了原來賜給亞當管理全地的統治權。

撒但對基督說：「世界的萬國和萬國的榮華，都是交付我的，我願意給誰就給誰」；這話只對了一部分，而他說這話乃是要達到欺騙的目的。撒但的統治權原是從亞當的手中奪來的，但是亞當的治理權不是獨立的，他不過是創造主的代理人。地是屬於上帝的，而祂已經將萬有交在祂兒子的手裏，所以亞當的統治權必須隸屬於基督，在亞當將他的統治權斷送給撒但時，基督仍是合法的君王。

這曾在天上背叛的一位，願將地上的萬國送給基督，為要收買祂，叫祂臣服於罪惡；但祂絕不出賣自己。

耶穌由於順從並相信上帝而得勝，祂藉著使徒對我們說：「故此，你們要順服上帝。務要抵擋魔鬼，魔鬼就必離開你們逃跑了。」（雅 4：7）我們不能救自己脫離試探者的權勢；因他已勝了人類；但是「耶和華的名是堅固臺；義人奔入便得安穩。」（箴 18：10）

但以
理書

4：17

至高者在人的國中掌權，要將國賜予誰就賜予誰。

第二個亞當基督

人類的敗落使全天庭充滿了悲傷。天庭榮耀的元帥——上帝的兒子，為敗落的人類動了惻隱之心。當祂看到將亡之世界的災禍時，心中不禁動了無限憐惜之情。上帝因著愛，已經擬定了一個使人類得蒙救贖的計劃。違犯上帝的律法的結果就是死，但在全宇宙中，只有一位能代替人類來滿足律法的要求。上帝的律法與祂同樣的神聖，所以只有與上帝同等的一位，才能為違犯律法的人類贖罪。除了基督沒有人能救贖敗落的人類脫離咒詛，並使他們重新與上天和好。基督願意把犯罪的過失和恥辱歸到自己的身上。罪對聖潔的上帝來說是那麼可憎，甚至會令聖父與聖子分離，然而基督卻願意進入罪惡的深淵來拯救敗亡的人類。

救恩的計劃在創造天地之前就已設立；雖然如此，全宇宙之王為犯罪的人類來犧牲愛子，還是經過一番相當掙扎的。奇哉，這救贖的奧祕！上帝竟愛一個不愛祂的世界！在將來無窮盡的世代中，當一切的生靈尋求明白那不可思議之愛時，就都要驚奇並敬拜主了。

基督被稱為第二個亞當。在清潔聖善、與上帝合一、蒙上帝寵愛等諸方面，祂與亞當是一樣的。

基督受撒但的試探比亞當所受的更嚴重百倍，而且受試探的條件也更艱難。大騙子將自己假裝為光明的天使，然而基督戰勝了試探，挽回了亞當可恥的敗落，並拯救了世界。在犯罪的世界中，祂在生活中實踐了上帝的律法，使律法為大為尊，向全宇宙和撒但，及亞當敗落的兒女們證明，靠著祂的恩典，人類可以遵守上帝的律法。

基督完全的勝利，是亞當完全失敗的對比。祂使我們能忍受試探，驅走撒但，遠離我們。

哥林多
前書

15：22

在亞當裏眾人都死了；照樣，在基督裏眾人也都要復活。

以色列看不見的君王

在記載上帝如何對待祂選民的聖史中，到處有偉大的「自有永有者」鮮明的蹤跡。當祂被尊崇為以色列人唯一的王，並賜律法給祂子民的時候，祂向他們顯示的權能和榮耀是最多最大的；祂的王權不受人的影響，而且以色列人那肉眼所不能見之君王有說不出的莊嚴威儀。

在上帝親自臨格的表現中，最明顯的，就是藉著基督顯明出來的榮耀。不但在救主降臨的時候，並且在人類墮落和宣佈救贖應許後的一切世代中，上帝一直是「在基督裏，叫世人與自己和好。」（林後 5：19）基督是先祖和舊約時代獻祭制度的基礎和中心。自從始祖犯罪以來，上帝和人類之間就沒有直接的交往。天父已經將世界交在基督手中，為要藉著祂中保的工作救贖人類，並維護上帝律法的權力和聖潔。天庭和墮落人類之間的一切交往，一向是藉著基督來進行的，那向我們始祖發表救贖應許的乃是上帝的兒子；那向諸先祖顯示自己的也就是祂。祂也是賜律法與以色列的主。基督在西奈山的赫赫威榮之中，將祂父十條誡命的律法傳給一切百姓聽。那把刻著律法的石版賜給摩西的也是祂。

在耶穌還未成為人的樣式來到世界之前，就已經是祂子民的光，世界的光。照亮被罪所包圍黑暗世界的第一道光線，就來自基督。而從祂身上，發出了照亮在世人身上來自天上的所有光芒。在救贖的計劃中，基督是阿拉法和俄梅戛——是首先的和末後的。

尼希米記

9：13

你也降臨在西奈山，從天上與他們說話，賜給他們正直的典章、真實的律法、美好的條例與誡命。

我們在天上的統治者

三位希伯來的青年人，蒙召在火窰前承認基督。國王下令叫他們跪拜他所設立的金像，並且威脅他們説，若不跪拜，就必活活的被扔在火窰中，但他們卻回答説：「這件事我們不必回答你，即便如此，我們所事奉的上帝能將我們從烈火的窰中救出來。王啊，祂也必救我們脱離你的手；即或不然，王啊，你當知道，我們絕不事奉你的神，也不敬拜你所立的金像。」(但 3：16 - 18)

在禱告上帝時跪下，乃是應有的姿態。然而這樣的舉止僅適於全宇宙的統治者上帝，因此這三位希伯來人拒絕任何偶像，包括純金鑄成的偶像。他們若敬拜金像，實際上就是向巴比倫王跪拜了。他們遭受了刑罰，但基督卻親自來在火中與他們同行，他們絲毫未受到傷害。

這次神蹟在民眾的心中，發生了顯著的影響。那炫人耳目的大金像竟被忘記了。王也頒布法令，若有人謗讟這三人的上帝必被處死。

這些忠誠的希伯來人具有天生的才能，他們也在有高智慧和素養的環境中受教育，並且身居尊榮的職位，可是這一切並沒有導致他們忘記上帝。他們樂意歸順於上帝恩典使人成聖的感化力，他們不可思議地得蒙拯救，就在廣大的觀眾面前顯明了上帝的權能與威榮。耶穌在火窰中來到他們身旁，而藉祂的榮臨使傲慢的巴比倫王相信，祂正是上帝的兒子。主藉著拯救祂忠心的僕人，表示祂必與凡受壓迫的人站在同一立場，要推翻任何想要踐踏天上上帝權威的屬世強權。👤

詩篇

103：19

耶和華在天上立定寶座；祂的權柄（原文是國）統管萬有。

上帝與我們同在

從亙古以來，主耶穌基督與父原為一；祂「本是上帝的像」，上帝偉大和威嚴的像，「是上帝榮耀所發的光輝」。祂到我們這個世界來，就是要顯明這榮耀，要向被罪所遮暗的大地，顯示上帝慈愛的光輝，表彰「上帝與我們同在」。

我們這個小小的世界，乃是全宇宙的課本。上帝恩典的奇妙旨意，救贖之愛的奧祕，是「天使也願意詳細察看」的題目，也是他們永遠要學習的題目。蒙救贖的人們，和那些未曾墮落的生靈，都要以基督的十字架為他們的科學和詩歌。他們就可以看出，從耶穌臉上照耀出的榮光，是自我犧牲之愛的榮光。髑髏地發的光輝使他們看出，捨己之愛的律，乃是天地間生命的律，那「不求自己的益處」的愛，乃是發源於上帝之心。

耶穌大可留在天父身邊，保留天國的榮耀和天使的崇敬。但祂為要將光明帶給昏昧的人，賜生命給將亡的人，甘願將王圭交還父手，從宇宙的寶座上下來。

這偉大的旨意，曾在許多表號和象徵中隱約的表現出來。例如基督藉著那燒著的荊棘向摩西顯現，為了顯示祂是上帝，慈悲的上帝，用最卑微的表號遮掩了祂的榮耀，使摩西能以看見，仍得存活。故此，上帝日間在雲柱與夜間的火柱中與以色列人來往，顯示祂的旨意，並將祂的恩典賜給他們。上帝緩和了祂的榮光，遮掩了祂的威嚴，使人類微弱的眼目能以看見祂。照樣，基督來也是取了「我們這卑微的身體改變形狀」（腓3：21）。祂遮掩了祂的榮耀，隱藏了祂的偉大和威儀，以便接近憂傷和被試探的人們。

馬太
福音

1：23

人要稱祂的名為以馬內利。（以馬內利翻出來就是「上帝與我們同在」。）

國度受到威脅

約翰
福音

6：15

耶穌既知道他們要來強逼祂作王，就獨自又退到山上去了。

在一個春天的傍晚，眾人坐在綠草如茵的平原上，吃基督為他們所預備的食物。人的能力絕不可能用五個大麥餅和兩條小魚，做出這麼多的食物來，叫數千饑餓的人吃飽。於是眾人議論説：「這真是那要到世間來的先知！」（約6：14）祂能征服列國，把以色列多年所渴慕的王權給他們。

眾人出於滿腔的熱忱，預備立刻擁耶穌為王。他們見祂並不設法引起眾人的注意，或博得眾人的尊敬。他們惟恐耶穌永不會宣佈自己有登大衛寶座之權，於是大家經過商議之後，同意用勉強的手段宣佈祂為以色列王。耶穌看出當時的情況，並知道這種舉動的結果，雖然當時的人並不明白。如果眾人設法立耶穌為王，則勢必發生暴動、叛亂，而屬靈之國的工作就要受到阻礙。這個運動必須立刻加以制止，於是耶穌就叫門徒來，吩咐他們立刻坐船回迦百農去。

耶穌隨即吩咐眾人散開，祂態度的堅決，使他們不敢不順從。耶穌莊嚴的態度，嚴肅沉著的命令，平息了當時的喧嚷，打消了他們的計劃。他們認明祂有超過一切地上權威的能力，就毫無疑問地服從了。

眾人散去之後，耶穌「獨自上山去禱告」。祂求天父賜祂能力，好向世人顯明祂使命的神聖性質，使撒但不至蒙蔽他們的理解力，混亂他們的判斷力。祂在心靈的痛苦掙扎之下，懇切地為門徒祈求。他們和當時的民眾的期望，將會成為最痛苦和屈辱的失望。他們看不見祂登上大衛的寶座，卻要目睹祂被釘在十字架上，這才是祂的真加冕典禮。

君王似的行列

在基督降生前五百年，先知撒迦利亞就已預言大君王來到以色列的情形。這一次，基督乃是按著猶太的慣例，舉行帝王入城式。耶穌一坐上驢駒，眾人就立刻發出歡呼。他們稱頌祂為彌賽亞，為他們的王。他們沒有君王的旌旗在前頭帶路，但他們砍下棕樹枝，高高地舉起這自然界中勝利的標誌，歡呼與和散那的喊聲響徹雲霄。

耶穌之前從來沒有准許過他們這樣的舉動。祂清楚地預先看到，這件事的結果就是要引祂到十字架去的，但祂的目的就是要公開表示自己是救贖主，祂要喚起人們注意祂將要完成拯救墮落世界之使命的犧牲。

世人從來沒有看見過這樣歡慶的行列，這與世上有名的凱旋不同，這裏沒有悲哀的俘虜來彰顯君王的威武，然而在救主的周圍，有祂憑愛心為罪人勞碌的光榮成績，就是祂從撒但權勢之下奪回的人們，他們因祂的拯救而讚美上帝。被祂醫好的瞎子在前引路；被祂治癒的啞巴揚起宏亮的聲音歡呼和散那；被祂醫好的跛子快樂跳躍。身體曾在墳墓裏腐爛的拉撒路，現在卻容光煥發、眉飛色舞地牽著救主所騎的牲口。

這一次的凱旋是上帝親自安排的。先知早已預言這事，人是沒有能力來推翻上帝旨意的。

祭司與官長企圖阻止世界不受「公義日頭」輝煌光線的照耀，如同企圖不容大地得見太陽的面目一般。雖然基督的國遭遇一切的反對，但仍是民眾所承認的。

撒迦利亞書

9：9

錫安的民哪，應當大大喜樂；耶路撒冷的民哪，應當歡呼。看哪，你的王來到你這裏！祂是公義的，並且施行拯救，謙謙和和地騎著驢，就是騎著驢的駒子。

耶路撒冷的王

詩篇

48：2

錫安山——大君王的城，在北面居高華美，為全地所喜悦。

耶穌從橄欖山頂上望著耶路撒冷。一片美麗升平的景象畢呈在祂面前。夕陽的餘輝照耀著聖殿雲石的牆壁，耀眼猶如白雪，還有那黃金的門、樓房和尖閣，也都反射出萬道金光來。這種雄姿「堪稱為全美的」，並為猶太全國所誇耀。有哪一個以色列人注視到這一幅景象時，會不感到欣慰讚歎呢！但這時耶穌心中的感想則完全不同。當祂「快到耶路撒冷，看見城，就為它哀哭。」（路19：41）在這萬頭攢動，慶祝凱旋，揮舞著棕樹枝，讚美歌聲山呼谷應，萬口同聲擁護祂為王的時候，這位救世主的心卻突然感到一種莫名的的憂傷。上帝的兒子，是向以色列人所應許的那一位，祂的權力曾勝過死亡，並從墳墓中召出死亡的俘虜；祂這時卻哭了，況且祂的憂傷並不是普通的憂傷，乃是一種非常的、抑制不住的慘痛。

祂這一場哀哭卻不是為了自己。祂乃是為耶路撒冷城內將要遭劫的千萬人民而哀哭，因為祂來要拯救的人竟盲目無知，不肯悔改。

雖然祂所得的報答是以惡報善、以恨報愛，但祂還是堅決執行祂慈悲的使命。凡向祂求恩的人，祂從不拒絕。但以色列人已經離棄了他們最好的朋友與唯一的援助者。祂出於愛心的勸勉被人藐視了，祂的忠言被人拒絕了，祂的警告被人譏誚了，當基督被掛在髑髏地十字架上時，以色列國蒙恩眷與賜福的時日也就滿了。當基督俯瞰耶路撒冷時，全城與全國的厄運都呈現在祂面前。誰能想到，這個城、這個國，曾一度是上帝揀選的特別產業呢？

上帝對耶路撒冷城的忍耐，證明了猶太人的頑固剛愎。全國的人民已經棄絕了基督的恩典。

榮耀的王

基督是上帝，祂以人的外表來到地上，卻以眾聖徒大君的身分升上高天。祂的升天與祂崇高的聖德是相稱的。祂升天時，是一位大有威力的戰士，戰勝者，和使被擄者得釋放的上帝，祂在眾天軍簇擁下，在歡呼、讚美與天庭和美的歌聲中上升。

門徒們非但看見主上升，他們也有天使的見證，說祂去乃是要去坐祂在天父的寶座。天上護衛軍的光彩，和上帝榮耀之門的敞開歡迎祂，都不是人的肉眼所能見的。假若基督升天行程的輝煌景象，全都向門徒呈現出來的話，他們必是無法承受的。

他們的感覺不可被天國榮耀的景象所迷住，以致忽略了基督在地上所顯示的品德，這品德乃是他們自己所當效學的。他們要時常思念祂生活的美妙與威榮，祂品德各方面的全然和諧，和祂本性中神性與人性不可思議的聯合。祂升天的景象，是與祂生平的柔和安靜諧和一致的。

門徒們知道在天上有這樣一位「朋友」替他們代求，他們是何等喜樂啊！目睹基督升天之後，他們對於天國的一切觀點和看法全都改變了。現在他們認識到，天國是他們將來的家鄉，在那裏有親愛的救贖主為他們預備了住處。祈禱也變成新的了，因為那是與救主交往的結果。

他們有了一種福音要傳講，就是基督成為人的樣式，常經憂患；之後遭受侮辱，被惡人捉拿，釘死在十字架上；復活、升天，在上帝面前作世人的辯護者，並且帶著權柄與大榮耀在天雲中復臨。

詩篇

24：7 — 8

眾城門哪，你們要抬起頭來！永久的門戶，你們要被舉起！那榮耀的王將要進來！榮耀的王是誰呢？就是有力有能的耶和華，在戰場上有能的耶和華！

管轄列國的統治者

在人類的歷史記錄中，民族的發展、國家的興亡，似乎都依賴人的意願與勇氣。而時局的變遷，似乎又端視人的能力、野心或任性而行。但透過上帝的聖言，簾幕被打開了，從各方面，不同的角度；從人類的利害關係、權力與慾望上，我們都能看到，全然慈愛的主默默地，忍耐地完成合乎祂旨意的計劃。

任何國家在世界舞臺上的興起，都是在上帝許可下，要看它是否能成全「守望的聖者」的旨意。列國雖然棄絕上帝的原則，並且自取滅亡，但從列國的興衰仍可以看到，上帝在掌管他們一切的行動。

先知以西結被擄居住在迦勒底時，所見的一個異象，也顯明了這個教訓（參看以西結書 1 章、10 章）。有四個活物轉動著一些彼此相套的輪。輪的排列很複雜，起初看來似乎是雜亂無序，但它們轉動的時候，都是絕對循序運行的。有天上的使者，依著基路伯翅膀下那雙手的維護與指導，推動這些輪子；在他們之上，坐在那藍寶石的寶座上的，乃是那位亙古常在者。在寶座周圍有虹，代表神的慈愛。那些複雜的套輪，是在基路伯翅膀下那雙手的引導中，照樣，人類一切複雜的事件也在上帝的管轄之下。雖然各國在爭執與擾攘中，坐在基路伯寶座以上的主仍然在做總指揮。

歷代以來，各國都在指定的時代與地區興起與衰落，向我們宣示，上帝對於每個國家和每個人，都有祂偉大的計劃。雖然個人與國家的命運都取決於他們的選擇，上帝卻為成全祂的旨意而統治著一切。📖

詩篇

83：18

使他們知道：惟獨你──名為耶和華的──是全地以上的至高者！

上帝的寬容也有限度

在夜間的異象中，我站在一個高處，從那裏我看見有些房屋好像蘆葦在風中搖動。大大小小的建築物都倒在地上。遊樂場、戲院、旅館和富人的住宅都被震動而損毀了。許多人都喪命了，受傷與驚恐之喊叫聲不絕於耳。

上帝行毀滅的天使正在工作著。那些看似十分完善，人認為足以抵擋各樣危險的建築物，頃刻間都成了廢墟。任何地方都不能保證有安全。我所看到的恐怖景象，實在是言語難以形容的，似乎上帝的寬容已到了盡頭，審判的日子已經來到了。

那站在我身旁的天使指示我：很少有人關注現今世上的罪惡，尤其是在各大都市中的罪惡。他聲稱主已指定日期，要在忿怒中報應那些習慣違命而不顧祂律法的人。上帝至高的統治權，和祂律法的神聖性，都必須向頑固成性而不願意順服萬王之王的人顯明。那些選擇背叛的人，必須經歷帶著慈憐的審判，這樣或許會讓他們覺悟自己在行為上的罪惡。神聖的統治者雖然長久寬容邪惡，但祂絕不會受騙，也絕不至一直保持緘默。祂的至尊無上，祂統治宇宙的權威，終必獲得承認，而祂的律法也會顯為公義。

上帝的寬容也有限度，而許多人正在超越這些界限。他們已經超過恩典的限度，故此上帝必須干預，維護自己的尊嚴。

在主開始施行報應時，祂也必保衛那些保守自己信仰純潔而不受世俗玷污的人。

詩篇

119：126

這是耶和華降罰的時候，因人廢了你的律法。

具有公民的資格

社會地位、膚色或階級，都不是成為基督國中公民的先決條件。進入祂的國並不是因為人的財富或優越的遺傳，然而凡從聖靈生的，都是祂國的公民。基督所看重的是屬靈的品格。祂的國原不屬於這個世界，祂的子民是那些與上帝的性情有分，已經脫離世上情慾敗壞的人。這種脫離罪惡的恩典是上帝賜的。基督雖然沒有看到祂子民有配得祂國的資格，但祂卻以自己的神性給了他們這樣的資格。那些曾經死在罪惡與過犯之中的人，就可以復甦並享有屬靈生命了。上帝賜給他們能成就聖善目的的才能，都被煉淨而提高了，他們也可以建立合乎上帝樣式的品格。

基督藉著一種看不見的能力，把他們吸引到祂面前。祂是生命的光，祂也以聖靈澆灌他們。當聖靈來到他們心中時，他們就發現自己常常成為撒但試探的對象，成為他的奴隸；但他們能掙脫肉體情慾的軛，也能拒絕不作罪的奴僕。因為他們意識到，帶領他們的是主，他們也從耶穌的口裏聆聽指導。就如同僕人仰慕他的主人，使女仰慕她的主母一樣，蒙基督慈繩愛索牽引的生靈，也時常仰望為他們的信心創始成終的主。由於仰望耶穌，並順從祂的要求，他們就愈來愈認識上帝和祂所差來的耶穌基督。他們也逐漸變成祂的樣式，品格不斷改變，與世人顯然有別，以致有記載論到他們說：「唯有你們是被揀選的族類，是有君尊的祭司，是聖潔的國度，是屬上帝的子民，要叫你們宣揚那召你們出黑暗入奇妙光明者的美德。你們從前算不得子民，現在卻作了上帝的子民；從前未曾蒙憐恤，現在卻蒙了憐恤。」（彼前 2：9 – 10）

馬可
福音

10：15

我實在告訴你們，凡要承受上帝國的，若不像小孩子，斷不能進去。

得稱為兒女

亞當犯罪使人類陷入無望的境況中時，上帝大可與墮落的人類斷絕關係，祂也可以用罪人所當受的刑罰來對待他們，祂更可以命令天上的使者將祂忿怒之杯傾倒在世界上。這樣，祂就可以從宇宙之中將世界這個黑點抹去，但祂並沒有這樣作。祂非但沒有將人類從祂面前趕出去，反而更與墮落的人類親近，甚至賜下祂的兒子，作我們骨中之骨，肉中之肉。「道成了肉身，住在我們中間，充充滿滿地有恩典有真理。」（約1：14）基督藉著祂與人類的關係，帶領他們到上帝面前。祂用人性的衣袍覆蔽了神性，在天庭全宇宙，以及未墮落的諸世界之前，顯示上帝是如何愛祂世上的兒女。

上帝給世人的恩賜是無法計算的，祂已付出一切，沒有留下什麼不給世人。上帝不願意給任何人藉口說，祂實際還可以幫更多，或愛世人更多。在祂將基督賜下時，便等於將整個天庭都賜給我們了。

得稱為上帝的兒女，並不是我們靠自己能獲得的。只有那接受基督為救主的人，才有權柄作上帝的兒女。罪人不能靠自己的能力脫離罪惡。每一個「信祂名的人」，都有得稱為上帝兒女的應許，而每一個憑著信心來到耶穌面前的人，必蒙赦免。

上帝要在基督裏顯現，「叫世人與自己和好。」（林後5：19）人類已經因罪敗壞墮落，他們靠自己根本不可能與聖潔良善的上帝和好。但是基督救贖了人類，使人免去律法的刑罰，就能將上帝的能力與人的力量結合起來。這樣，亞當墮落的兒女就能藉著向上帝悔改，並信靠基督，再成為「上帝的兒女」。

一個人接受了基督的時候，就已經接受了能力，去過基督的生活。

約翰
福音

1：12

凡接納祂的，就是信祂名的人，祂就賜他們權柄作上帝的兒女。

獲得兒女的名分

在大地尚未奠立基礎之前，就有約定，所有順從的，藉著上帝豐盛的恩典，培養聖善的品格，且接受恩典使自己在上帝面前無可指責的人，都要作上帝的兒女。

我們的一切都有賴於白白得來且至高無上的恩典。約中的恩典使我們獲得上帝兒女的名分。救主的恩典成就了我們的救贖和更新，以及我們與基督同為後嗣的權利。

我們深信自己已蒙上帝收養，成為祂的子女了，就能預嘗天國的福樂。我們能親近祂，與祂有親密的溝通。我們清晰地看明祂的仁慈憐憫，心也因默想祂給我們的愛而熔化了。我們的確感覺到有基督住在心中；我們住在祂裏面，與耶穌安然同居；我們體驗到上帝的愛，並安息在祂的愛裏。這樣的經驗非言語所能形容，也超越我們的知識範疇。我們與基督合而為一，我們的生命也與基督藏在上帝裏面。我們也確知，當我們的生命之主顯現時，我們也要與祂一同在榮耀裏顯現。憑著堅固的信心，我們可以稱上帝為我們的父。

由於重生而加入天上家庭的人，便是我們主內的弟兄了。基督的愛將祂家庭的每一分子連結在一起。所以哪裏有人表現祂的愛，哪裏就看出這種神聖的關係。

愛人，就是在地上愛上帝的表現。為要灌輸這愛，使我們成為一個大家庭，榮耀的大君成了我們的一分子。當我們實行祂臨別時的命令，「你們要彼此相愛，像我愛你們一樣」（約15：12），我們也愛世人像祂愛世人一樣的時候，祂的使命就必成全在我們身上了，我們就配進天國，因為我們心中已經有天國存在。

以弗所書
1：5－6

又因愛我們，就按著自己的意旨所喜悅的，預定我們藉著耶穌基督得兒子的名分，使祂榮耀的恩典得著稱讚；這恩典是祂在愛子裏所賜給我們的。

救贖的代價

FED
16
二月十六日

每一個生靈都是寶貴的，因他是耶穌基督的寶血買回來的。

有的人論述猶太人的時代，就說那是一個沒有基督、沒有慈悲或恩典的時期。對於這班人，基督向撒都該人說的話是合宜的：「你們⋯⋯因為不明白聖經，不曉得上帝的大能嗎？」（可 12：24）猶太人的時期，其實是表現出滿有奇妙神聖能力的時期。

獻祭的制度原是基督設立的，並交給亞當，預表將來要擔負全世界罪孽，並為救贖世界犧牲生命的救主。

被殺之犧牲的血，象徵上帝的兒子的血。而上帝對聖潔與世俗的分別是很清楚的。血是聖的，故此只有藉著上帝兒子所流的血，罪才得蒙赦免。血也被用來潔除聖殿中百姓的罪惡，這就代表唯有基督的血才能除盡罪孽。

我們的救主宣告：祂從天上帶來永遠的生命作為一種贈禮，祂要在髑髏地的十字架上被舉起來，為吸引萬人歸向祂。這樣看來，我們應該如何的對待基督所贖的產業呢？應該向他們表示溫柔、感佩、仁慈、同情和愛心。這樣，我們便可以彼此幫助，互相惠益。在這工作中，我們不單有弟兄的友愛，還有天上使者的陪伴。他們與我們共同啟迪世人。

基督與天父商議決定，要不惜任何代價，沒有任何保留的拯救可憐的罪人。為了完成救贖大工，在人類的身上恢復上帝道德的形像，他寧願捨棄天上的一切。得稱為上帝的兒女，乃是要與基督一同在上帝裏面，伸出我們的手，用真誠自我犧牲的愛，去幫助那些在罪孽中行將滅亡的人。

希伯
來書

9：12

並且不用山羊和牛犢的血，乃用自己的血，只一次進入聖所，成了永遠贖罪的事。

亞伯拉罕和他的兒女

關於亞伯拉罕，經上記著說：「他又得稱為上帝的朋友」，「叫他作一切……信之人的父」。

亞伯拉罕的蒙召是非常光榮的，他是歷代以來維護並保存上帝真理之子民的始祖，所應許的彌賽亞要從這班子民中出來，使地上的萬國都因祂得福。

亞伯拉罕被四圍的列國尊為強大的王子，和精明能幹的族長。他沒有與鄰近的人隔絕，他的生活和品格與那些拜偶像的人顯然不同，使人看重真信仰。他堅定地忠於上帝，同時他的殷勤和慈善也博得了眾人的信任和友誼，使人們欽仰和尊敬他。

亞伯拉罕並沒有把信仰當作一種貴重的寶物妥為保存，專供自己欣賞或享受。真信仰是不能這樣保存的，因為這樣的精神與福音相反。當基督住在人心裏時，耶穌同在的光輝是不能隱藏的，也不會消逝的。當自私與罪惡的雲霧逐漸被公義日頭的光芒驅散時，那光就必越照越明。

上帝的子民是祂在世上的代表，祂的旨意是要他們在世界道德的黑暗中作祂的光。他們散居在各城鎮鄉村之中作上帝的見證人，作福音的媒介，將祂旨意的知識和恩典的奇妙，傳給不信的世人。祂的計劃是要所有得到偉大救恩的人，都為祂作傳道工作。基督徒的虔誠是世人可以用來衡量福音的標準。承受試煉，感激地接受福分，以及日常生活上的溫柔、慈祥、憐憫和仁愛，是基督徒品格向世人照耀出來的光輝。

加拉
太書

3：29

你們既屬乎基督，就是亞伯拉罕的後裔，是照著應許承受產業的了。

天國的公民

上帝的子民——真以色列人——雖然分散在萬民之中，在地上卻是寄居的，因為他們是天上的國民。

成為主家庭成員的條件，就是從世人中間出來，與各樣污染的影響完全隔絕。上帝的子民不可參與任何形式偶像的敬拜，他們須達到更高的標準。我們要與世人有別，然後上帝才會說：「我必接納你們作王室的成員，天上大君的兒女。」作為真理的信徒，我們要在行為方面與罪及罪人有顯然的分別。我們的國籍原是天國。

這樣，你們不再作外人和客旅，是與聖徒同國，是上帝家裏的人了。

我們應更加清楚地體念到上帝賜給我們應許的價值，更加重視祂所給我們的尊榮。上帝給世人最高的尊榮，就是接受他們成為祂家裏的成員，使他們有特權稱祂為父。成為上帝的兒女實際上是最寶貴的。

我們在這世上是客旅與寄居的。我們要等待、警醒、禱告而工作，我們所有的心靈思想力量，都是上帝兒子的血所買來的。這並不需要我們用外表的服裝來顯明，而是要穿戴聖言教導我們的整潔樸素的衣服。假若我們的心已經與基督的心合而為一，就會有最熱切的願望，要以祂的義為衣服。我們絕不穿戴任何足以引起他人注意或爭論的服飾。

真不知有多少人並不明白基督教的真義！它絕不是穿戴在外的東西，而是與耶穌的生命配合交織的人生，也就是說，我們已披上了基督的義袍。

屬天的子民也必作地上最優良的公民。明白我們對上帝應盡的義務，就會使我們清楚地認識到對於同胞所有的義務。

忠誠的試驗

每一上帝之國的公民均應遵守耶和華的律法。律法本為聖潔、公義、良善的事實，必須在各國、各族、各民之前，向未墮落的諸世界，天使、撒拉弗和基路伯證明出來。上帝律法的原則都已在耶穌的品德中表現出來，凡是與基督合作的人，就能與上帝的性情有分，也能培養出神聖的品格，並為神聖律法做見證。

我們越研究顯示在基督身上的上帝性情，就越能看明上帝的公義，因為祂為了滿足律法所定的刑罰作出了犧牲。為了讓世人得到另一次寬容的機會，那些在這短暫寬容時期中遵守上帝律法的人，在天國必被稱為萬軍之耶和華的忠誠兒女。

創造與救贖使我們成為主的產業。我們肯定地是祂的屬民，理應順服祂國的律法。任何人都不應該認為，天地之主上帝沒有訂立管轄祂屬民的法律。我們所享用的一切全來自上帝，我們吃的食物、穿的衣服、呼吸的空氣、每天的生命，都是上帝提供的。我們有義務接受祂旨意的管理，承認祂為我們至高無上的統治者。

上帝在基督耶穌裏向我們彰顯的慈愛，使我們都欠了上帝恩典的債，而且我們既是有才智的代理人，就當向世界顯明：遵守上帝政權的每一條律法，會使我們養成怎樣高尚的品格。我們既完全遵行祂的聖旨，就當表現出敬重、仁愛、樂觀與讚美；而以此尊榮上帝。只有這樣，我們才能向世界彰顯上帝在基督裏的聖德，並向世人顯明遵守上帝的律法，必會有喜樂、平安、應許與恩典。

約翰
福音

14：21

有了我的命令又遵守的，這人就是愛我的；愛我的必蒙我父愛他，我也要愛他，並且要向他顯現。

上帝的要求居首位

我們要傳的信息，不是一個令我們羞澀不敢傳講的信息。擁護真理的人一定不會掩蓋它，也不會隱藏它的來歷和宗旨。我們既然向上帝鄭重地許過願，被委任作基督的使者，作上帝奧祕恩典的管家，就有義務忠心傳揚上帝全部的訓誨。

我們要看重真理，因為真理使我們與世俗分離，它也是我們的身分；真理也是與永恆有關係的。上帝已賜亮光使我們明白現今的事物，我們就當用筆、用口，向世人宣揚真理。

安息日乃是主的試驗，無論任何人，是君王，祭司或官長，都無權介入上帝和人之間。凡企圖左右他人良心的人，就是妄將自己置於上帝之上。凡受假宗教勢力的影響而遵守偽安息日的人，就必將真安息日的最確切證據拋諸腦後了。他們必設法強迫人遵守他們所創設的律法，就是與上帝律法恰好相反的律法。那命人遵守七日的第一日的律法，乃是背道之基督教的產物。在任何情形之下，上帝的子民都不可向它表示敬重。

那在過去各世代中，由早期注重福音的教會與上帝的見證人所高舉的真理和宗教自由的旗幟，在這最後的鬥爭中已交在我們的手中了。我們知道人間政府是上帝所命定的，在合適的範圍內，服從政府是神聖的義務。但當政府的要求與上帝的要求發生衝突時，我們就必須順從上帝，而不順從人。人必須承認上帝的聖言高過一切世人的法律。我們絕不可以「教會當局如此說」，或「政府當局如此說」，來代替「耶和華如此說」。基督的王冠必須被高舉，超過一切地上君王與掌權者的冠冕。

FED
20
二月二十日

使徒行傳

5：29

順從上帝，不順從人，是應當的。

超越屬世的國度

屬世之國最輝煌顯耀的特質，在基督屬靈之國中卻毫無地位；在人間地位崇高的人，以及使擁有之人顯為高貴之物，如階級、身分、地位、財富等，在屬靈之國中全無貴重的價值。主有話說：「尊重我的，我必重看他。」（撒上 2：30）人在基督之國中的卓越身分，是與他的敬虔有關。

天國的地位比任何屬世之國都高。我們將來在天國的地位，並不按我們的階級、財富或教育程度而定，乃是在乎我們如何遵行上帝的命令。那些受自私和屬血氣之野心所驅使，意圖追求至尊至大，自視過高，不願意承認過失錯誤的人，在上帝的國裏都沒有地位。人是否能成為上帝王室中的一分子，全在乎他們今生如何承受上帝所給予他們的試煉與考驗。在今世生活中，那些不克己、對他人禍患不表同情、不培養仁慈美德、不表示容忍溫柔的人，在基督來臨時也不會變成新人。

我們現在的品格，決定將來永恆的命運。天國的福樂與我們如何遵從上帝的旨意有關，人之所以能成為天國王室的一分子，就是因為在世上，天國已經在他們心裏就開始了。他們曾經以基督的心為心，而且在耶穌招呼說「孩子，上到高處來」時，他們便帶著各樣的美德，和寶貴成聖的才能，進入天上的庭院，丟棄塵世，得到天國。上帝認識在地上作祂國度忠實公民的人，而且在世上遵行祂旨意如同行在天上一樣的人，他們必將成為天上王室的一分子。🔔

馬太
福音

5：19

所以，無論何人廢掉這誡命中最小的一條，又教訓人這樣做，他在天國要稱為最小的。但無論何人遵行這誡命，又教訓人遵行，他在天國要稱為大的。

因順命而有的福惠

我們的上帝是何等樣的上帝啊！祂以勤勉謹慎治理祂的國，而且祂已經在祂子民的四圍圈上了籬笆——十條誡命——要保守他們不至於遭受犯罪的報應。上帝要我們遵守祂國度的律法，因為祂會把健康與福樂、平安與喜樂賜予祂的子民。祂告訴他們，祂要求的完美品格，唯有透過熟悉祂聖言方能獲得。

那真正的尋求者，盡力在言語、生活和品格上與耶穌相似，就必多思念他的救贖主，而藉著仰望祂，渴望能變成主的樣式，因他切望祈求要以基督耶穌的心為心，具有與祂同樣的性情，他渴慕上帝。救贖主的生平，祂所作的無限犧牲，對他來說都有豐富的意義。上天的至尊者基督竟成為貧窮的，使我們得因祂的貧窮成為富足；這樣的富足，非但表現在祂對我們的肯定中，更表現在我們得到的恩典中。

這樣的財富是基督切盼跟從祂的人都擁有的。當真誠尋求真理的人閱讀聖言，並開啟自己的心意接受聖言時，他就會全心全意地渴慕真理。基督為愛祂之人預備的天上住處的特質，如仁愛、憐憫、親切、殷勤與基督徒的禮貌，現在就會充滿他的心靈。他會有堅定的宗旨，決心要站在正義這一邊。真理既然已進入他的心中，就由真理的聖靈栽培成長。真理一旦控制了人心，這人就確實的成為基督恩賜的管家了。

身為管家的人，都有推進上帝之國的特殊任務。言語、記憶、感化、財產等各項恩賜，都要積聚起來，用來榮耀上帝，促進祂的國度。上帝會賜福那些善用祂恩賜的人。

詩篇

40：8

我的上帝啊，我樂意照你的旨意行；你的律法在我心裏。

FED
23
二月二十三日

上帝恩賜的管家

上帝恩典的知識，祂聖言的真理，以及今世的各種恩賜——時間與錢財，才能與感化力——全都是上帝委託給人，要用來歸榮耀予祂並拯救世人的。對於不斷願意將恩賜施予世人的上帝而言，最不喜悅看見的，就是世人自私自利壟斷這些恩賜，而毫不報答賜予者。耶穌現今在天上為愛祂的人預備住處，不但預備住處，更是預備一個將來要屬於我們的國。然而凡要承受這些福惠的人，就必須學會基督的克己與自我犧牲的精神，並要謀求他人的福利。

和過去的時代相比，現今更需要誠懇自我犧牲的服務，因為寬容時日即將結束，而最後恩典信息要傳與世人。

人從上帝領受的一切恩惠，都仍然屬於上帝。祂將世上寶貴榮美之物交在我們手中，就是要試驗我們，要讓我們深深的愛祂，感戴祂的恩寵。使我們願意將財富或才幹，放在耶穌的腳前，當作樂意的奉獻。

凡我們所奉獻給上帝的，由於祂的慈憐與寬大，都會被記錄為我們是忠心的管家明證。未受罪孽蒙蔽的天使，也都認明上天賜給我們各項才幹的目的，就是要用來報答並歸榮耀於偉大的賜予者的。上帝的統治權與人的福利有密切聯繫，一切受造之物的喜樂與福惠，也就是上帝的榮耀。我們力求增進祂的榮耀，同時也正是為自己謀求所可能領受的最高福利。上帝號召你們，將從祂那裏所領受的每一項才幹與恩賜，都奉獻為祂服務。祂要你們與大衛一同說：「萬物都從你而來，我們把從你而得的獻給你。」（代上 29：14）

彼得
前書

4：10

各人要照所得的恩賜彼此服事，作上帝百般恩賜的好管家。

真理的管家

哪裏有生命，那裏就有生命的增長；在上帝的國裏有一種經常的
交換——接受與施予；領受並將屬主之物歸還與主。上帝與每位
真信徒合作，而信徒所接受的亮光與福惠，又在其所從事的工作
上施予給他人，接受的量因此也增加了。一個人在將自天而來的
恩賜分與他人時，就在他自己心靈中騰出餘地，好接受那自活水
泉源而來的恩典與真理的新流。更大的亮光，更多的知識與福惠，
也都加給他了。在這種交給每一教友負責的工作中，教會就有了
生命並不斷地增長。但那些只接受而毫不施予的人，不久就喪失
了福惠。真理若不從他那裏湧流給別人，他就喪失了自己接受的。
如果我們盼望獲得新的福惠，就必須分贈屬天的物品。

真理的知識分享得越多，增長也就越多。在心中領受福音信息的
人，都渴望將信息傳揚出去。這種天賜的對基督的愛必須找到表
達的方法。凡披戴基督的人必要講說他們的經驗，述說聖靈如何
一步一步地引領他們——使他們飢渴地追求認識上帝和祂所差來
的耶穌基督，以及他們如何查考聖經、禱告、遭受心靈上的痛苦，
終於聽見基督向他們說：「你的罪赦了！」

人若將這些事秘而不宣是很不自然的，所以凡被基督的愛所充滿
的人絕不會這樣做。他們希望別人也得著同樣福惠的心願，是與
主所託付給他們的神聖真理相稱的。當他們傳講上帝恩惠的豐盛
寶藏時，基督的恩典也要多多地加給他們。他們會有如赤子般單
純和毫無保留的順服之心。他們的心靈要渴慕聖潔，那真理與恩
典的寶藏，也必向他們顯示更多，使他們可以傳給世人。

詩篇

66：16

凡敬畏上帝的人，你們都來聽！我要述說祂為我所行的事。

FED
25
二月二十五日

管家的體力

上帝給每一個人都有特別的恩賜，也就是所謂的才幹。有人認為只有那些有卓越智慧與天才的人才有才幹，然而上帝並沒有將祂的才幹只賜給少數祂寵愛的人。每一個人都有特別的天賦，而上帝要他為這樣的天賦負責。光陰、理智、財物、體力、智力、惻隱之心——這一切都是從上帝得的恩賜，要我們用在為人群謀福的偉大工作上。

強壯的體魄是上帝給體力工作者的珍貴恩賜，它比任何銀行存款更有價值，也更應被重視。這是一種不能用金銀房產購買的福惠；因此上帝命令世人要明智地使用此恩賜。任何人都無權浪費這種恩賜，以致閒懶不做事。無論是體力方面的恩賜，和物質方面的恩賜，都要向主交賬。

許多跟從基督的人，都需要學習如何在日常生活中盡忠。工人、商人、律師或農夫的工作，要比從事傳道工作的人需要更多的恩惠，更加嚴格的品格鍛鍊，才能將基督教的原理實行在生活中各樣事務上。我們需要更堅強的屬靈勇氣，才能將宗教帶進工廠、辦公室，使日常生活的細節都能聖化，並符合上帝聖言的標準。然而這正是主的要求。

宗教與生活並非兩件分開的事；二者原為一。聖經的宗教必須和我們的一切言行打成一片。神力與人力應在屬世與屬靈的事上都聯合一致。

我們愛上帝，不僅是要盡心、盡性、盡意也要盡力，這包括充分與明智地運用體力。

馬可福音

12：30

你要盡心、盡性、盡意、盡力愛主——你的上帝。

管家的影響力

FEB
26
二月二十六日

這幾句話教訓我們應要格外慎重，不要太注重自己遇到的困難，以致這些困難在自己和他人的眼目中變得愈來愈大，因為別人並不知道我們內心實在的狀況。人人都當記著：談話具有或為善或為惡的重大影響。不可容許仇敵這樣利用你們的舌頭。不要做任何可能使生靈與上帝隔離的事。

上帝的兒女務須懷存並表現屬基督之靈的美德。他們藉著謙卑、悔改、渴望與基督相似的心願，以及在日常生活上遵行祂的教訓並依從祂的聖言，就將榮耀歸與祂了。

「你們是上帝所耕種的田地。」（林前3：9）上帝以信祂的兒女為樂，正如人以培植花園為樂一般。花園需要費力打理，野草必須拔除；新的花木必須栽種；苗長過速的繁枝必須修剪。主也是這樣打理祂的園圃，培修祂的花木。任何不彰顯基督品德的枝條都必須去除。基督的寶血使世人成為屬上帝的。既然如此，我們就要慎重，不要輕易拔除上帝在祂園圃中栽種的花木。有些花木非常脆弱，幾乎全無生氣，然而主卻對他們格外的關懷。

你們在與人交往時，不要忘記自己是在處理上帝的產業。要存心仁慈；要同情憐憫；要謙恭有禮。當尊重上帝所贖買的產業。要彼此以親切禮貌相待。當竭盡上帝所賜一切的天賦作他人的榜樣。

但願那位洞悉人心及其剛愎任性弱點的主，能以慈憐對待你們，因為你們也表現過慈憐、同情與仁愛。（來12：13）

希伯來書

12：12 — 15

所以，你們要把下垂的手、發酸的腿挺起來；也要為自己的腳，把道路修直了，使瘸子不致歪腳，反得痊癒。你們要追求與眾人和睦，並要追求聖潔；非聖潔沒有人能見主。

你們的王室身世

許多自命為基督徒的人，卻並非基督徒。上帝只接納那班在此世靠著基督的恩典成聖的人，因為他們表現出了基督的樣式。

「主是滿心憐憫，大有慈悲。」（雅 5：11）祂以憐憫的心注視著祂所贖買的產業。祂隨時準備赦免他們的過犯，只要他們願意歸順並效忠於祂。祂為了保持公義，而同時也要使罪人稱義，便將罪的刑罰加在祂獨生愛子的身上。祂為基督的緣故，赦免敬畏祂的人。祂在他們身上所看到的，並不是罪人可憎的模樣，而是有他們所相信的祂兒子的形像。唯有如此，上帝才能喜愛我們。「凡接待祂的，就是信祂名的人，祂就賜他們權柄作上帝的兒女。」（約 1：12）

除了基督所獻的挽回祭，我們本身並沒有什麼值得討上帝喜悅的地方，世人的善良在上帝看來是全無價值的。任何保持原有性格，而不在知識與恩典上更新，以致無法在基督裏成為新人的人，祂都不喜悅。我們所受的教育，我們所稟的天賦，我們所有的財產，都是上帝所託付我們的恩賜，都是祂用來試驗我們的方法。如果我們用來榮耀自己，上帝說：「我不能喜愛他們，因為基督為他們受苦終歸徒勞無功。」

如果要欣賞救主基督的真理，就必須以基督的心為心。我們的喜好，想居首位的慾望，損人利己的野心，都必須克服。上帝的平安務須在我們心裏作主。基督必須活在我們裏面。

要順服上帝，尊重自己為祂愛子所贖買的產業，力求站立在基督裏。這種工作乃是永垂不朽的。我們身為上帝的兒女，豈能忘記自己王室的身分呢？我們豈不應尊榮我們的主救主耶穌基督嗎？我們豈不想宣揚那召我們出黑暗入奇妙光明者的美德嗎？

哥林多
後書

6：1

典。

我們與上帝同工的，也勸你們不可徒受祂的恩

在基督的國裏有分

這是何等非凡的大應許啊！基督的忠實信徒要與祂同享從天父所得的國。在這屬靈的國度中，在其中稱為最大的，便是那些最殷勤為自己弟兄服務的人。基督的僕人們在祂的指導之下，要處理祂國度的一切事物，他們要在祂的筵上吃喝，也就是要得蒙許可和祂有親密的交往。

凡尋求屬世尊榮的人，都犯了可悲的錯誤。將來在基督的寶座上最靠近祂的，是那克己而謙讓的人。洞察人心的主看得出祂卑微捨己的門徒的真正德行，因為他們是配得的，祂就將他們放在有尊榮的地位，雖然他們自己並不認為配得，也沒有向主尋求尊榮。

一切外表的炫耀與浮誇，在上帝看來都是全無價值的。許多在此生被認為是出類拔萃的人物，有一天必看出上帝衡量人的價值，乃是憑他們的同情與克己的精神。凡效法那位周流四方行善事之主的榜樣，救助並造福同胞，時時竭力鼓勵他人的，在上帝的眼中，遠比那些自私自利高抬自己的人更高貴。

上帝悅納人，並不因為人的才幹，乃是因為他們尋求祂的聖面，切望得蒙祂的幫助。上帝不像人看人，祂不從外表判斷，祂洞察內心，按公義判斷。

祂悅納謙卑而毫不自負的信徒，與他們交談；因為祂看出他們內心的本質，是經得起急風暴雨，激怒壓迫之試驗的。我們為主服務的宗旨，應該是在罪人悔改時榮耀上帝的聖名。

我們應當欣喜，因為主不以祂葡萄園中工作者的學問，也不以他們的教育來衡量他們。樹的好壞，要看它所結的果子。主必與祂合作的人一起合作同工。

路加
福音

22：29 － 30

我將國賜給你們，正如我父賜給我一樣，叫你們在我國裏，坐在我的席上吃喝，並且坐在寶座上，審判以色列十二個支派。

The Throne of Grace

施恩的寶座

見有一個寶座安置在天上，
又有一位坐在寶座上。……
又有虹圍著寶座，好像綠寶
石。

上天最大的吸引力

希伯
來書

4：16

前，為要得憐恤，蒙恩惠，作隨時的幫助。

所以，我們只管坦然無懼地來到施恩的寶座

使徒在指明基督為「體恤我們的軟弱」的慈悲大祭司之後，便說：「所以我們只管坦然無懼地來到施恩的寶座前，為要得憐恤，蒙恩惠，作隨時的幫助。」施恩的寶座代表恩惠的國；一個寶座的存在表示一個國度的存在。

上帝為我們所有的安排和賜予原是無限量的。施恩寶座本身具有最大的吸引力，因為坐在上面的那一位讓我們稱祂為父。然而上帝認為救恩只含有祂自己的愛並不完備，祂將一位披著我們性情的「辯護者」安置在祂的壇旁，這位身為我們的代求者的任務，乃是在上帝面前薦舉我們為祂的兒女。基督為凡接待祂的人代求，祂藉著自己的功勞賜給他們權柄，得以成為王室的分子，天上大君的兒女。同時天父也因基督以祂的寶血為我們付上贖價，便接納並歡迎基督的朋友作為祂自己的朋友，藉以顯明祂無限的愛。祂對所成就的贖罪工作感到心滿意足，祂因祂兒子成為肉身，生與死，以及中保的工作，得了榮耀。

上帝的兒女一到達施恩寶座前，便立刻得到偉大「辯護者」的服務。他一旦表示悔罪並懇求赦免，基督便會接受他的案件，將他的懇求當作祂自己的請求呈達天父面前。

基督在為我們代求時，天父也打開祂一切恩典的寶藏，讓我們取用、享受並分贈與人。基督說：「你們奉我的名祈求。我並不對你們說，我要為你們求父；父自己愛你們，因為你們已經愛我。但要用我的名字。這樣就必使你們的禱告有功效，而且天父也必將祂豐盛的恩典賜給你們。因此『你們求，就必得着，叫你們的喜樂可以滿足。』（約16：24）」

基督在寶座上作祭司

MAR

02

三月二日

在上帝的居所，就是天上的聖殿裏，上帝的寶座建立在正義與公平之上。在至聖所中有祂的律法，就是公理正義的大憲章，全人類都要按此受審判。在存放法版的約櫃蓋子上有施恩座，在施恩座之前，基督用祂的寶血為罪人代求。這樣就顯出在人類的救贖計劃中，有公義與慈愛並存。

基督現今在父的寶座上與祂同坐，乃是作祭司。這與永存的自有永有者同坐在寶座上的一位，乃是那「擔當我們的憂患，背負我們的痛苦」的主，祂「也曾凡事受過試探，與我們一樣；只是祂沒有犯罪」，「若有人犯罪，在父那裏我們有一位中保。」（賽53：4；來4：15；約壹2：1）祂作中保的工作，乃是憑著祂那被刺破的身體及無瑕疵的生活。祂受傷的雙手，被刺的肋旁，被釘的雙腳，都為墮落的人類代求，因為這就是人類得到救贖的代價。

基督在天上聖所為人類代求，這與祂釘十字架的功勞，在救恩計劃中同樣重要。撒但利用人品格的缺點來管制人的思想，同時他也知道只要人保留這些缺點，他就必能成功。因此他現今正在時刻設法，用最狠毒的詭計來迷惑基督的門徒，這些毒計是他們靠自己不能勝過的，但耶穌卻用祂受傷的雙手和帶著傷痕的身體為他們代求，並向一切願意跟從祂的人宣佈說：「我的恩典是夠你用的。」（林後12：9）因此任何人都不要以為自己的缺點是無可救藥的，因為上帝要賜給他得勝的信心和恩典。

我們現今正處在贖罪大日中。凡想在生命冊上保留自己名字的人，也應當趁現今這最後短短的救恩時期，在上帝面前刻苦己心，痛悔己罪，真實悔改。我們必須深刻而誠實地檢查自己的心。

希伯
來書

4：14

我們既然有一位已經升入高天尊榮的大祭司，就是上帝的兒子耶穌，便當持定所承認的道。

MAR
03
三月三日

有彩虹圍著

那環繞天上寶座的應許之虹，永遠見證著「上帝愛世人，甚至將他的獨生子賜給他們，叫一切信他的，不至滅亡，反得永生。」（約3：16）這彩虹向全宇宙說明，上帝永不丟棄與罪惡搏鬥的子民。這彩虹也向我們保證，只要上帝的寶座存在，祂就必賜給我們能力，並保護我們。

陽光與陣雨是怎樣合成雲中的彩虹，照樣，圍繞寶座的虹也代表由恩典與公義合成的權能。上帝不能只維護公義；因為這樣會蒙蔽寶座上應許之虹的榮耀，以致世人僅能看見律法的刑罰。如果沒有公義、沒有刑罰，則上帝的政權便不穩固。

審判與恩典的配合使救恩圓滿全備，這二者的融和使我們在望見救世主與耶和華的律法時感歎著說：「你的溫和使我為大。」（撒下22：36）我們曉得福音是完善全備的，表明上帝律法永不變更的特性。恩典邀請我們從門進入上帝的聖城，而公義的犧牲使每位順命的生靈享有王室分子——天上大君之兒女的全部特權。

但願我們憑著信心仰望圍繞寶座的虹，以及在虹後面我們所認之罪的雲彩。這應許之虹對於每位謙卑悔罪而相信的生靈來說，乃是保證他的生命已與基督的生命合一，而基督與天父原為一，上帝的忿怒絕不會落在任何在祂裏面尋求避難的生靈身上。上帝曾經親自宣稱：「我一見這血，就越過你們去。」「虹必現在雲彩中，我看見，就要記念我與地上各樣有血肉的活物所立的永約。」（出12：13；創9：16）

啟示錄

4：2－3

見有一個寶座安置在天上，又有一位坐在寶座上。……又有虹圍著寶座，好像綠寶石。

在至聖所中

我看見一個寶座，其上坐著天父與祂的兒子，我注視耶穌的面容，並仰慕祂可愛的面貌。我沒有看見天父的形體，因為有一朵光耀的雲彩遮蔽了祂。我問耶穌說祂的父親有沒有像祂自己一樣的形體。祂說祂有，但不是我能仰望的，因為祂說：「你若一旦看見祂形體的榮耀，你就不再存在了。」

我看見天父從寶座上站起來，乘坐火焰的車進入那有幔子遮著的至聖所裏，並在那裏坐下。於是有雲車套著像火焰一般的輪子，由眾天使簇擁著，來到耶穌那裏。祂踏上了車就被送往天父所在的至聖所去。在那裏我看見耶穌作大祭司，站在天父面前。

有兩位可愛的基路伯站在約櫃兩邊，一邊一個，當耶穌站在施恩座前時，他們的翅膀在上面展開著，其翅膀在耶穌的頭上彼此相接，他們的臉彼此相對，往下觀看約櫃，象徵著全天軍關懷並注視著上帝的律法。在兩位基路伯之間有一個金香爐，當聖徒憑著信心所獻的祈禱升到耶穌那裏時，祂就將這些祈禱呈到天父面前，這時有馨香的煙雲從香爐上升，看上去好像彩色繽紛的煙霧一般。在耶穌所站之處上方，約櫃前面，有極其輝煌的榮光，是我無法觀望的；形狀彷彿上帝的寶座。

我們那位被釘的主正在施恩寶座上的天父面前代我們祈求。祂所獻的挽回祭，就是我們得蒙饒恕、稱義和成聖的保證。被殺的羔羊乃是我們唯一的希望，我們的信心也仰望那能拯救我們到底的主，而這完備有效之祭物的香氣也蒙天父悅納。基督的榮耀與我們的成功有關。祂普遍地關懷全人類。祂是同情我們的救主。

有撒拉弗侍衛著

MAR
05
三月五日

以賽亞書

6：1

> 我見主坐在高高的寶座上。祂的衣裳垂下，遮滿聖殿。

當上帝將要差遣以賽亞去向祂百姓報信息的時候，先容許他在異象中看到聖所內的至聖所。聖殿的門和內幔忽然升起或收回了，讓他見到連先知的腳也不能進去的至聖所，在他面前顯出一幅景象，耶和華坐在崇高的寶座上，祂的榮光充滿了聖殿。寶座四圍有撒拉弗站立，侍衛那位大君王，並且返照周圍的榮光。當他們揚起讚美的歌聲時，門檻的根基都震動起來，猶如地震一般，這些天使用未曾被罪污穢過的嘴唇讚美上帝，說：「聖哉！聖哉！聖哉！萬軍之耶和華；祂的榮光充滿全地！」（賽6：3）

在寶座四圍的撒拉弗見到上帝的榮耀，便滿心敬畏，一點也不把榮耀歸給自己，他們的讚美都是歸於萬軍之耶和華。他們展望將來，全地充滿著上帝的榮耀，就和諧地交奏著勝利之歌，「聖哉，聖哉，聖哉，萬軍之耶和華。」他們心滿意足地榮耀上帝，侍立在祂面前，在上帝笑顏嘉許之下，別無所求。

上帝的兒子已藉著一項偉大的成就，用愛包圍了被撒但宣稱屬他並用暴政統轄的世界，並使人與耶和華的寶座重新取得聯繫。當這種勝利獲得保證之時，基路伯和撒拉弗，以及未墮落諸世界中無數的眾生，都同聲歌唱讚美上帝和羔羊。他們歡欣鼓舞，因為墮落的人類有了救恩的道路，大地也得蒙救贖而脫離罪惡的咒詛了。凡身為這可驚歎之愛的對象的人，更當如何的歡喜快樂啊！

建立在公義之上

上帝對待祂所造之物的方法，一直都是要顯明罪的本質以維護正義——顯明罪的必然結果，乃是禍患與死亡。祂從來沒有、而且永遠不會無條件的赦免罪惡。因為這樣的赦免，就會讓人以為上帝已經廢止了祂政權之基礎的正義原則，這就會使未曾墮落的宇宙大為驚異恐慌。上帝已經指明罪的結果，如果這些警告是不真實的，我們怎能確信祂的應許必要實現呢？沒有公義，「慈愛」並不是慈愛，乃是懦弱。

上帝是賜生命的主。祂從起初設立的一切律法都是要使人得生命。但罪惡破壞了上帝設立的秩序，衝突矛盾隨之而來。只要罪惡存在，痛苦和死亡總是不能避免的。唯有仗著救贖主為我們受了罪的咒詛，人才能希望逃避罪惡的悲慘結果。

我們要接受基督為自己個人的救主，祂就將上帝在基督裏的義歸給我們。「不是我們愛上帝，而是上帝愛我們，差祂的兒子為我們的罪作了挽回祭，這就是愛了。」（約壹4：10）

上帝的愛讓我們看到了最寶貴的真理，因此基督恩典的寶藏都顯露在教會與世界面前了。這是何等的愛，何等不可思議、不可測度的愛，竟使基督在我們還作罪人的時候就為我們死了。只明白律法強有力的要求，卻不明白基督莫大恩典的人，是多麼地可悲啊。請看髑髏地的十字架。它乃是天父無限慈愛——也就是無量憐恤的永存保證。

以色列中有一位上帝，一切受壓迫的人都可因祂而得蒙拯救。公義乃是祂寶座設立的所在。

詩篇

97：2

公義和公平是祂寶座的根基。

以公義公平為基礎

上帝的憐憫藉著耶穌向世人顯明，但憐憫並不是將公義置之一旁。律法顯明了上帝品德的種種特性，故律法的一點一畫也不能更改，來迎合人類墮落的狀況。上帝並沒有改變祂的律法，但是為了要救贖人類，祂在基督裏犧牲了自己。「這就是上帝在基督裏，叫世人與自己和好。」（林後 5：19）

上帝的愛，表現在祂公義中，也表現在祂的恩典中。公義乃是祂寶座的根基，也是祂仁愛的果子。撒但的目的，原是要把慈愛與誠實公義分開。他想要證明，上帝律法的公義是與平安為敵的，但是基督明說，這兩件事在上帝的計劃中是密切相聯的，無論那一樣都不能單獨存在。「慈愛和誠實彼此相遇；公義和平安彼此相親。」（詩 85：10）

基督藉著祂的生和死，證明上帝沒有因祂的公義而破壞祂的慈愛；也證明了罪是能蒙赦免的，律法是公義的，也是完全能遵守的，撒但的控告被駁倒了。

基督的恩典與上帝的律法是不能分離的。在耶穌裏，慈愛和誠實彼此相遇。祂既是上帝的代表，又是人類的模範。祂向世人顯明：人因信與上帝聯合，其結果是什麼。上帝的獨生愛子取了人的本性，在天地之間樹立了祂的十字架。人藉著十字架得以親近上帝，上帝也與人親近了。公平就從它那高而可畏之處挪移，與眾天使天軍和聖潔的隊伍，一起來親近並跪拜十字架；在十字架上公義得到了滿足。罪人藉著十字架得以脫離罪的堡壘和邪惡的聯盟，每一次親近十字架，他的心就溫和而以悔罪之意感歎著說：「我的罪將上帝兒子釘在十字架上。」他將自己的罪卸在十字架跟前，品格就因基督的恩典也有了改變。

詩篇

89：14

公義和公平是你寶座的根基；慈愛和誠實行在你前面。

生命與能力的泉源

上帝切望祂順命的兒女得到祂所賜的福，並到祂面前來讚美感謝祂。上帝乃是生命和能力的泉源。祂為自己的選民做的，本應讓人人存心感謝，可惜所獻上的頌讚竟如此少，這很使祂憂傷。祂切望祂的子民有更熱烈的表示，顯明他們曉得自己有歡喜快樂的理由。

我們應當時常敘述上帝如何對待祂的子民。主多次為古時的以色列人樹立路標！為了免得他們忘記往日的歷史，祂吩咐摩西將這些大事編成詩歌，以便作父母的好教導自己的兒女。對如今上帝的子民來說，上帝仍是施行奇事的主。上帝過去的聖工歷史，仍須時常向祂老幼的子民講述。我們需要時常重述上帝的良善，並因祂奇妙的作為而讚美祂。

上帝在地上的教會與祂在天上的教會原為一。地上的信徒與天上未曾墮落的眾生組成一個教會；天上的生靈很注重地上的聖徒聚集敬拜上帝的時刻。他們在天上的內院中，傾聽基督的見證人在地上的外院中為祂所作的見證。地上敬拜者發出來的讚美和感謝，融入天上聖歌之中，讚美歡呼的聲音響徹天庭，因為基督為亞當墮落的子孫的死並不是徒然的。當眾天使暢飲於源頭時，地上的聖徒們也暢飲於那流自寶座的清潔源流，就是使我們上帝聖城歡樂的源流。唉！但願我們眾人都能體會到天與地的接近！在地上聖徒每次的聚會中，都有上帝的天使蒞臨，傾聽一切的見證、詩歌和禱告。但願我們記得，我們的頌讚都是由上界天使聖歌隊予以補充的。

啟示錄

5：13

我又聽見在天上、地上、地底下、滄海裏，和天地間一切所有被造之物，都說：但願頌讚、尊貴、榮耀、權勢都歸給坐寶座的和羔羊，直到永永遠遠！

崇拜的中心

詩篇

138：2

你的名。

我要向你的聖殿下拜，為你的慈愛和誠實稱讚

凡是每日獻身給上帝的人，就必將我們信仰光明愉快的一面表達出來。當我們多想上帝的宏恩和永恆的仁愛，而不是自己經驗中的暗淡部分時，我們的讚美就必遠多過抱怨了。我們也會多談上帝仁慈的信實，因祂乃是群羊真誠、親愛、慈憐的牧者，祂説，必無一人會從祂的手中被奪去。這些由衷的話語並不是自私的怨言與嗟歎，讚美必如常流的清泉一般，從真誠相信上帝之人的口中發出。

上帝在天上的聖殿敞開了，殿的門檻洋溢著上帝的榮光，這榮光將要歸於凡敬愛上帝並遵守祂誡命的教會。我們需要研究、默想並禱告，就能用屬靈的眼光看見天上聖殿的內院，也能領悟環繞寶座的天庭聖歌隊所唱詩歌與感謝的主題。當錫安興起發光時，她的光必極其透徹，而且在聚會中也必聽見和美的頌讚感恩的歌聲。那微不足道的失意和艱苦而生的怨歎也必止息。我們要看見中保在為我們獻上祂自己功德的馨香。

上帝指教我們應在祂的聖所中聚集，以便培養那全備之愛的品德。這樣，住在地上的人就會準備妥當，承受基督為愛祂之人所預備的住處。在那裏每逢月朔和安息日，他們要在聖所中聚集，一同用極高雅的詩歌旋律，將頌讚感謝獻給那坐在寶座上的和羔羊，直到永永遠遠。

我們的上帝，創造諸天和大地的主宰説：「凡以感謝獻上為祭的，便是榮耀我。」（詩50：23）整個天庭都異口同聲讚美上帝。但願我們現今就學習天使的詩歌，以便將來我們可以加入他們的隊伍一起合唱；但願我們與詩人同説：「我一生要讚美耶和華！我還活著的時候要歌頌我的上帝！」（詩146：2）

慈憐之源

耶穌現在雖然已經升到上帝面前，分掌宇宙的王權，祂卻絲毫沒有失去祂慈悲的心懷。今日，祂對於人類一切的患難，同樣有溫慈同情的心。今日，祂依然伸出那曾經被釘穿的手，要將更豐盛的福惠，賜給祂地上的子民。

在我們一切的考驗中，我們有一位可靠的幫助者。祂並不會讓我們單獨地在試探中掙扎，與邪惡搏鬥，以至於被重擔和憂傷所壓倒。我們的肉眼雖然不能看見祂，但信心的耳朵，仍能聽見祂的聲音說：「你不要害怕，因為我與你同在。」「我一看見……又是那存活的；我曾死過，現在又活了，直活到永永遠遠。」（賽41：10；啟1：17－18）

凡從心中除掉罪孽，伸出手來懇求上帝的人，就必得著那唯有上帝才能賜予的幫助。救贖世人靈命的代價已經付出了，使他們有機會脫離罪的奴役，而獲得赦免、純潔和天國。常在施恩寶座前真誠懇切禱告，求上天的智慧與能力而奉獻的人，都會成為活潑有為之基督僕人。他們可能並沒有偉大的才幹，但憑著存心謙卑並堅定倚靠耶穌，他們仍可作一番善工引領生靈來就近基督。

千萬的人對於上帝和祂的聖德持有錯誤的觀念。上帝原是真理的神，公平與憐憫是祂寶座的特質。祂是一位仁愛、憐憫、親切與同情的上帝。祂的兒子，我們的救主，也是這樣將祂表達出來；祂是一位忍耐寬容的上帝。我們所敬仰所致力仿效的就是這樣一位上帝，祂是值得我們敬拜的真神上帝。倘若我們跟從基督，祂的功德會歸給我們，就如馨香的香氣升達天父面前。而且那培植在我們心中之救主品德的諸般優點，就必在我們四圍散佈珍貴的芬芳之氣。

馬太福音

45：6

上帝啊，你的寶座是永永遠遠的；你的國權是正直的。

富於同情的大祭司

我們既不瞭解上帝的偉大與威嚴，也不記得創造主與祂親手所造眾生之間無限的距離。那位高坐在天上、執掌著全宇宙王權的主，並不依照我們有限的標準判斷，或是我們計算的方法算賬。如果我們以為，我們視為重大的，上帝也必視為重大；我們視為微小的，祂也必視為微小，那就錯了！

沒有什麼罪在上帝看來是小罪。世人視為是小的罪，可能是上帝所認為的大罪。酒徒很為人藐視，而且有人說他的罪必將他排斥在天國之外，然而驕傲、自私、貪婪並沒有受到斥責，殊不知這一類的罪卻是上帝格外憎惡的。我們需要有清晰的辨別力，以便我們可以憑著主的標準去衡量罪。

當寬容時期快要結束時，誰也不應妄自判斷他人，而以模範人物自居。基督乃是我們的模範；當仿效祂，跟隨祂的腳蹤行。你或許自稱相信現代真理的每一點，但除非你實行出來，否則它就於你毫無益處。我們不可定人的罪；這並非我們的工作；然而我們卻當彼此相愛，互相代求。我們一旦看見有人偏離真理，就當為他哀哭，正如基督為耶路撒冷哀哭一樣。請看我們的天父在祂的聖言中論到犯錯之人所說的話：「弟兄們，若有人偶然被過犯所勝，你們屬靈的人就當用溫柔的心把他挽回過來；又當自己小心，恐怕也被引誘。」（加6：1）

耶穌關心每一個人，好像地面上只有他一個人。祂以神的身分為我們施展大能，同時又以長兄的身分體恤我們一切的憂患。天上的至尊者並沒有遠離墮落有罪的人類。我們的大祭司並非高高在上，以致不能注意到我們，或不與我們表同情，祂也曾凡事受過試探，與我們一樣，只是祂沒有犯罪。

詩篇

9：4

上，按公義審判。

因你已經為我伸冤，為我辨屈；你坐在寶座

基督分享祂父的寶座

天父對於墮落人類的大愛的確是深不可測，無法形容，而且無可比擬的。這愛使祂願意捨棄祂的獨生子，使悖逆的人與天國的政權和諧，並蒙拯救脫離犯罪的報應。上帝的兒子從寶座上下來，為我們的緣故成為貧窮，使我們因祂的貧窮得以富足。祂「常經憂患」，而使我們能分享祂永恆的喜樂。上帝容許充滿了恩典和真理的獨生愛子，從一個滿了榮耀的地方，來到這個被罪傷害摧殘，被死蔭與咒詛所籠罩的世界。

耶穌既然來與我們同住，我們就知道上帝熟悉我們的試煉，同情我們的憂傷。亞當的每一個子女，都可以明白，我們的創造主乃是罪人的良友。在救主地上的生活中，從祂每一則恩典的訓誨，每一條喜樂的應許，每一件仁愛的行為，以及每一種神的吸引力中，我們都可以看出「上帝與我們同在」（太1：23）。

基督用祂的人性接觸人類，用祂的神性把握著上帝的寶座。祂以人子的身分，給我們留下順從的榜樣；以神子的身分，賜給我們順從的力量。那生在伯利恆的嬰孩，柔和謙卑的救主，乃是「上帝在肉身顯現」（提前3：16）。「上帝與我們同在」，是我們從罪惡裏被拯救出來的確據，是我們有力量遵守天國律法的保證。

救主取了人的性質，就和我們結了永不分離的關係。祂要和我們聯結在一起，直到永遠，「因有一嬰孩為我們而生」（賽9：6）。上帝已在祂兒子的身上取了人性，並且將這人性帶到最高的天上。如今與祂同坐宇宙之寶座的，就是這位「人子」。在基督裏，地上的家庭和天上的家庭都聯在一起了。基督是我們榮耀的的長兄。天國設在人心裏，而人也被那「無窮慈愛者」抱在懷裏了。

詩篇

110：1

耶和華對我主說：「你坐在我的右邊，等我使你仇敵作你的腳凳。」

上帝的律法與祂的寶座相連

上帝已將祂聖潔的律法賜給人類，作為祂衡量品格的標準。你可以藉著這律法發現並克服品格上的每一缺點，你也可以斷絕與每樣偶像的關係，而用恩典與真理的金鏈將自己與上帝的寶座連繫起來。

道德的律法絕不是什麼象徵或預表。它在人類受造之前就已經存在，而且與上帝的寶座永遠存留。上帝絕不能為了拯救人類而變更或修改祂律法的任何一條，因為律法是祂政權的基礎。它是不可變更、不能修改、無限無窮，而且存到永恆的。為使人類得蒙拯救，並保全律法的尊嚴，上帝的兒子必須獻上自己作為贖罪的祭物。那位本是無罪的主竟為我們成了罪身，祂在髑髏地為我們死。祂的死顯明上帝對於人類偉大的愛，以及祂律法的不可變更性。

律法彰顯了基督的榮耀，因律法原是祂聖德的副本，祂改變人心的能力也一直在感動人，直到他們變化成為祂的樣式。他們也得以與上帝的性情有分，愈來愈與他們的救主相似，順著上帝的旨意逐步前進，直至達到完全的地步。

上帝的律法並非僅賜給猶太人，它乃是含有普世性永遠義務的。十條誡命猶如一條十環的鏈子一般。假若其中的一環破損，則全鏈便毫無價值了。為了拯救犯法的罪人，任何一條都不可廢止或更改。

基督的目的，是要把天國的秩序，天上政府的計劃，天上絕佳的和諧，都由祂地上的教會表現出來；這樣祂就可以在祂子民的身上得榮耀。公義的日頭必要藉著他們向世人發出燦爛的光輝。教會既賦有基督的公義，就是受了祂的委託，要將祂的慈憐、恩典和仁愛的一切豐盛，充充足足地完全彰顯出來。基督要以祂子民的純潔與完全，作為祂卑辱的報償和榮耀。基督——這偉大的中心，從祂要閃耀出一切的榮耀來。

求你開我的眼睛，使我看出你律法中的奇妙。

抗拒試探時的幫助

全天庭都在關心正在世上所進行的工作，就是預備世人享受將來不朽生命的工作。按照上帝的計劃，是要我們在救人的工作上，因與耶穌基督同工同享尊榮。他們應視上帝的工作為神聖，並且每日向祂獻上喜樂與感謝的祭，藉以報答祂恩典的權能，就是他們在成聖的人生上邁進的能力。

任何人都不必屈從撒但的試探，違背自己的良心使聖靈擔憂。上帝的聖言中已有充分的準備，使一切努力要得勝的人可獲得上帝的幫助。

在每個人的宗教生活中，每個得勝的人都會有些驚險困惑與苦難的境遇；然而聖經的知識會使他想起上帝鼓舞的應許，使他的心得到安慰，並加強他對於大能之主權能的信心。他讀到「叫你們的信心既被試驗，就比那被火試驗仍然能壞的金子更顯寶貴，可以在耶穌基督顯現的時候得着稱讚、榮耀、尊貴。」（彼前 1：7）信心的試驗比精金更寶貴。人人都應明白這是在基督門下所受訓育的一部分，是使他們成為純潔高雅，除去世俗渣滓的人。

要運用你的全部精力向上仰望，而不往下看你的諸般困難；如此你就絕不至在途中昏倒。你不久就必看見耶穌在雲彩的後邊，伸出手來幫助你；你只要憑著單純的信心伸出手來給祂，讓祂引導你。人間的名望猶如寫在沙上的字跡，但純潔無疵的品格卻必存到永遠。上帝賜給你智力和推理的心思，使你可以把握住祂的應許；而且耶穌也預備隨時幫助你建立堅強和均衡的品格。

馬太
福音

3：10

你既遵守我忍耐的道，我必在普天下人受試煉的時候，保守你免去你的試煉。

罪惡可蒙塗抹之處

MAR
15
三月十五日

以賽亞書

43：25

唯有我為自己的緣故塗抹你的過犯；我也不記念你的罪惡。

有的人似乎以為自己必須經過試驗，向主證明自己已有所改進，才能得蒙祂的賜福，其實他們現在就有權要求上帝賜福了。他們必須獲得祂的恩惠，就是基督的靈，來補助他們的軟弱，否則他們就無法抵禦罪惡。耶穌希望我們帶著自感有罪、無助，和對祂的依賴來親近祂。我們盡可以帶著自己的弱點、愚昧和罪孽而來，滿心痛悔地俯伏在祂腳前。祂必用慈愛的膀臂懷抱我們，纏裹我們的傷口，潔除我們一切的罪污，因為這乃是祂引以為榮的事。

千千萬萬的人都在這一點上失敗了；他們不相信耶穌會親自饒赦他們，他們並不相信上帝的聖言。其實凡願意悔改的人，都有權確信自己所犯的一切罪過都已白白地得蒙赦免了，要除掉以為上帝的應許不是向你而發的疑心。這些應許是給每一個悔改的犯罪者的。能力與恩典已經藉著基督而準備好，要由服役的天使帶給每一個相信的生靈。絕沒有人因罪孽過於深重，以致無法在為他而死的耶穌裏尋得能力、清潔和公義。祂正等待著要除去他們被罪惡玷污的衣服，給他們穿上潔白的義袍，祂囑咐他們要存活，不要死亡。

聖經中既有如此豐富的應許擺在你面前，你還懷疑什麼呢？當一個可憐的罪人渴望回頭，離棄罪惡時，你能相信主會嚴酷地予以拒絕，不准他來到祂的腳前悔改嗎？請除掉這樣的想法吧！再沒有比存這樣關於天父的觀念更能傷害你自己的靈性了。祂固然憎惡罪惡，但祂卻憐愛罪人。當你誦讀這些應許之時，要記住它們都是那無法言喻之慈愛與憐憫的表露。那偉大而具有無窮慈愛者的心，正以莫可限量的憐憫眷念著罪人。祂要在人的身上恢復祂道德的形像。當你存著認罪與悔改之心來就近祂時，祂就會將恩典與赦免帶給你。

獲得脫離罪惡之處

天上的大君已將人置於高尚的地位。人生命的價值等同於髑髏地的十字架。從罪惡敗壞的深坑中，我們得蒙提拔與基督同為後嗣，作上帝的兒女，至高者的君王與祭司。

基督在受洗之後跪在約但河邊，當時天就開了，聖靈彷彿鴿子，猶如明亮的精金，榮耀地圍繞著祂；又聽見從至高的天上有上帝的聲音説：「這是我的愛子，我所喜悦的。」（太3：17）基督為人類所獻的祈禱開啟了天國的門戶，而且天父也曾答應，接受了那為墮落人類所作的懇求。耶穌以我們的替身與中保的身分禱告，而人類的大家庭就可以藉著祂愛子的功德接近上帝。耶穌乃是「道路、真理、生命」（約14：6）。天國的門已經打開，從上帝寶座所發出的榮光照亮著了愛祂之人的心。

那在約但河邊對耶穌所説的話，也是向全人類説的。上帝以耶穌為我們的代表向祂説話。我們雖有種種的罪惡和弱點，上帝並沒有將我們當作廢物一樣丟棄。那降在基督身上的榮光，是上帝愛我們的保證；使我們知道祈禱的力量——人的聲音怎樣可達到上帝耳中，我們的懇求也怎樣能蒙天庭應允。地與天因罪以致隔絕，斷了交往，但耶穌使地重新與輝煌的天庭聯接起來。祂的愛既環繞了人，又達到了最高的天庭。當我們祈求幫助以抵擋試探時，那從敞開著的天門照在我們救主身上的光輝，也必照在我們身上。那曾對耶穌説話的聲音，也必向每一個相信的人説：「這是我的愛子，我所喜悦的。」我們的救贖主已經打開一條路，使犯重罪、最窮乏……的人，都可以接近天父。人人都可以在耶穌已去為我們預備的地方有一個家。

歌羅西書

1：13－14

祂救了我們脫離黑暗的權勢，把我們遷到祂愛子的國裏；我們在愛子裏得蒙救贖，罪過得以赦免。

MAR
17
三月十七日

人人都可接近

許多誠心實意尋求心靈聖潔與生活純淨的人，似乎都已感到困惑灰心了。有時黑暗與沮喪會籠罩在心靈上，要壓倒我們，但我們絕不可丟棄勇敢的心。無論我們的情緒如何，我們必須定睛注意耶穌。我們應力求忠心履行所知的每項義務，然後安靜地信賴上帝的應許實現。

有時我們會因深感自己的不配，而使心靈感到恐怖，然而這無法證明上帝對我們或者我們對上帝的關係有所變更。我們不應該容許內心發展強烈的情緒。我們今日或許感覺不到有昨日的那種平安與快樂；然而我們仍應憑著信心握住基督的手，即使在黑暗中也像在光明中完全信靠祂。

撒但或許會低聲向你說：「你這個人罪大惡極，基督才不會救你。」你雖然承認自己實在有罪不配得救恩，但你仍可以應付那試探人的，說：「我靠賴挽回祭的功勞，承認基督為我的救主。我毫不依仗自己的功勞，只靠賴潔淨我的耶穌的寶血。我此時此刻將我無助的心靈交託基督。」

你不要因自己的心地似乎剛硬而感到氣餒。每一障礙物和內在的仇敵，會讓你更加感覺需要基督。祂來要除掉石心，賜給你一顆肉心。當仰賴祂而獲得戰勝軟弱的格外恩典。在遭遇試探之時，當堅決地抗拒罪惡。當向親愛的救主呼求，幫助我們除去每一種偶像和喜愛犯的罪。讓信心的慧眼看見耶穌站在天父的寶座前，舉起祂受傷的雙手為你代求。當相信親愛的救主會賜給你能力。我們若讓自己的思想更加集中於基督與屬天的事上，我們就必得到強有力的激勵和幫助為主而戰。與基督的愛相比，任何世上的吸引力都顯得毫無價值。🔖

以弗所書

3：12

我們因信耶穌，就在祂裏面放膽無懼，篤信不疑地來到上帝面前。

基督聖名是我們的口號

要將你的請求告訴創造主。任何帶著痛悔之心到祂面前來的人都不會被拒絕，任何出於誠意的祈禱也不會落空。在天國樂隊的讚美聲中，上帝仍然垂聽最軟弱之人的呼求。我們在密室中傾吐心意，或在路上行走時默然禱告，都必達到宇宙主的寶座前。就算是人耳聽不見的祈禱，也不會在上帝耳中消失，更不會因祂的繁忙而消失。任何事物都不能淹沒心靈的渴望。它能從街頭的喧囂，群眾的紛擾中直升天庭。我們既是向上帝陳述，我們的祈禱就必蒙垂聽。

基督説：「你們奉我的名……求。」基督乃是神人之間連結。祂已經應許要親自為我們代求。祂將自己全部公義放在祈求者的身上。祂為人代求，而人因極需神的援助，就在上帝面前為自己哀求，因為耶穌已經為世人的得救而捨命了。當我們在上帝面前承認，我們如何感戴基督的功德時，我們祈求的言詞便加上了香氣。我們既仗著救贖主的美德親近上帝，基督便將我們放在祂身旁，以祂肉身的膀臂懷抱我們，同時也以祂的膀臂握住那位「無窮者」的寶座。

無疑的，基督已成了人與上帝之間禱告的媒介。祂已將神與人類聯結在一起了。

應當祈禱，以毫不動搖的信心與倚賴祈禱。那位盟約的天使，也就是我們的主耶穌基督，祂是中保，保證信祂之人的祈禱必蒙悦納。☙

約翰
福音

14：13

你們奉我的名無論求什麼，我必成就，叫父因兒子得榮耀。

MAR

19

三月十九日

祈禱如同馨香之氣

真正的禱告把握住全能之神並使我們獲得勝利。基督徒藉賴他的雙膝得著能力抗拒試探。心靈無聲的懇禱必如神聖的香氣升達施恩座前，猶如在聖殿中的奉獻，得蒙上帝悅納。對於尋求祂的人，基督必成為在困難中隨時的幫助。他們在遭遇試驗之日必須是剛強的。

任何人若在今生像哥尼流一樣得蒙上帝嘉許，實是一種不可思議的恩寵。這種讚許的理由是什麼呢？——「你的禱告和你的賙濟達到上帝面前，已蒙記念了。」（徒 10：4）

禱告或賙濟並不能給罪人有接近上帝的權利；唯有基督的恩典，藉著祂所獻的挽回祭，才能將心意更新，而使我們的服務得蒙上帝的悅納。這恩典感動了哥尼流的心。基督的靈已向他的心靈說話；耶穌已經吸引了他，而他也順服了這種吸引。他的禱告與賙濟並非出自勉強或逼迫，也並非是他為求獲得天國所付出的代價，而是他敬愛並感謝上帝所結的果子。

這種出自誠心的禱告，如同馨香之氣升達主前；另外，凡奉獻於祂聖工的捐款，以及送給有需要及受苦難之人的禮物，也都是祂悅納的祭物。

禱告與賙濟有密切的連繫——是愛上帝和愛同胞的表現。二者都是神律法兩大原則——「你要盡心、盡性、盡意、盡力愛主——你的上帝」，和「要愛鄰（或譯：人）如己」的成果。（可 12：30 –31）我們的奉獻雖然不能使我們被上帝喜悅，或是得到祂的恩眷，但卻表明我們已蒙受了基督的恩典，也是我們愛之真假的試金石。

啟示錄

8：3

另有一位天使，拿著金香爐來，站在祭壇旁邊。有許多香賜給他，要和眾聖徒的祈禱一同獻在寶座前的金壇上。

迫切呈報你的案件

MAR
20
三月二十日

我希望沒有人會以為認罪會特別得到上帝的恩寵，或以為向人認罪有什麼特殊的好處。主願意我們每天帶著一切的煩惱到祂面前來，承認一切的罪，而祂也能賜給我們安息。要獨自在上帝面前承認你隱祕的罪。上帝完全知道你的情況，你可以向祂表達你心思的迷惘。假若你得罪了鄰居，就當向他承認你的錯，而且要讓他看出你是真心認錯了。然後你可以向上帝祈求所應許的福。當本著你現在的狀況到上帝面前來，讓祂醫治你一切的毛病。當在施恩寶座前迫切呈報你的案件，要徹底認罪，要在內心中保持誠實，你若本著一顆真正悔罪的心來到祂面前，祂就必將勝利賜給你。祂不會誤解或論斷你。

你的同胞不能赦免你的罪或潔除你的愆尤，唯有耶穌才能賜你平安。祂愛你，也為你捨了祂的性命。祂那偉大的愛心「能體恤我們的軟弱」（來4:15）。試問，有什麼罪過太大是祂不能赦免的呢？有什麼人，他處於黑暗又被罪惡壓傷是祂所不能拯救的呢？祂是仁慈的，並不指望我們有什麼功德，乃是以祂無限的良善來醫治我們背道的病，並在我們還作罪人的時候，就甘心愛我們。祂是「不輕易發怒，有豐盛慈愛的上帝。」（尼9:17）

害罪病的生靈有了救藥，這救藥就在耶穌裏。可貴的救主！祂的恩典對最軟弱的人都是足夠的；最強壯的人也需要祂的恩典，否則就必滅亡。我蒙指示得知怎樣獲得這一恩典。要進入你的內室，在那裏獨自向上帝懇求。「上帝啊，求你為我造清潔的心，使我裏面重新有正直的靈。」（詩51:10）要認真、要誠懇。熱切的祈禱大有功效。要像雅各一樣以角力的方式禱告，要苦苦哀求。耶穌在（客西馬尼）園中流出如大血點的汗珠，你也必須作一番努力。除非你感覺到上帝給你強壯的力量，就不要離開你的內室，然後還需要警醒，只要你警醒禱告，就能克服這些邪惡的攻擊，上帝的恩惠必會彰顯在你身上。

何西
阿書

14：4

我必醫治他們背道的病，甘心愛他們。

以利亞的榜樣

當他（以利亞）在迦密山上獻禱求雨之時，（見王上 18：41 － 45）他的信心受到試驗，然而他卻堅持向上帝呈報他的要求。他六次誠懇地禱告，無任何跡象證明他的祈求已蒙了應允，但他仍以堅強的信心將他的要求放在施恩寶座前。如果他在第六次就灰心喪志而停止不求了，他的禱告就不會得蒙聽允，然而他堅持一直到得了答覆為止。我們的上帝並沒有掩耳不聽我們的祈求；我們如果按照祂的聖言去行，祂就會看重我們的信心。祂希望我們一切的愛好，都與祂的旨意交織在一起，這樣祂就確定要賜福給我們；因為這樣我們得福的時候，就不會將榮耀歸給自己，而是將一切的頌讚都歸與上帝。上帝並不會每次在我們呼求時都立刻應允；因為祂若如此行，我們就會認為享受祂所賜的種種福惠與恩寵是理所當然的了。如此一來，我們不但不會省察己心發覺自己是否有惡念，是否懷藏罪孽，反倒會疏忽而不感覺到自己當依賴祂，需要祂的幫助。

以利亞禱告的時候，僕人在那裏觀看著。他六次從觀看之處回來，說，沒有什麼，沒有雲，沒有下雨的跡象。然而先知並沒有因此而灰心停止禱告。他省察己心，就覺得自己愈來愈算不得什麼，無論自己的估量或在上帝眼中看來，都是這樣。當他開始放棄自我，緊握救主為他唯一的能力與義時，就得到了答覆。僕人到他面前來，說：「我看見有一小片雲從海裏上來，不過如人手那麼大。」

以利亞並沒有等候天空烏雲密佈。他憑著信心在這一小片雲中看出大量的雨水；他也採取了與信心配合一致的行動。今日的世界需要的，就是這樣的信心，一種握住上帝聖言應許的信心，一種非到上天垂聽絕不放鬆的信心。

以利亞與我們是一樣性情的人，他懇切禱告，求不要下雨，雨就三年零六個月不下在地上。他又禱告，天就降下雨來，地也生出土產。

在急難臨頭之時

基督説：「在世上，你們有苦難。」（約16：33）但在我裏面你們有平安。基督徒所經受的試煉，如憂患、逆境和譴責，都是上帝用來將糠秕與麥子分別出來的方法。我們的驕傲、自私、惡慾，以及貪愛屬世娛樂的心都必須予以制伏，因此上帝使我們遭受患難，用試煉考驗我們，使我們看出自己品格中的弊病。我們一定要靠著祂的能力與恩典戰勝罪惡，使我們脫離世上因情慾而來的敗壞，得以與上帝的性情有分。保羅説：「我們這至暫至輕的苦楚，要為我們成就極重無比、永遠的榮耀。原來我們不是顧念所見的，乃是顧念所不見的；因為所見的是暫時的，所不見的是永遠的。」（林後4：17－18）苦楚、患難、試探、逆境，以及我們所遭遇的種種試煉，都是上帝煉淨我們的方法，使我們聖化，配進入天國的倉庫。

你們所經歷的許多患難，都是上帝憑祂的智慧降在你們身上，要把你們更加靠近施恩的寶座。祂用憂患與試煉軟化馴服祂的兒女。這個世界乃是上帝工作的園地，要預備我們配進天國。祂在我們顫慄的心上使用刨刀，直到一切粗糙與不勻稱都被除去，我們就適合於住在天國了。患難與痛苦使基督徒被潔淨並得到能力，使他們建立仿效基督模範的品格。

但願那使我們感到痛苦的患難都成為有教益的功課，教導我們努力向著標竿直跑，要得那在基督裏召我們來得的高尚獎賞。但願主必快來的思想，常常鼓舞激勵我們，使我們心中有快樂的希望。

歷代
志下

33：12

他在急難的時候，就懇求耶和華——他的上帝，且在他列祖的上帝面前極其自卑。

與基督一同受苦

要有體力就必須要有運動。要有堅強的信心，就必須置身於可以運用信心的境地。經歷苦難後，我們方可進入上帝的國。我們的救主受盡了各式各樣的試驗，然而祂卻不斷在上帝裏得勝。我們可以在任何環境下，都在上帝的大能大力中作剛強的人，並以基督的十字架誇勝。

我們在今生免不了要遇見火煉的試驗和重大的犧牲，但有基督的平安為賞賜。而就是因為我們克己犧牲的事太少了，為基督受的苦也太少了，以致十字架幾乎全被忘記了。我們若希望在勝利中與基督一同坐在祂的寶座上，就必須與祂同受苦難。

為義受苦的人與天國很近。基督很看重祂忠心子民的生活，祂與祂的聖徒同受苦難；誰傷害祂所揀選的人，也就是傷害祂。基督拯救我們脫離危險，也能拯救我們脫離撒但的惡勢力，使上帝的僕人能在任何環境之下都保持自己的純正，並靠著上帝的恩典而得勝。

逼迫的到來，非但沒有使基督的門徒憂傷，反而為他們帶來了快樂，因為這證明他們是跟隨他們夫子的腳蹤而行的。

主雖未曾應許祂的子民免受一切的試煉，但祂卻應許要賜給他們更美之物。祂曾說：「你的日子如何，你的力量也必如何。」「我的恩典夠你用的，因為我的能力是在人的軟弱上顯得完全。」（申33：25；林後12：9）你若奉召必須為祂的緣故經過烈火的窰，耶穌必在你的身旁，正如昔日祂在巴比倫與那三位忠心的人同在一樣。凡愛救贖主的人，每當有機會與祂一同忍受凌辱與責難時，就會歡喜快樂。他們的愛主之心，使一切為祂而受的痛苦都變成甘甜的了。

彼得
前書

4：13

倒要歡喜；因為你們是與基督一同受苦，使你們在祂榮耀顯現的時候，也可以歡喜快樂。

本著敬畏的心而來

我們應當知道怎樣本著摯愛和虔誠敬畏的心到上帝面前來。如今敬畏創造主的心愈來愈少，人們也日漸不看重祂的偉大和威嚴了。然而上帝卻在末時向我們說話。在狂風暴雨與轟雷聲中，我們聽見祂的聲音；在地震、水災和具有毀滅性的自然災害中，我們也感覺到祂的同在。

在這些危險的時刻，那些守上帝誡命的人，應謹防不要失去了對上帝的虔誠敬畏之心。聖經教導人怎樣親近他們的創造主——就是憑著謙卑與敬畏的心，信靠一位神聖的中保。每一個人都應該雙膝跪在恩典的腳凳前，領受主的恩典。這就表明他的身、心、靈全都歸服於他的創造者。

無論在公共或私下敬拜中，我們應該跪在上帝面前*，向上帝陳明我們的祈求，我們的模範耶穌「跪下，禱告」。論到祂的門徒，有記載說他們也「跪下，禱告」。司提反也「跪下」。保羅說：「我在父面前屈膝。」（弗3：14）以斯拉在上帝面前承認以色列人的罪，也跪下。但以理「一日三次，雙膝在祂上帝面前，禱告感謝。」（但6：10）詩人的邀請乃是：「來啊，我們要屈身敬拜，在造我們的耶和華面前跪下。」（詩95：6）

「以色列啊，現在耶和華——你上帝向你要的是什麼呢？只要你敬畏耶和華——你的上帝，遵行祂的道，愛祂，盡心盡性事奉祂。」（申10：12）「耶和華的眼目看顧敬畏祂的人和仰望祂慈愛的人。」（詩33：18）「敬畏耶和華心存謙卑，就得富有、尊榮、生命為賞賜。」（箴22：4）

* 有好幾次，懷愛倫師母在崇拜聚會中作獻身禱告時，是站在講臺旁。

當以謙卑與聖潔敬畏之心前來

詩篇

89：7

祂在聖者的會中，是大有威嚴的上帝，比一切在祂四圍的更可畏懼。

凡到上帝面前來的人，態度必須謙卑恭敬。我們可以奉耶穌的名，憑著信心來到上帝面前，但是我們不可以擅自就近祂，好像祂與我們同等一樣。有人稱呼至大全能聖潔的上帝，就是那住在人不能靠近之光裏的主，好像是同等的人，甚至是低級的人。有些人在上帝聖殿裏的舉止行動，是不敢在地上元首面前作出的。這些人應當記得，他們是在上帝面前，而上帝是受撒拉弗敬拜，眾天使也掩面不敢正視的。上帝是應該大受尊崇的；凡真正感受到祂臨格的人，就必謙卑地在祂面前屈膝。

有些人以為用平常與人談話的方式向上帝祈禱，是表示我們謙卑。他們在禱告中以不恭敬的態度稱呼著「全能的上帝啊！」，實際上就妄稱了上帝的聖名，因為這名是神聖而可畏的，我們必須帶著敬虔和戰兢的心。

由內心發出的祈禱才能上到天上，並在地上得蒙應允。上帝明白人類的需要，在我們祈求之前，祂早已知道我們的心願。祂見到人心與試探疑惑的衝突。祂留意祈禱者的誠心。祂要悅納人心的謙卑及哀慟。祂說：「但我所看顧的，就是虛心痛悔，因我話而戰兢的人。」

我們有權利可以憑信禱告，相信聖靈會為我們代求。我們用簡單的話向主陳述需要，同時本著信心求主成就祂的應許。

我們的祈禱應當充滿溫柔仁愛。我們若是渴望更為明白救主深廣的愛，就必呼求上帝多賜智慧。沒有比現今更需要激動人心的祈禱和講道了。萬物的結局近了。唉！深願我們都能真看明盡心尋求上帝之必要，然後我們就必尋見祂。惟願上帝教導祂的子民怎樣祈求。

一種神聖的經驗

許多人以不恭敬的態度提說至大耶和華上帝的名，連聖天使都感到不悅和厭惡。天使以至大敬畏之心提這一聖名，他們提說上帝的名字時總是掩上自己的臉面；而基督的名字對他們來說，也是最神聖的。

對上帝表示真實的崇敬，乃是因為感到了上帝的無限偉大，並體會到祂與我們同在。人的心既對冥冥中的主有了這種感覺，就必深深有動於衷。祈禱的時辰和地點都是神聖的，因為有上帝臨格。而且當我們在態度舉止上表示尊敬上帝時，這種感覺就必愈來愈深。詩人說：「祂的名聖而可畏。」（詩111：9）連天使在稱呼祂的聖名時，也都是遮蓋自己的臉。如此看來，我們這些墮落有罪的人在提說祂的聖名時，理當怎樣肅敬呢！

詩篇

33：8

願全地都敬畏耶和華！願世上的居民都懼怕祂！

不論年長或年幼的，最好都能研究、思想，並常常背誦聖經中論到人當怎樣看待上帝特別臨格之地的話。上帝在那焚燒著的荊棘旁吩咐摩西說：「當把你腳上的鞋脫下來，因為你所站之地是聖地。」（出3：5）雅各看見天使的異象之後，說：「耶和華真在這裏，我竟不知道！……這不是別的，乃是上帝的殿，也是天的門。」（創28：16－17）「惟耶和華在祂的聖殿中；全地的人都當在祂面前肅敬靜默。」（哈2：20）

> 「因耶和華為大神（註），為大王，超乎萬神之上。……
> 來啊，我們要屈身敬拜，在造我們的耶和華面前跪下。」
> 「我們是祂造的，也是屬祂的；
> 我們是祂的民，也是祂草場的羊。
> 當稱謝進入祂的門；當讚美進入祂的院。
> 當感謝祂，稱頌祂的名！」（詩95：3－6；100：3－4）

（編者按：《新標點和合本》用大上帝，但此處依《和合本》用大神較為貼切）

尊為聖的名

馬太
福音

6：9

我們在天上的父：願人都尊你的名為聖。

尊主的名為聖的意思，就是帶著敬畏的心提說至尊者的名字。「祂的名聖而可畏」（詩111：9）。在任何情況下，我們都不可輕率地論及上帝的聖名和稱謂。藉著祈禱我們得以進入至高者的謁見室時，要存著聖潔敬畏的心。天使在祂面前都蒙上臉。基路伯和光明的撒拉弗接近祂的寶座時，也都存著莊嚴肅穆敬畏的心。我們這些有限而多罪的人，來到我們的創造主面前時，豈不更當存著敬畏的心嗎？

但是尊主的名為聖的意義遠不止於此。我們可能會像基督時代的猶太人那樣，在外表上對上帝顯出莫大的尊敬，然而同時卻不斷地褻瀆祂的聖名。「耶和華的名」是「有憐憫有恩典的上帝，不輕易發怒，並有豐盛的慈愛和誠實，……赦免罪孽、過犯，和罪惡。」（出34：6－7）論到基督的教會，經上記著說：「她的名必稱為『耶和華——我們的義。』」（耶33：16）這個名是用於每一個跟從基督之人身上的，它是上帝兒女所繼承的產業，因為這個家族是以天父的名為名。當以色列人遭遇非常的艱難與困苦的時候，先知耶利米祈禱說：「我們也稱為你名下的人，求你不要離開我們。」（耶14：9）

天上的天使和未曾墮落之諸世界中的居民，都尊這名為聖。當你禱告說「願人都尊你的名為聖」時，你便是祈求這名得以在世上和在你身上被尊為聖。上帝已在世人和天使面前承認你為祂的兒女，所以要祈求使自己不致羞辱「你們所敬奉的尊名」（雅2：7）上帝差遣你到世上作祂的代表。你生活中的每一舉止與行動，都要表彰上帝的聖名。上帝也呼召你具有祂的聖德，你若不在生活和品格上表彰上帝的生命和品德，就絕不能尊祂的名為聖，也不能在世上代表祂。而你能這樣做的唯一方法，就是要接受基督的恩惠和公義。

經常的倚靠

MAR
28
三月二十八日

施恩寶座乃要作為我們經常的倚靠。在基督裏有賜給我們的力量，祂是我們在天父面前的中保。祂差遣祂的使者走遍祂管轄的領土，將祂的旨意傳達給祂的子民，祂在自己的諸教會中間行走。祂甚願凡跟從祂的人都能成聖，得蒙提拔，而成為高貴的。凡真正信祂的人所有的感化力，要在世上成為活的香氣。祂的右手持著眾星，而祂的旨意就是要藉著他們將光普照世界。祂很希望可以預備祂的子民在天上的教會中，從事更高尚的服務。祂已將重大的工作交託給我們，讓我們準確而堅決地去做。我們要在生活中表現出真理對我們的影響。

詩篇

29：10 － 11

「那……在七個金燈臺中間行走的。」（啟2：1）這一節經文說明了基督與各教會的關係。祂在遍佈於全地的教會之間行走，祂極度的關懷注視著各教會，要看她們在屬靈方面是否已經準備好能推進祂的國度。基督參與了教會中的每一次聚會，祂也熟悉每一個參與聖工的人。祂認識那些在內心中注滿聖油，也能分給他人的人。凡在此世忠心推進基督聖工，在言行上表彰上帝品德，成全主在他們身上所有旨意的人，在祂眼中都是極其貴重的。基督因他們而感到快樂，正如人因栽培的園圃和所種花木的芳香而感到快樂一樣。

耶和華坐著為王，直到永遠。耶和華必賜力量給祂的百姓。

任何燈臺，任何教會，其本身絕無光亮，它所有的光都是從基督發出的。有了地上的教會，天上的教會顯得更加完全、高尚、尊貴和全備，這同一神聖的光照要繼續至永恒。主上帝全能者和羔羊就是照亮世界的光，任何教會若不反射從上帝寶座來的榮光，就絕無光可言了。

MAR

29

三月二十九日

各人心中的寶座

上帝已經買了我們，並且要在各人心中做王。我們的心思意念以及四肢百體都必須降服於祂，本能的習慣與嗜好也都必須服從於祂。然而，在這種功夫上我們絲毫不可靠賴自己，或是順隨自己的意思，必須讓聖靈更新聖化我們。在事奉上帝的事上，絕不可半途而廢。

內心既已清除罪惡，原來由自我放縱與貪愛世俗錢財所霸佔的寶座，就由基督來坐了。人們從我們的面容表情上看到了基督的形像，成聖的工作也繼續在心靈中進行著，自以為義的心意全被撇棄，我們成了新人，這新人是照著基督的形像造的，有真理的仁義和聖潔。

「既然敞著臉得以看見主的榮光，好像從鏡子裏返照，就變成主的形狀，榮上加榮，如同從主的靈變成的。」（林後 3：18）看見基督的意思，就是在聖經中研究祂的生平。我們應致力發現真理，如同挖掘隱藏的財寶一樣。我們當定睛仰望基督，當我們接受祂為個人救主時，就有勇氣來到施恩寶座前。因仰望，我們就有了改變，使我們在道德方面與那位品德完全之主相同。藉著接受祂給我們的義和聖靈的感化力，我們就愈來愈像祂。我們因為將基督的形像放在心中，我們整個人就都改變了。

靈程的進步表明有耶穌在心中作主。祂在我們心中散發平安、喜樂，以及祂愛的果子，使我們成為祂的殿宇和祂的寶座。基督說：「你們若遵行我所吩咐的，就是我的朋友了。」（約 15：14）

把你能獻的最有價值的祭物──你的心，獻給上帝。

以弗
所書

3：17

使
基
督
因
你
們
的
信
，
住
在
你
們
心
裏
。

完整的寶座

我們要將肉體連同肉體的一切邪情私慾都釘在十字架上，但具體上，我們當如何作呢？我們是否要傷自己的身體呢？不！而是要除去一切犯罪的試探。敗壞的思想必須根除淨盡，要將所有的心意歸順於耶穌基督。上帝的愛必須被高舉，基督的寶座必須是我們全心關注的。我們的身體，當視為祂所贖回的產業，全身百體都應作義的器皿獻給上帝。

此世有兩個國度——基督的國和撒但的國。我們各人都隸屬於這兩個國度之一。基督在為祂門徒獻上的美好禱告中説：「我不求你叫他們離開世界，只求你保守他們脱離那惡者。他們不屬世界，正如我不屬世界一樣。求你用真理使他們成聖；你的道就是真理。你怎樣差我到世上，我也照樣差他們到世上。」（約17：15－18）

上帝的旨意並不要我們與世隔絕而離群索居，但是我們活在世上卻當將自己分別為聖歸與上帝。我們不應當效法世界，我們要在世上作一種矯正改善的影響力，像保持鹹味的鹽一樣。我們置身於不聖潔、不道德、拜偶像的世代中，卻仍須聖潔純淨，顯明基督的恩典有能力在人身上恢復上帝的形像。我們要在世上發揮一種救助的影響力。

這世界已成了罪惡痲瘋病院，滿了腐敗。我們絕不可實行它的生活方式，也不可順隨它的風俗習慣，我們要繼續不斷地抗拒它那放蕩不羈的原則。上帝將恩典的福氣賜給人，是要使全宇宙和墮落的世界，都認出這是看明基督全備品德的唯一方法。那位偉大的「醫師」到我們這個世界來，向男女人士證明：他們可以靠祂的恩典度一種人生，以致在上帝的大日他們能領受那寶貴的見證説；「你們在祂裏面也得了豐盛。」（西2：10）

加拉太書

5：24

凡屬基督耶穌的人，是已經把肉體連肉體的邪情私慾同釘在十字架上了。

直到永遠

在今生，我們只能明白奇妙救恩之道的開端。我們憑著有限的理解力，熱切地思考集中在十字架上的羞辱與榮耀，生命與死亡，公義與慈憐；但無論如何，我們總不能充分明瞭其全部意義。對於救贖大愛的長闊高深，我們今日只能模糊地看到一點。即使得贖之民到了天國，與主同在的時候，救贖的計劃還是人所不能完全明白的，不過在永恆的歲月中，新的真理要不住地令他們感到驚奇和愉快。地上的憂患、痛苦和試探等雖已終止，而且一切禍根都已清除了，但上帝的子民仍要永遠很清楚地明白救恩的代價是何等重大。

在那永恆的歲月中，基督的十字架要作為得贖子民的科學與詩歌。在得了榮耀的基督身上，他們要看見被釘十字架的基督。他們永不忘記創造並托住無數世界的主，上帝的愛子，天庭的君王，基路伯與發光的撒拉弗所樂意尊重的神——曾屈尊虛己來救拔墮落的人類；他們永不忘記祂曾擔負罪的刑罰和羞辱，以致天父掩面不忍看祂，直到這淪亡世界的禍患使祂心碎，並使祂死在髑髏地的十字架上。祂是宇宙諸世界的創造主，是一切命運的支配者，竟願因愛人而撇棄自己的榮耀並親自忍受屈辱，這是要使宇宙眾生永遠感到驚奇而尊崇的。當蒙救的眾民看到自己的救贖主臉上煥發著天父永遠的榮耀；又目睹祂永遠長存的寶座，並且知道祂的國度是永無窮盡的時候，他們就要唱出歡樂的詩歌，說：「那曾被殺，而藉著祂的寶血救我們歸於上帝的羔羊，是配得榮耀的！」

以賽亞書

9:7

他的政權與平安必加增無窮。祂必在大衛的寶座上治理祂的國，以公平公義使國堅定穩固，從今直到永遠。

The Purpose of Grace

APR
04

恩典的用意

我也要賜給你們一個新心，
將新靈放在你們裏面，又從
你們的肉體中除掉石心，賜
給你們肉心。

吸引我們歸向上帝

生命與榮耀之主在祂的神性上披上了人性，為了向人類說明，上帝要藉著賜下基督，使我們與祂聯合。若不與上帝聯合，絕無人能得享喜樂。墮落的人類要知道，我們的天父很期望以祂的慈愛懷抱悔改的罪人，使他們藉著上帝無玷污的羔羊之功勞而變化。

天上的諸智者也都為這目的而工作。在元帥指揮之下，他們已擬訂了一項計劃，要挽回那些因過犯而使自己與天父隔離的人，同時要向世人啟示基督奇妙的恩典和慈愛。由於上帝的兒子償付了無限的代價以救贖世人，上帝的愛乃得以彰顯。這個榮耀的偉大救贖計劃足以拯救整個世界。負罪而墮落的人類，因罪惡得以赦免，並因得到基督的義，在耶穌裏成為完全。

在耶穌所作的一切仁慈的事上，祂常設法使眾人明瞭上帝為父親的仁慈的心意。耶穌要我們明白天父的愛，所以常介紹天父的仁慈來吸引我們歸服祂。祂希望我們能看見上帝品格的完美。祂唯有藉著在人間生活，才能表明祂天父的恩典、同情和慈愛。因為要藉著祂仁慈的行為，才能將上帝的恩典彰顯出來。

基督來向世人顯示上帝的愛，要吸引萬人的心歸向祂自己。得救的首要步驟就是要回應基督愛的吸引，使世人可以感受到赦罪之樂，上帝的平安，和基督的愛對他們的吸引。人若感應祂的吸引，衷心歸服祂的恩典，祂就必逐步引導他們全然認識祂，而認識祂便是永生。🎧

耶利米書

31：3

古時耶和華向以色列顯現，說：「我以永遠的愛愛你，因此我以慈愛吸引你。」

革心

耶穌論到新心，祂的意思是指心意、生活和整個人。革心的意義就是不再貪戀世界，專愛基督。要有一個新心就是要有新的意念、新的宗旨、新的動機。新心的標誌是什麼呢？——就是一種改變的人生，每時每刻都向自私及驕傲死去。

貪戀與情慾及放縱，會將理智與良知踐踏於腳下。這是撒但殘忍的作為，而且他也在不斷並堅決地加強那捆綁他犧牲品身上的鎖鏈。那些畢生放縱不良習慣的人，並不容易感到改變人生的需要。但願良心被喚醒之後，他們就能看清自己的景況。唯有上帝的恩典才能使人心知罪而悔改，也能使罪惡的奴隸獲得能力掙斷捆綁他們的鎖鏈。自我放縱的人必須看明並感覺到：他們如果要達到神聖律法的要求，就一定要在道德方面進行大改革；心靈的殿宇已經被污穢，上帝就號召他們要覺醒，並全力得回因罪惡放縱而犧牲了上帝所賦予他們的人格。

啊！我們的救主在日常生活中所照耀出來的，該是何等柔和而優美的光輝！祂的臨格所散溢在我們身上的，該是何等馨香的氣氛！這同樣的精神也必顯示在祂兒女的身上。那些與基督同住的人，必為神聖的氣氛所環繞。他們潔白的衣袍必帶有來自主園圃中的芳香。他們的臉上必反射出祂聖顏的榮光，照亮那些疲憊蹣跚之人的腳步。

只要我們對完美品格的真義有正確的概念，就一定會表現出基督的同情和溫柔。恩典的感化力會軟化人心，也使情感得到淨化和高雅，並給我們天生的優美與正當的道德觀念。

以西結書

36：26

我也要賜給你們一個新心，將新靈放在你們裏面，又從你們的肉體中除掉石心，賜給你們肉心。

帶來平安與安息

以賽
亞書

57：20 — 21

惟獨惡人，好像翻騰的海，不得平靜⋯⋯我的上帝說：「惡人必不得平安！」

罪已經破壞我們的平安，我們若不將自己制伏，就得不到平安。內心中倡狂的情慾，不是人的力量能管束的。我們對它毫無辦法，正如門徒不能平息怒吼的暴風一樣。但是那平靜加利利海的主，已經向每個人的心靈發出賜平安的話。不管暴風多麼兇猛，凡向耶穌呼求⋯⋯的人，都必蒙拯救。祂的恩典會平靜情慾的衝動，祂的愛，使人的心靈得安息。

所有在掙扎嘗試脫離罪惡生活進入清潔生活的人，得到能力的唯一方法，就是「除祂以外，別無拯救；因為在天下人間，沒有賜下別的名，我們可以靠著得救。」（徒4：12）脫離罪的唯一方法就是基督的恩典和能力，人靠自己的力量想要改變行為的決心，都是沒有用的。

每一個不聖潔的慾望，都必須藉著上帝豐賜的恩典得到聖潔的管制。我們生活在一個充滿撒但魔力的環境中，仇敵必將放蕩不羈的影響力，放在沒有基督恩典防衛的人四周。試探必定來臨，然而我們若謹防仇敵，並始終保持自制與清潔，那蠱惑人的邪靈在我們的身上就不會有影響。凡不給試探留地步的人，在試探來臨就必有能力抗拒，但那些仍然把自己放在罪惡氣氛中的人，當他們被試探所勝從自己堅固的地步上墜落時，就只能歸咎於自己了。

男女人士均須謹慎自守，他們應當時時防備，謹言慎行，以免自己的善行中出現了污點。那自稱是跟從基督的人更當謹慎自守，確保自己的思想、言語、行為全然純潔而毫無玷污。他應當在別人身上發揮正面的感化力，他的人生應當反映那「公義日頭」輝煌的光芒。要得安全，就必須不住地警醒。

高舉上帝的律法

自然界的萬物，自浮游於陽光中的微塵直到太空中的諸世界，都在律法之下。自然界的秩序與和諧，也都有賴於服從這些律法。同樣的，也有偉大的公義原則管理著一切具有理智者的生命，而全宇宙的福祉就在乎遵循這些原則。在這個世界尚未受造之前，上帝的律法就已經存在了。天使也受其原則所管束，而為要使地與天得以和諧，人也必須服從這神聖的法度。基督曾在伊甸園中向人類闡明律法的條例，「那時，晨星一同歌唱；上帝的眾子也都歡呼。」（伯 38：7）基督在地上的使命並非要廢掉律法，乃要藉著他的恩典而使世人轉回服從律法的條例。

他的使命就是要「使律法為大，為尊。」（賽 42：21）他要啟示律法的屬靈性質，展現它廣泛的原則，並闡明它永遠的義務。

世間最尊貴最溫文的人，也不過是基督的品德之神聖優美的模糊反映而已；耶穌──天父本體的真像，上帝榮耀所發的光輝；克己的救贖主，藉著他的一生向世人顯示愛，已將上帝律法的本質活生生地表現出來了。在他的生活中顯明了，來自天上的愛和基督化的原則，乃是永恆正義之律法的基礎。

聖經乃是上帝向人顯示的旨意。它是品格的唯一全備標準，告訴人在任何生活環境中應有的本分。

我們應該如此生活，以致我們能毫無畏懼地將心在他面前赤露敞開，將需要告訴他，並心裏相信他會聽我們的祈求，賜給我們恩典和力量，可以實行聖經真理的原則。

約伯記

22：22

你當領受他口中的教訓，將他的言語存在心裏。

賜予能力順從

全天庭所尊敬的主降臨在世界上，祂帶著人的性情作為全人類的元首，向墮落的天使和未墮落的諸世界證明：藉著祂提供的神聖能力，人人都可行走順服上帝命令的道路。

除了聖潔的天父獨生愛子，任何生靈的犧牲，都無法潔淨那些接受救恩，並順服上天律法的人，包括罪魁與敗落到極點的人。人的任何努力都不能使人重蒙上帝的恩寵。

因為基督的捨命，人才可能恢復上帝的形像。祂恩典的能力吸引人一同順服真理。

因基督的犧牲而建立的完善標準，上帝希望我們可以達到。祂招呼我們揀選正義的一邊，與天上的能力相接，接受使我們恢復上帝形像的方法。祂用聖經的話和自然界，把生命的原則指示了我們。我們的本分就是要去研究明白這些原則，以順服的精神與祂合作，使身體靈性同得復原。

人應該明白他們只有接受基督的恩典，才能夠充分地得到順從的福氣。那使人有能力服從上帝律法的，就是基督的恩典；使人有能力割斷惡習慣束縛的，也就是基督的恩典，使他穩穩的站在正直路上的，更是這能力。

對於已潔淨的心靈而言，一切都改變了。上帝的靈使人得到新生命，使思想和意願全都順服基督的旨意；我們的內心就照著上帝的形像更新了。雖然是軟弱而犯錯的，但我們可以向世人顯明：恩典的救贖大能，會使有瑕疵的品格變成均衡相稱並結果纍纍。

羅馬書

5：19

因一人的悖逆，眾人成為罪人；照樣，因一人的順從，眾人也成為義了。

掙脫罪惡的掌握

耶穌所賜的恩惠，永遠是新鮮的。每一樣新的恩賜，都加增領受者的能力，使他能賞識並享受上帝所賜的福氣，祂所賜的是恩上加恩，是取之不盡的。如果你住在祂裏面，那麼你今天領受的豐富恩賜，就能確保你明天要領受更豐富的恩賜。

基督賜給婚筵的禮物，乃是一種表號（約2：1－11）。水代表歸入祂死的洗禮；酒代表祂為世人的罪所流的血。石缸裏的水是人倒滿的，但只有基督的話能給予「賜人生命」的能力。基督的一句話，為這次的筵席供給了充足的量。祂恩典的供應也是如此豐富，足以塗抹人的罪孽，更新人的心靈，供應人心靈的需要。

我們犯罪，並不是自然的，故此必須有一種超自然的能力才能使我們復原。天地之間只有一種可以在人的心裏打破罪惡操縱的能力，那就是從耶穌基督而來的能力。只有被釘之救主的血，才能把人的罪孽洗淨。只有祂的恩惠，能幫助我們抵抗墮落之性情的趨勢。

撒但決心不許世人看到上帝的愛，就是使祂賜下獨生子拯救淪亡之人類的愛，因為上帝的仁慈會領人悔改。唉！我們怎樣才能有效地將上帝深厚而可貴的愛，在世人面前表達出來呢？我們只有呼喊説：「你看父賜給我們是何等的慈愛，使我們得稱為上帝的兒女。」（約壹3：1）除此以外，別無它法。讓我們向罪人説：「看哪，上帝的羔羊，除去世人罪孽的！」（約1：29）

請注視髑髏地的十字架。它是長久不變的保證，表明天父無窮的慈愛和無限的憐憫。

羅馬書

5：20

只是罪在哪裏顯多，恩典就更顯多了。

尊主為大

我們為基督作見證，就要把所知道的講出來，就是自己看見、聽見和經歷的。如果我們步步跟著耶穌，就必能透徹地、深入地講述上帝引領我們的經驗。我們可以說明自己曾如何試驗過祂的應許，並發現祂的應許是可靠的。我們為所經歷的基督恩典做見證，這正是主呼召我們要做的見證，而且正因缺少這種見證，世人就將要喪亡了。

上帝期望凡祂預備在天上永遠居住的每一家，都要因祂豐盛的恩典，將榮耀歸給祂。如果小孩子在家庭生活中受到教誨與訓練，向厚賜百物的主表示感謝，我們就能在家庭中看到屬天恩賜的表現。家庭中會充滿了愉快的氣氛，而從這樣的家庭裏出來的青年，在學校和教會裏必顯出恭謹與虔誠。

我們當以感謝的心領受各種屬世的福氣，而家庭中的每一位都因上帝話語之真理而成聖時，就使屬靈的福氣加倍地顯為寶貴。主耶穌也必分外的親近這樣欣賞祂寶貴恩賜的人，因他們認明所享受的一切好處，都是由仁慈親愛有眷顧之意的上帝所賜，並且也認識祂為一切安樂和慰藉之源，和取之不盡的恩典的寶庫。

真基督徒必定在一切的事上以上帝為首、為終、為至上。沒有什麼野心的動機能沖淡他對上帝的愛，他必要堅定不移地將尊榮歸給在天上的父。當我們忠心的高舉上帝的聖名時，我們的動機就必順服上帝的管理，我們也就能發展靈性和心智的能力了。

神聖的夫子耶穌經常高舉天父的聖名。祂教導門徒禱告說：「我們在天上的父，願人都尊你的名為聖。」（太6：9）而且他們也不可忘記承認：「榮耀，全是你的。」（太6：13）

願那些喜愛你救恩的，常說：「當尊耶和華為大！」

根除自私

法利賽人的偽善是專求利己的產品，榮耀自己是他們人生的目標。連那十二個門徒，雖然在表面上為耶穌的緣故已經撇棄一切，但在為自己圖謀大事上還沒有死心。如果讓酵母一直不停的發酵，最後的結果就是腐爛；照樣，專求利己的精神，也必污穢並毀壞人的心靈。在現代跟從主的人中，亦如古時一樣，都普遍存在著這種陰險不易捉摸的罪！我們為基督作的工作，以及與主的交通，都會因暗地裏想高抬自己而受損害。但基督警戒門徒說：「你們要防備法利賽人的酵。」唯有上帝的大能才能消除私心和偽善。

但是當猶大加入門徒的行列時，他對基督品格的優美，並不是毫無知覺的，他也感覺到引人歸主的神聖感化力。救主洞悉猶大的內心，祂知道，除非上帝的恩典拯救他，不然猶大將墮落到何等罪孽深重的地步呀！祂讓這個人作門徒，使他能與自己無私之愛的泉源天天接觸。如果猶大肯向基督打開心門，上帝的恩惠就會驅逐他自私的惡魔。連他這樣的人，也可以成為上帝國中的一分子。

沒有人像基督那樣崇高，而祂卻屈己作最卑微的事。基督……親自立了謙卑的榜樣，祂不願將這重大的任務委託給人。祂對這事如此重視，祂雖然是與上帝同等的一位主，卻作了門徒的僕人。他們正在追求優越地位時，那萬膝應當跪拜，天使以事奉祂為榮的主，卻跪下洗稱祂為主之人的腳。並且連賣祂之人的腳也都洗了。祂一生都在服務人。祂伺候了眾人，為眾人服務，祂就這樣遵行了上帝的律法，並以祂的榜樣指示我們應當如何遵守。

路加
福音

12：1

你們要防備法利賽人的酵。

APR
09
四月九日

破除不良的惡習

許多男女藉著基督的能力，已經掙斷了惡習的鎖鏈。他們丟棄了自私自利的心，褻慢的已變為虔誠，醉酒的已變為清醒，淫蕩的已變為純潔。帶有撒但相貌的人，竟改變成為上帝的形像了。這一種改變本身就是神蹟中的神蹟，這是真道帶來的改變，也是真道最深奧的奧祕之一。我們無法理解，我們只有相信。正如聖經所說：這是「基督在你們心裏成了有榮耀的盼望。」（西1：27）

一個信徒拋棄了那些攔阻他上進，或使別人腳步偏離窄路的障礙，就必在自己的日常生活上表現憐憫、恩慈、謙虛、溫柔、忍耐和基督的愛來。

我們最大的需要，是那使我們度更高尚、純潔、尊貴生活的能力。可惜，我們的心思意念中世俗的成份太多，而天國的成份太少了。一個基督徒在努力追求上帝為他所定的理想時，絕不可有失望灰心。基督藉著祂的恩典與能力，應許我們能達到道德與靈性方面的完全，耶穌是能力的來源和生命的源頭。

我們務要研究上帝的聖言，把其中聖潔的原則實踐在自己的生活中。我們務要柔和謙卑地行在上帝面前，天天改正自己的錯誤。當你使自己的意志順服基督的旨意時，和平與安息就必進入你的心中。那時基督的愛就必在心中作主，使你秘密的動機都降服於主；那急躁易怒的癖性，必因基督恩典之油的撫慰而順服。凡受賜新心的人，當憑謙虛和感恩的心依賴基督的幫助，他在生活中會顯示出義的果子來。他曾一度專顧自己，愛好世俗的娛樂。如今他心中偶像已經廢除，上帝是他心中至尊的主，他曾經喜愛的罪惡而今厭棄了。他穩健而毅然地奔走聖潔之道。

哥林多
後書

5：17

若有人在基督裏，他就是新造的人，舊事已過，都變成新的了。

產生恨惡撒但之意

因為基督使人類成了上帝慈愛和憐憫的對象，所以撒但的仇恨就像火一樣燃燒起來了。他企圖破壞上帝為人類設立的救贖計劃，又藉著毀損並污穢祂所造的人來侮辱祂；他要使天庭憂愁，使全地充滿禍患與荒涼，並且指出這一切邪惡都是上帝造人的結果。

基督植於人內心的恩典，造成撒但的仇恨之意。如果沒有這種改變人心的恩典和更新的力量，人將繼續作撒但的俘虜，作他順命的僕人。可是這種新的原動力要在本來與罪惡和睦相處的心中引起鬥爭。基督所賜的力量，使人有能力抵抗暴君和篡奪者。任何人能不喜愛反倒憎恨罪惡，能抵抗並克服轄制內心的邪情惡慾，都是因為他完全依靠由上面來的能力。

撒但像吼叫的獅子，在尋找他的掠物。他不放過任何欺騙青少年的機會，唯有在基督裏才得安全；唯有祂的恩典能有效地抵擋撒但。撒但告訴青年人說還有時間；只要他們這次放縱罪惡，以後不再犯就可以了；殊不知一次的放縱就會毒害他們整個的人生。絕不可一次冒險踏入禁地。在這危險的罪惡時代中，到處都有惡習與敗壞的引誘，青年人當由衷而誠懇地揚起聲來向天呼求說：「少年人用什麼潔淨他的行為呢？」但願他的耳朵傾聽，他的心也樂於順從聖經的教訓：「是要遵行你的話！」（詩119：9）在這敗德的時代中，青年唯一的安全保障乃在乎信靠上帝。沒有上帝的幫助，人絕不能控制自己的情慾與嗜好。基督能給我們所需要的一切援助。你們盡可以與使徒同說：「然而，靠著愛我們的主，在這一切的事上已經得勝有餘了。」（羅8：37）再者，「我是攻克己身，叫身服我。」（林前9：27）

驅除不安與懷疑

基督來到世上就是要表明，人若接受從上面來的能力，就可以度一種毫無污點的生活。祂用不倦的忍耐和同情提供人的需要；祂用恩典的觸摸掃除內心的疑惑與不安，把仇敵改為友愛，把疑慮化成信靠。

用自己的方法研究人的情感並不聰明。如果我們這樣做，仇敵要指出困難，施行誘惑，減低我們的信心，壓倒我們的勇氣。所以用人的方法考究情感，憑著感覺用事，結果就會帶來疑惑和迷亂。凡事我們不要看自己，而要注視耶穌。

當誘惑攻擊你時，當疑懼、掛慮和黑暗包圍你心靈時，要向你曾經見過光明的地方仰望。歇息在基督的愛中，受祂的保護。當罪惡在心中爭權、壓迫靈性，使良心不寧的時候，當疑惑使腦筋糊塗的時候，要記得基督的恩惠足能壓制罪惡，驅散黑暗。

祂必賜給你能忍耐的恩典，祂必賜給你恩典作可信任的人，克勝不安的情緒，祂必以愉快的靈溫暖你的心，復甦你軟弱無力的心靈。故此你就可以安全地將心靈交託上帝，將一切的重擔卸給祂。

愛上帝的生靈能超越疑惑的雲霧；他能有光明、廣博、深切、活潑的經驗，而變為柔和並與基督相似。他的心靈獻與上帝，也藉著基督得以隱藏在上帝那裏。雖然被忽視，受虐待，被人輕蔑，他也能勝過，因為救主也曾忍受了這一切。他在遭受壓迫之時絕不煩躁沮喪，因為耶穌從未失敗，也從未沮喪灰心。每一個真基督徒必定剛強，並非靠自己善行的功德或力量，而是靠著因信歸與他的基督之義。柔和謙卑，毫無玷污很重要，正如天上大君在人間之時那樣。💧

馬太福音

14：31

「你這小信的人哪，為什麼疑惑呢？」

使教會合而為一

上帝智慧的本意，是要一切的信徒都保持親密的關係，使基督徒與基督徒，教會與教會都互相聯合。這樣，血肉之體的器皿才能與上帝合作。每個肢體都必順服聖靈，而所有的信徒都必聯合做出有組織、有紀律的努力，將上帝的喜信傳給全世界。

上帝針對每個人，給他們當作的工。人人都要受上帝的教導。每一個人都當藉著基督的恩典獲致自己的義，與天父和祂的兒子保持活潑的連繫。

主固然在指導著每個人，但同時祂也在率領著一個團體，並非分散各地，信仰互異的少數個體。上帝的眾天使都在從事所交託給他們的工作。第三位天使也在帶領著一個團體，潔淨他們，而他們也必須與他採取一致的行動。

有人提出這樣的想法：在臨近末時之際，每一上帝的兒女要各自單獨地採取行動，而不顧任何宗教的組織。然而我曾蒙主指示，在這工作上並無所謂各個人自由行動這一回事。為求使主的聖工得以健全而堅穩地前進起見，祂的子民務須團結一致。

教會的每一分子都當感到自己有神聖的義務，要嚴格地維護上帝聖工的利益。耶穌已經為我們提供了獲得智慧、恩典和能力的方法，祂在凡事上都是我們的模範，任何事物都不應轉移我們的心思遠離人生的主要目的，就是有基督住在心靈之中，使心意融化而馴服。只有這樣，每位基督徒，每一自稱相信真理的人，就必在品格、言語和行為上與基督相似了。🔔

希伯
來書

13：9

你們不要被那諸般怪異的教訓勾引了去；因為人心靠恩得堅固才是好的。

使我們可以作得勝者

基督已經使人類大家庭的每一分子都能抗拒試探。凡願度敬虔人生的人，都能得勝像基督得勝一樣。

為要使上帝的恩典成為我們的，我們必須盡到本分。主不會代替我們立志或行事，祂的恩典是叫我們去立志行事，而不是要替代我們的努力。我們的心靈要被喚醒與祂合作。聖靈在我們裏面運行，使我們能作成得救的工夫。……優良的才智和高尚的品格，都不是偶然得來的。機會是上帝所賜予的，而成功與否則賴乎如何予以善用。我們必須敏於察覺天意所開的機會之門，並急切地進入，有許多成為偉人的，都是因為他們能像但以理一樣靠上帝的恩典得勝，並從祂那裡領受力量和效能去作工。

我們務須與上天維持活潑的聯繫，像但以理一般經常地——就是一日三次——尋求抗拒食慾與情慾的上帝恩典。沒有上帝的幫助，我們與食慾和情慾的鬥爭就必失敗，然而你若以基督為堡壘，則必會說：「靠著愛我們的主，在這一切的事上，已經得勝有餘了。」（羅 8：37）使徒保羅說：「我是攻克己身，叫身服我，恐怕我傳福音給別人，自己反被棄絕了。」（林前 9：27）

但願無人認為缺少上帝的援助，自己還能得勝。你必須具有一種由內在生命產生的精力、能力與權力，然後你就結出敬虔的善果，也必對於罪惡感到非常地嫌厭。你需要不斷地努力脫離世俗，卑鄙的閒談，和一切屬情慾的事，而以高貴的心靈和清潔無瑕的品德為目標。你應該保持純潔，不與任何不誠實不公義的事有關連，這樣就會得到善良純潔的人的欽佩，而且你的名字可能被寫在羔羊的生命冊內，與聖天使一樣永垂不朽。

啟示錄

12：11

弟兄勝過牠，是因羔羊的血和自己所見證的道。

建造高尚的品格

上帝期望我們按照主的「模範」建造品格。我們要磚上砌磚、恩上加恩，發現自己的弱點並遵照所指示的加以糾正。當一所大廈的牆上顯出裂縫時，我們曉得這座建築物一定有了毛病。在我們品格的建造上，往往也會顯出裂縫來。若不彌補這些裂縫，在試煉的暴風雨打擊時，這座建築物就必倒塌了。

上帝賜給我們能力、理解力和光陰，使我們建立蒙祂悅納的品格。祂切望祂的每一兒女都有高尚的品格，有清潔高尚的行為，這樣他們的品格就可以是均衡的，如同一座人與神都重視的美麗宮殿。

高貴完美的品格並不是先天遺傳的，它也不是偶然臨到我們的。高尚的品格是藉著基督的功勞與恩典，以及個人的努力方能獲得的。藉著上帝給我們才幹，和意志的能力，我們方能建造出品格。這種品格是經過艱苦嚴厲的自我爭戰而建成的，我們必須不斷與罪惡的影響搏鬥，嚴格地自我批評，不容保留任何不良的特性。

我們藉著基督的恩典生活行事為人，以便建造我們的品格。人類起初的優美漸漸地恢復了，基督的品德，也慢慢移植到我們身上，上帝的形像開始顯示出來。凡與上帝同工同行的男女，他們臉上必流露著天上的平安，他們周圍環繞著天庭的氣氛；上帝的國已經實現在他們的生活中。他們有基督為人群造福的喜樂。他們感到蒙主使用是光榮的，上帝就委任他們奉祂的名去作工。

上帝是純潔的，照樣人在地上也要追求純潔。若有基督榮耀的盼望在他裏面，他就必成為聖潔，因為他就會效法基督的生活，並返照祂的品格。

約翰
福音

1：16

從祂豐滿的恩典裏，我們都領受了，而且恩上加恩。

APR
15
四月十五日

增加能力並予以鼓舞

主已經準備好，用最珍貴的恩典來加強並鼓舞真誠謙卑的工作者。基督的門徒深深感到他們的無能，於是就用謙卑的祈禱，用自己的軟弱迎接祂的能力；用愚昧迎接祂的智慧；用不配迎接祂的公義；用窮乏迎接祂的豐富。當他們得到力量並準備好後，就毫不遲疑地參與夫子的工作中。

人所有的一切，全都來自上帝，而那些利用才幹榮耀上帝的人，就必成為行善的器皿；但我們若不時常祈禱並履行宗教義務，就絕不能度虔誠的信仰生活，正如我們若不進食就絕不能有體力一樣。我們必須每日坐在主的餐桌旁，要得到營養，我們必須從活的葡萄樹那裏接受能力。

我懇求你們，要專心仰望上帝的榮耀。依靠祂的能力，祂的恩典為你的力量。要藉著查經和懇切禱告，清晰明白自己的義務，然後忠心地去履行。要緊的是，在小事上忠心，因為如此行你就必養成在更大的責任上有正直的習慣。人生的每一件事，可以是善的，也可以是惡的。人的內心需要藉著日常的試驗而得到訓練，這樣才能獲得在艱難境遇中站立得穩的能力。你們在磨煉與危險的日子中，需要加強防衛，堅持正義，不受各項對敵勢力影響。

當我們信靠耶穌時，祂就答應肩負我們的重擔。祂說：「凡勞苦擔重擔的人，可以到我這裏來；將你的重擔卸給我；信賴我成就那屬肉體之人所無法作成的事。」但願我們信賴祂。憂慮原是盲目的，無從洞悉將來。然而耶穌卻從起初看透末後，而且祂也已經預備好援救的方法。常在基督裏，靠著加給我們力量的主，凡事都能作。

腓立
比書

4：13

我靠著那加給我力量的，凡事都能做。

遭遇試驗時

有時黑暗的權勢包圍著我們的心靈，使我們看不見耶穌，有時我們只能在憂愁與驚奇之中等待黑雲散去。我們會因此感到恐怖，希望落空，而讓灰心絕望籠罩了我們。在這樣的時候，我們務須學習信賴，單依靠基督救贖的功勞，承認我們的無助與不配，完全投靠被釘而又復活之救主。我們若這樣行，就絕不致滅亡！當有光照亮路程時，我們因為有了恩典而剛強。可是當有烏雲籠罩我們而一切全都黑暗之時，此刻最需要那足使我們意志順服上帝旨意的信心與順服，就當存著盼望忍耐地等待。我們太容易灰心，並向上帝哀求免除我們的試煉，實際上我們應祈求持久的忍耐，以及得勝的恩典。

凡盡心、盡性、盡意、盡力歸向主的人，就在祂裏面得著平安與穩妥。祂知道我們的需要和我們能承受的負荷，祂會賜恩典給我們，使我們能忍受祂給我們的試煉考驗。我們越恆切祈求，就越與上帝親近。

上帝本乎祂的大愛，要在我們心中培養祂聖靈的珍貴美德。祂容我們遭遇阻礙、逼迫和艱難，並不是禍患，卻是我們人生中最大的福惠。每次抗拒試探、每次勇敢地忍受試煉，都會給我們新的經驗，使我們在建立品格的事上更加長進。凡倚靠上帝的能力而抗拒試探的人，就能向世人和宇宙顯示基督恩典的效能。

凡獻身與主，受祂指引，為祂效力的人，主絕不使他走到絕境。只要我們順從主的話，那無論在什麼境地，主都是我們前驅的「嚮導」；無論遇見什麼難題，祂都是我們可靠的「顧問」；在憂傷、哀悼、孤獨的時候，主都是與我們患難與共的「朋友」。

雅各書

1：12

忍受試探的人是有福的，因為他經過試驗以後，必得生命的冠冕；這是主應許給那些愛他之人的。

APR
17
四月十七日

建立家庭

那位把夏娃賜給亞當做配偶的，是在一個婚姻慶典上行祂第一次的神蹟。可見祂讚許婚姻，因為那是祂親自建立的。祂期望男女在神聖的婚姻中結合，組成家庭，使全家的人都滿有光榮地做天上家庭的一分子。

箴言

24：3

房屋因智慧建造，又因聰明立穩。

婚姻制度……正如上帝其他美好的恩賜一般，也為罪惡所敗壞，然而福音的宗旨乃是要恢復它的純潔與美善。

基督的恩典，唯有基督的恩典，才能使這個上帝最初建立的制度，成為加惠並提拔人類的媒介。這樣，地上的家庭，因著男女的結合而有的愛與親情，便可代表天上的家庭了。雖然社會的現狀，破壞了這個來自天上的神聖關係，然而對於那些原指望從婚姻獲得友誼與喜樂，反而卻遭遇痛苦和沮喪的人來說，基督的福音還是提供了慰藉。聖靈所賜的忍耐與溫柔，必使痛苦變為甘甜。有基督居住的心，被祂的愛充滿而感到知足，就不會想要人的同情和注意了。而且由於心靈歸順了上帝，祂的智慧就能成就世人智慧所無法成就的。藉著祂恩典的啟示，原來淡漠疏遠的心就可能合而為一了。

一般男女們如果接受基督的幫助，就一定能達成上帝對他們所有的理想。許多事無法靠屬世智慧來成就，但那些因愛主而將自己交託與祂的人，祂的恩典必為他們成就一切。祂能用天上的能力將心結合起來。愛不只是柔和恭維的話語，這就如紡織機一樣，上天所用的經緯線編織而成的東西，較比地上所織成的，更加纖細，也更為堅固。其成品並非一單薄的布帛，而是耐穿並經得起試驗與考驗的細密織物。這樣，心與心就在那永存之愛的精金鎖鏈中相連合一了。

支持凡擔重擔的人

世上的人，無論做什麼工作，就算是最微賤的，也能夠與上帝同工，得到祂的同在與扶助。他們不用無謂的掛慮和擔憂，只要每天忠心做成上帝所派給他們做的事，上帝定會看顧他們的。

上帝深愛並關心祂所造的，負擔越重的人，祂越是憐憫他。

詩篇

55：22

當將你的需要、喜樂、憂愁、掛慮和恐懼，都放在上帝面前。祂絕不會感到厭煩或困乏。那位數算你每一根頭髮的主，絕不會不顧祂兒女的需要。當將所有困擾的事告訴祂。在祂並沒有什麼擔當不起的事，因為祂托住萬有，統治宇宙間的一切事物。凡是關乎我們平安的事，無論大小，都是祂注意的。在我們的經歷中，絕沒有過於黑暗的時刻是祂不知道的，也沒有祂不能排解的疑惑和困難。任何降在祂兒女中最小的一個身上的災禍，困擾心靈的憂慮，喜樂的時刻，脫口而出的真誠禱告，天父都知道並注意。「祂醫好傷心的人，裹好他們的傷處。」（詩147：3）上帝與每一個人的關係都是特殊而完滿的，好像地上並無另一個人要分享祂的眷顧，而祂賜下祂的愛子也並非為另一個人似的。

主並不勉強加給任何人過重的擔子。祂先估計每一擔子的重量，然後才放在與祂同工之人的心上。我們親愛的天父向祂的每一工作者說：「你要把你的重擔卸給耶和華，祂必撫養你。」（詩55：22）但願擔重擔的人都相信，擔子無論大小，祂都會幫我們擔負。

你要把你的重擔卸給耶和華，祂必撫養你。

供應每日的需要

一切的福惠都賜給那些與耶穌基督有活潑聯絡的人。耶穌呼召我們來就近祂自己，目的不是藉著祂的恩典與我們同在一小段時間，然後讓我們離開祂的光輝，撇下我們獨自行在愁苦與幽暗當中。不！不！斷乎不是這樣的！祂要我們常在祂裏面，祂也要常在我們裏面。要時刻仰望祂，更不住的信靠祂，不可懷疑祂的慈愛。祂知道我們的一切軟弱和需要。祂每天都賜給我們足夠的恩典。

那些不斷領受新的恩典的人，才會得到其日常需要相稱的能力，以及運用該種能力的才幹。他們注重的，並不是期望將來某一天得到聖靈的特別賜予，神奇地準備好，可以從事救人的工作，而是每日將自己獻與上帝，以便讓祂造就他們成為合用的器皿。他們每日在自己生活範圍之內，不斷提高服務的機會。無論置身何處，或在家中作卑微的操勞，或在公共場所從事有益的工作，他們每天都在為主作見證。

獻身的傳道人們應該知道，就連基督在地上生活的時候，祂也為所需恩典的供應而每日尋求祂的父，由於與上帝作這樣的交往，祂才能出去鼓勵並造福他人。

每一效法基督的工人都必準備妥當，以便領受並運用上帝應許給祂教會用來收割地上莊稼的能力。當福音的使者每日早晨跪在主前向祂重申獻身的許願時，祂就會把聖靈及其甦醒與成聖的能力賜給他們。在他們出去面對當天的工作時，他們就有了保證，確知那看不見的聖靈的能力足能使他們成為「與上帝同工」的人。

救拔罪大惡極的人

馬利亞曾被人看為是一個大罪人，但是基督知道生活環境對她的影響。祂本可消滅她心靈中一切的希望，但是祂沒有這樣作，反而祂把馬利亞從失望和沒落之中拯救出來。馬利亞曾七次聽見祂責備那控制她心靈和意念的魔鬼，她也聽見救主為她向天父大聲呼求，她知道罪與救主無玷污的純潔是格格不入的，而她靠著主的力量已經得勝了。

當人以為馬利亞似乎沒有希望時，基督卻看她有向善的可能，祂看到她性格中的優點。救贖的計劃已賦予人類很大的可能性，而這可能性要在馬利亞身上實現出來。藉著基督的恩典，她得與上帝的性情有分。那曾經墮落而心中附有鬼魔的人，現已在團契與工作中與救主接近。那坐在救主腳前聽祂教訓的是馬利亞，那用香膏澆在救主頭上，並用眼淚洗祂腳的也是馬利亞。她曾經守在十字架旁邊，並一直送救主到安葬之地。在主復活之後，頭一個到墳墓那裏去的是馬利亞，第一個宣傳救主復活的也是她。

耶穌知道每一個人的處境。你或許會說，我有罪，而且罪情很重。不錯，你固然是個罪人；但你越有罪，你就越需要耶穌。祂絕不丟棄任何憂傷痛悔的人。祂吩咐每個戰兢的人要剛強壯膽。凡來到祂面前祈求饒恕和醫治的人，祂都願意白白地赦免。

那些以耶穌為避難所的人，祂必使他們「免受口舌的爭鬧」和控告。沒有任何人或惡天使能指摘這些人。基督已把他們與自己神人兼備的性情聯合起來了。

對於那些恆切努力表揚基督特性的人，天使已經蒙差遣來讓他們更深切地明白祂的聖德、工作、權能、恩典及慈愛。這樣，他們便得以與祂的性情有分了。🕊

雅各書

4：6

「但祂賜更多的恩典，所以經上說：『上帝阻擋驕傲的人，賜恩給謙卑的人。』」

將生命賦予心靈

到屬世的水泉來解渴的人，喝了還會再渴。無論什麼地方，人總是得不到滿足，他們渴望能供應心靈需要的東西，但是只有一位能滿足這個慾望。基督就是世界的需要，是「萬國所羨慕的」。

唯有祂所賜的神恩，像活水一般，能潔淨、振作並奮興人的心靈。耶穌的意思並不是單喝一口生命水，就足以使人受用無窮。人若嘗到基督之愛的滋味，必不斷地渴望多嘗，且不再追求其他的東西。今世的富貴、榮華和安樂，都不能使他動心，他心中恆切的呼求，就是「更需我主」。那向人的心靈指出需要的主，正在等待著滿足人的饑渴，人的資源和依靠都必敗落。池沼將要枯竭，水塘也必乾涸；惟我們的救贖主是取之不盡，用之不竭的泉源。我們可以不停地，盡情地喝。有基督居住的內心就有幸福的泉源。他可以從這泉源取得力量和恩惠，足夠應付他一切的需要。

那喝過活水的人，自己便成了生命的泉源。領受的人成了施給的人。基督的恩典在人心裏，像沙漠中的甘泉，湧出水來滋潤萬人，使一切將要沉淪的人都渴望來喝生命的水。

基督所提到的水，乃是祂聖言中所啟示的恩典。基督在祂聖言中臨格，不斷向心靈說話，因為祂就是活水的泉源，使口渴的人復甦。有一位永活而時常同在的救主，這是我們的特權。祂是那深植於我們內心之屬靈能力的源頭，而祂的感化力要在言行上湧流出來，使那些受到我們影響的人，都在他們心裏獲得力量與純正、聖潔與平安，以及那沒有憂愁的喜樂。這就是有救主居住心內的成果。

約翰
福音

4：14

人若喝我所賜的水就永遠不渴。我所賜的水要在他裏頭成為泉源，直湧到永生。

使我們成為聖潔

成聖並不是一時的狂喜，而是心意完全歸服上帝；是靠上帝口中所出的每一句話而活；是遵行我們天父的旨意；是在磨難、黑暗或光明之中始終信靠上帝；是憑著信心而不是憑眼見行事為人；是本著毫無疑問的信念倚靠上帝，信賴祂的大愛。

我們的心本是邪惡的，自己無法改換。教育、文化、意志的修煉、人為的努力，雖然都有用，卻無法改變人心，這一切或能影響人外表的行為，但絕不能改變人的內心，也不能潔淨生命的源頭。人如果要離罪成聖，必須要先得到在內心運行的力量，和從上面來的新生命，這種力量就是基督。唯有祂的恩典才能甦醒毫無生機的心靈，使之趨向聖潔的上帝。

沒有人天生就是聖潔的，或是從其他人得到聖潔。聖潔乃是上帝藉著基督所給予的恩賜。凡接受救主的人都成為上帝的兒女，他們是祂屬靈的兒女，是重生、改換一新、有真理的仁義和聖潔的。他們的心意已經改變了。他們以更清晰的眼光注視屬永恆的事。他們已被接納加入上帝的家，與祂的形像相似，是由祂的聖靈所改變的，榮上加榮。從專愛自己，到變得以愛上帝與基督為他們的至上。接受基督為個人的救主，並效法祂克己的榜樣——這就是成為聖潔的祕訣。

要忘記背後，努力奔走前面的天路。唯願我們不疏忽任何可以善用的機會，使我們更適合為主工作。我們如此做，就會使聖潔像金線一樣地交織在我們的生活中，眾天使既看見我們的獻身，就要重申這應許說：「我必使人比精金還少，使人比俄斐純金更少。」（賽13：12）當軟弱有錯的人類獻身給耶穌，實踐祂的生活時，全天庭都會歡欣鼓舞。

利未記

19：2

你們要聖潔，因為我耶和華──你們的上帝是聖潔的。

用以妝飾基督徒

上帝創造了我們眼見的可愛而美麗之物，祂是一位愛美的上帝。祂告訴我們什麼是真實的美。以溫柔安靜的心為妝飾，在祂看來乃是極其寶貴的。

彼得
前書

3：3 — 4

你們不要以外面的辮頭髮，戴金飾，穿美衣為妝飾，只要以裏面存著長久溫柔、安靜的心為妝飾；這在上帝面前是極寶貴的。

精金、珍珠或貴價的衣服，若與基督的優美相比，就顯得沒有價值了。天然的美在乎勻稱，或各部分相互比例上的和諧，然而，屬靈的美卻在乎我們的心靈與耶穌相符或相似。這必使擁有的人比精金還寶貴，比俄斐純金更寶貴。基督的恩典實在是無價之寶，它使擁有的人成為高貴，並將榮美的光反映在他人身上，吸引他們來到光明與福樂的源頭。

我們在外表都應以整齊、樸素和清潔為特徵。但上帝的聖言不應該像時常變樣的時裝，使我們看來與世人相似。基督徒不應以昂貴的衣服或豪華的飾物來裝扮自己。

凡誠懇尋求基督恩典的人，都必留心聽從上帝靈感的寶貴訓言。即使是服裝的樣式也必表揚福音的真理。

愛美與求美的心原是正當的，但上帝卻希望我們先愛慕並追求最高尚的美，就是那永不朽壞的美。任何外表的裝飾，都沒有「溫柔安靜的心」那樣可愛或有價值，也不像地上一切聖徒將來所要穿著「細麻衣，又白又潔」那樣寶貴。（啟 19：14）這細麻衣必能使他們在今世顯為美麗可愛，並在將來作為進入萬世之主的宮殿的憑證。

帶來安慰

主有特別的恩典賜給哀慟的人，就是為了感化人心，拯救人。祂的愛開拓了連接受傷之人的心靈通道，使其他哀慟之人得到醫治。

那些曾經有過最大憂傷的人，往往能帶給人最大的安慰，也能將陽光帶給人。他們因為經歷了苦難的磨煉，就變得更加溫和可愛了；當患難攻擊時，他們沒有失去信靠上帝的心，而是更緊密地依靠祂護佑之愛。他們就是上帝親切照顧的活生生明證，祂製造光明也製造黑暗，並為我們的益處管教我們。基督原是世界的光；在祂裏面毫無黑暗。這是何等珍貴的光！但願我們都住在在這光中！告別憂愁埋怨，當在主裏時時歡喜。

你們有權利從基督領受恩典，使你們能用上帝賜予你們的安慰去安慰別人。但願人人都去幫助他們身邊的人。這樣，你們在地上就有了小天國，而且上帝的天使要藉著你們發揮出好的影響。總要盡力幫助人，要做好充分的準備，接受上帝給你的豐富恩典。

我們都要仰望上帝，因為祂會赦免和憐憫。祂也知道我們的需要，因為祂從不出錯。要用時間去安慰別人，或是用親切鼓勵的話語，鼓勵在試探或患難中掙扎的人。你這樣用鼓勵和滿有希望的話語把福氣帶給人，讓他認識到為我們擔重擔的主，我們也會在不知不覺中找到平安、喜樂與安慰了。

一個獻身的基督化人生是經常顯出光明、安慰與和平的。這樣的人生是純潔、機智、淳樸和有效用的。它由無私的愛所控制，所以它的影響也是聖潔的。它被基督充滿，無論走到哪裡，都會留下光明的蹤跡。

哥林多
後書

1：4

我們在一切患難中，祂就安慰我們，叫我們能用上帝所賜的安慰去安慰那遭各樣患難的人。

使我們的基礎穩固

聖經常用建造聖殿的比喻來說明教會的建造。彼得寫信論到建造這殿，說：「主乃活石，固然是被人所棄的，卻是被上帝所揀選、所寶貴的。你們來到主面前，也就像活石，被建造成為靈宮，作聖潔的祭司。」（彼前2：4－5）

使徒曾在一個穩固的根基上建造，這根基就是「萬古的磐石」。他們把從世界各地採的石塊安放在這個根基上，但工作時並不是毫無障礙的。基督仇敵的反對使他們的工作變得異常艱難，他們也要應付那些在假根基上建造之人的頑固、偏見和仇恨。雖然可能經受監禁、酷刑和死亡，那些忠心的人還是繼續推進聖工；於是就建起了壯麗勻稱的建築物。

從使徒的時代以來，建造上帝聖殿的工作始終沒有停止。我們回顧過去的各世紀，就會看到建成這殿的活石在謬道與迷信的黑暗中閃閃發光。在永恆中，這些珍貴的寶石將要發出更明亮的光輝。

但建築的工作至今尚未完成。現時代的人也有要做的工和要盡的責任。我們要帶來經得起火煉建立根基的材料……如金、銀、寶石。一個忠心傳講生命之道，引領男女走上聖潔與平安道路的基督徒，就是帶來了牢固的建立根基的材料，在上帝的國裏，他就是聰明的建造者。

神聖的權能必與我們的努力聯合。當我們用信心的膀臂握住上帝時，基督就必將祂的智慧與公義分賜給我們。這樣，靠賴祂的恩惠，我們便能在穩固的根基上建造了。

以賽
亞書

28：16

所以，主耶和華如此說：「看哪，我在錫安放一塊石頭作為根基，是試驗過的石頭，是穩固根基，寶貴的房角石；信靠的人必不著急。」

為保存的能力

基督這句話語，讓我們略微得知人間感化力的價值。這是與基督合作的感化力，要幫基督所幫的人，要傳授正確的原則，並要阻止世界的腐化。要散發基督賜予的恩典，要藉著誠懇的信心及愛心，配合著純潔榜樣的能力，去提高並煉淨人的生活與品格。上帝的子民要在世上進行改革和保存的工作，他們要抵抗罪惡的破壞腐化勢力。

上帝的子民在世上的任務，是要抑制罪惡，而使人類趨於高尚、清潔與尊貴。仁慈、親愛與樂善好施的原則，要根除在社會與教會中自私自利的心。一般男女們若敞開自己的心門接受上天真理與仁慈的感化力，這些原則就必像沙漠的甘泉一般，湧流出來使萬人復甦，使不毛與缺乏之地再造復新。那些遵行主道之人的感化力，也必有永恆的影響力。他們必帶有屬天平安的愉快，作為一種常存、復甦與啟迪的能力。

要有一種公開的感化力，基督説：「你們的光也當這樣照在人前，叫他們看見你們的好行為，便將榮耀歸給你們在天上的父。」

那從接受耶穌基督之人身上所閃耀的光，並不是他們自己有的，而是從世界之光與生命的主來的。基督是一切相信之人的真光、生命、聖潔與成聖因素，而且祂的光已包括在基督徒一切的善行中。祂的恩典在許多不同的方式上起到了鹽的作用，這鹽無論在家庭或在社會方面，都可能成為一種保存的能力，用來保全所有善良的，而滅盡所有邪惡的。真正的宗教乃是世界的光，世上的鹽。

恩惠與知識的泉源不住地湧流。它是取之不盡，用之不竭的，我們都是從這豐滿的源頭得到了供應。

發光照耀

以賽亞書

60：1

興起，發光！因為你的光已經來到！耶和華的榮耀發現照耀你。

基督教是藉著社交與世人接觸。每一個接受了上帝光照的人，就當照亮那些未認識生命之光者的道路。要用因基督恩典而成聖的社交力量，去引人歸向救主。讓世人看出我們並不只是專注意自己的利益，而是渴望他人分享我們的福分和權利。讓他們看出，我們的宗教信仰並沒有使我們變成刻薄無情的人。凡自稱已經找到基督的人，應當像祂一樣，為造福他人而服務。

我們萬不可讓世人錯認基督徒是一班鬱鬱寡歡的人。如果我們的眼睛注視耶穌，就會看見一位慈愛的救贖主，並從祂的面容上接受亮光。哪裏有祂的愛，哪裏就有平安，哪裏也有喜樂，因為那裏就充滿上帝平靜聖潔的信任。

基督的門徒雖然都是人，祂卻希望他們顯出與上帝的性情有分。他們不是雕像，乃是活生生的人。他們的心既得到神恩的雨露所滋潤，便要向「公義的日頭」敞開。那照耀在他們身上的光，就必藉著行為將基督之愛所發的光，反射到別人身上。

昔日的信徒和殉道者所作的見證原是為後人的益處。他們聖潔堅貞的生活模範流芳百世，要鼓勵現代蒙召為上帝作見證的人。古人所接受的恩惠和真理不單是為他們自己，乃是要使認識上帝的知識因他們而普照全地。現今上帝是否也有光亮賜給祂本世代的僕人呢？他們也應當讓它照耀全世界。

我們要成為主的一條通道，將光與恩典輸送與世界。整個教會要同心合意，全然的聯合一致，成為活潑有為的傳道機構，受著聖靈的感動與監督。

與上帝同工

上帝會接納每一位誠心懇切，努力在基督全備的恩典中行在祂面前的人。祂絕不離棄任何卑微戰兢的人。我們相信祂要在我們心內運行嗎？我們相信，若是我們允許，祂要使我們成為清潔神聖，而藉著祂豐盛的恩典使我們配成為祂的同工嗎？我們能否以敏銳而成聖的心志，感謝祂應許將能力給我們，不是因我們配得，而是因我們靠著活潑的信心而祈求基督的義呢？

古時上帝啟示祂的百姓，並不是指定某一特定的階級成就其工，而將其他人排除在外。例如，但以理是猶大的貴族；以賽亞是王族；大衛是牧童；阿摩司是看羊的人；撒迦利亞是從巴比倫來的一個俘虜；以利沙是耕田的農夫。主揀選先知和王子，也揀選貴族和貧民，作祂的代表，教導他們要傳給世人的真理。每個得到主恩惠的人，主都派他們去做工。

每一個人都應該加強體力和智力，無論上帝呼召他去哪裡，他都可以去。以前從基督那裏降在保羅和亞波羅身上，使他們的靈性達到高超地步的恩賜，現在也要降在熱心的基督徒傳道者的身上。上帝要祂的子民有聰明智慧，以致祂的榮光能清楚有力，毫無錯誤地向世界顯明。

沒有讀過多少書，社會地位很低的人，靠著祂的恩惠，有時反在救人的工作上有驚人的成效。他們成功的祕訣便是信靠上帝。主的力量是偉大的，主的指導是神奇的，他們要天天學習主的樣式。

凡有基督住在心中，願將祂的愛向世人顯揚的人，就是與上帝同工，要造福人群的人。當他從主領受恩典分給他人時，他的整個人生就湧流出靈命之泉來。

哥林多
前書

3：9

因為我們是與上帝同工的。

得人的漁夫

上帝的恩典在剛悔改的人身上是逐漸增強的。每次恩典的賜予，我們接受之後，都不要藏在斗底下，而要分贈他人，使人得福。真正悔改的人，必努力拯救那些仍在黑暗中的人。

當你嘗試勸告訓誡在生活中遭遇危險之人時，你所說話語的感化力，是與你自己的榜樣和精神成正比的。你必須是良善的人，才能作良善的事。你自己的心若沒有因基督的恩典而變為謙卑、文雅、柔和，你就不能發揮出改造別人的感化力。在你裏面有了這種改變，你就會自然而然地為造福他人而活，正如玫瑰綻放其芬芳的花朵，葡萄結出紫色的果實一般。

凡心裏充滿上帝恩典的人，必愛將要淪亡的同胞；不論他置身何處都會尋找機會，向疲乏之人說合時的話語。基督徒當柔和謙卑地為他們的恩主效勞，在喧鬧繁忙的生活中保持正直。

我們應盡力諒解別人的軟弱，因為我們對被黑暗的繩索捆鎖的，和缺少意志和道德能力之人的內心所知甚少。

有時，我們用工夫在人身上不立刻見效，就灰心了。只要還有一線希望，我們絕不可以在一個人身上停止工作。人的性命是寶貴的，捨身救人的主付了這樣高的代價，焉容我們讓這些人輕輕放在魔鬼的手中呢？若沒有一雙幫助的手，許多人是不會自己復原的，然而若有人存著耐心不斷地去幫助他們，就可以救他們。不過這種人需要輕輕地柔語、仁慈的體貼和切實的幫助。基督能夠救起那最污穢的罪人，使他們成為上帝的兒女，與基督一同承受永生。神恩的奇能，可以使許多人有偉大的作為。

馬太
福音

4：19

「耶穌對他們說：『來跟從我，我要叫你們得人如得魚一樣。』」

業已完成的工作

上帝的聖工既不是人力所建立的，人的能力也不能將它摧毀，對
於那班面對艱難與敵對，仍究繼續推進祂聖工的人，上帝會經常
指導他們，也會讓祂的天使護衛他們。祂在地上的工作永不停止。
祂靈殿的建造工作必繼續推進，直到大功告成，殿頂的石頭也被
安上，並有人聲發出説：「願恩惠恩惠歸與這殿！」

基督已經將神聖的任務交給祂的教會。每一個教友都應當願意被
上帝使用，將祂恩典的財寶，就是基督測不透的豐富傳與世人。
救主所最期望的，就是我們能向世人表現神的靈和祂的聖德。世
界所最需要的，就是由人所表現出的救主之愛。

教會乃是上帝用來宣傳真理的機構，蒙祂賦予能力從事特殊的工
作，只要我們效忠於祂，順服祂一切的命令，上帝恩典的豐盛就
會充滿我們。只要我們忠於職守，尊榮以色列的上帝，就沒有任
何的權勢能與我們抗衡。

基督切望用祂豐盛的權能加給祂子民力量，這樣整個世界都可以
包覆在恩的氛圍中。當祂的子民全心全意將自己降服於上帝
時，這一旨意就成全了。基督必居住在人裏面，而人也必住在祂
裏面，在這整個過程中會顯示無窮上帝的品德，而不是有限人類
的品格。

用神聖能力織成品格的優美織物，必從上天接受亮光與榮耀，並
在世人面前作為指向永生上帝寶座的證據，而聖工就必加倍的帶
著能力堅穩地向前邁進。👤

撒迦利亞書

4：7

他必搬出一塊石頭，安在殿頂上。人且大聲歡呼說：「願恩惠恩惠歸與這殿！」

The Covenant of Grace

恩典的約

你們當就近我來；側耳而聽，
就必得活。我必與你們立永
約，就是應許大衛那可靠的
恩典。

MAY
01
五月一日

創世以前

恩典的旨意與計劃遠從萬古即已存在。在世界還未奠基之先，上帝已經定意要創造人類，並給他們遵行祂旨意的能力。人類的背逆，以及隨後的種種後果，並不是全能者所不知道的，雖然如此，但這並沒有攔阻祂不實行祂永恆的美意，因為上帝要在公義上建立祂的寶座。上帝從起初就知道末後的事。故此救贖一事並非事後的補救辦法，而是永恆的旨意，不但要為這微小的世界，也要為上帝所造的諸世界帶來福氣。

諸世界的創造，福音的奧祕，都是為了同一宗旨，就是要藉著大自然和基督，向所有被造的生靈闡明上帝品格的榮耀。上帝「將祂的獨生子賜給他們，叫一切信祂的，不至滅亡，反得永生」，這樣不可思議之愛的表現，就使上帝的榮耀向淪亡的人類和其他諸世界的生靈顯示出來了。

耶穌用自己人性的膀臂擁抱著人類，而祂神性的膀臂又堅握著永恆。祂是上帝與有罪人類之間「聽訟的人」，是一位「可以向我們兩造按手」的神。（伯9：33）

這使上帝與世人合一的偉大救贖計劃的條款，乃是基督自萬古之時所安排的。恩典的約曾經啟示給先祖們，那與亞伯拉罕所立的約……是上帝藉基督所證實的約，也就是傳給我們的福音。保羅論到傳揚耶穌基督的福音說，這「永古隱藏不言的奧祕，堅固你們的心。這奧祕如今顯明出來，而且按著永生上帝的命，藉眾先知的書指示萬國的民，使他們信服真道。」（羅16：25 − 26）

提摩太後書

1：9

上帝救了我們，以聖召召我們，不是按我們的行為，乃是按祂的旨意和恩典；這恩典是萬古之先，在基督耶穌裏賜給我們的。

永約

人類的得救，自古以來就是天庭議會所討論的主題。世界尚未奠基之前，恩典的約就已經成立了。它自亙古已存在，因此稱為永約。正如上帝沒有一時不存在，永遠常在者也永遠喜悅向人類顯示祂的恩典。

從善惡的大爭戰開始之時起，撒但的目的就是要誣衊上帝的品德，並引起叛亂來反抗祂的律法；雖然罪惡盛行，但上帝的計劃還是能穩健地完成；祂向一切受造的人顯明了祂的公義和慈悲。全人類雖然因撒但的試探違犯了上帝的律法；但藉著上帝兒子的犧牲，祂已經打開了一條門路，使他們能歸向上帝。藉著基督的恩典，他們就能服從上帝的律法。故此在各世代中，雖然有人背道和叛逆，上帝還是聚集了一班忠於自己的子民，就是將上帝的「訓誨存在心中的民」。

雖然，在不同時代，人的需要不同，上帝工作的發展程度不同，祂權能顯示的方式也不同，但上帝的工作在各時代都是一樣的。從第一次發出福音應許的時候起，經過先祖和猶太人的時期直到今日，上帝的旨意在救贖的計劃中逐步地顯示出來。那在西奈山上頒布律法，並將儀文律法的條例交給摩西的，就是在山邊發揮寶訓的基督。教師原是一位，上帝所要的和祂政權的原則也都是一樣的。

當上帝在地上的工作將結束時，祂律法的標準將被再高舉。上帝絕不會毀棄祂的約，也不會改變祂口中所出的話。祂的話永遠堅定，如同祂的寶座一樣不能改變。🔔

以賽亞書

55：3

你們當就近我來；側耳而聽，就必得活。我必與你們立永約，就是應許大衛那可靠的恩典。

MAY
03
五月三日

在伊甸園中

恩典的約起初是在伊甸園與人訂立的，那時人類墮落了，上帝應許女人的後裔要傷蛇的頭。這約向人提供赦罪和上帝恩典的幫助，使人能藉著相信基督而順從上帝。同時也向他們保證，如果他們忠實履行上帝的律法，他們也蒙應許得到永生。古代一切先祖都是這樣得到了救贖的盼望。

亞當與夏娃在受造之時，已賦有上帝律法的知識。這律法已銘刻在他們的心版上，他們也曉得律法向他們的要求。

上帝的律法在人類未受造之前就已存在了。它是適用於聖潔生靈的，就連天使也都服於律法的管束。人類墮落之後，公義的原則沒有改變。律法並未刪除任何部分，神聖的律例也沒有可以改善的地方。正如它從起初是存在的，也必照樣繼續存在到永世無窮。

亞當犯罪之後，律法已經有明確的安排，要應付人類墮落的情況。基督與祂的父商議，設立了獻祭的制度；使死亡不但不會立時臨到犯罪者的身上，反而要移到預表上帝兒子的偉大全備的祭物上。藉著祭牲的血，人就可以憑著信心仰望除去世人罪孽之基督的寶血。

基督在地上的使命並非要廢掉律法，乃要藉著祂的恩典使世人轉回服從律法的條例。基督藉著祂自己對律法的順服，證明了律法永不變更的性質，也證實了靠著祂的恩典，亞當的眾兒女都能完全地遵守律法。

創世記

3：15

我又要叫你和女人彼此為仇；你的後裔和女人的後裔也彼此為仇。女人的後裔要傷你的頭；你要傷祂的腳跟。

與挪亞分享

當罪惡遍滿全地時，上帝說：「我要將所造的人……都從地上除滅，……唯有挪亞在耶和華眼前蒙恩。……挪亞是個義人，在當時的世代是個完全人。挪亞與上帝同行。」（創6：7－9）

挪亞一方面要向民眾宣傳，另一方面也要照上帝的指示造一隻方舟，好救他自己和全家的人。他不但要宣講，而他建造方舟的行動，更是要向眾人證明他深信自己所傳講的。

挪亞並沒有忘記保全他們性命的恩慈上帝，「一出方舟」便立時築一座祭壇，並在其上獻上燔祭，表明他相信偉大的犧牲者基督，以及他對上帝偉大保護的感謝。挪亞所獻的祭，猶如芬芳的香氣上達上帝面前。上帝悅納了所獻的祭，就賜福與挪亞和挪亞的家屬。

上帝為了免得世人以後看到密雲和驟雨就心裏恐懼，便用以下的應許親切地鼓勵挪亞的全家說：「我與你們立約，凡有血肉的，不再被洪水滅絕，……上帝說：『我與你們並你們這裏的各樣活物所立的永約是有記號的。我把虹放在雲彩中，這就可作我與地立約的記號了。……虹必現在雲彩中，我看見，就要記念我與地上各樣有血肉的活物所立的永約。』」（創9：11－16）

上帝也把賜給挪亞有關洪水的保證，和祂一個最寶貴且與恩典有關的應許結合起來說：「我怎樣起誓不再使挪亞的洪水漫過遍地，我也照樣起誓不再向你發怒，也不斥責你。大山可以挪開，小山可以遷移；但我的慈愛必不離開你；我平安的約也不遷移。這是憐恤你的耶和華說的。」（賽54：9－10）

創世記

9：8－9

上帝曉諭挪亞和他的兒子說：「我與你們和你們的後裔立約。」

向亞伯拉罕重申

MAY 05
五月五日

洪水之後地上的居民再度增加起來，罪惡也同時加多了。主最後不得不任憑這些不後悔的罪人去順隨其惡道，而揀選閃的後代亞伯拉罕，使他遵守祂的律法並傳給後代的人。

創世記

17：7

我要與你並你世世代代的後裔堅立我的約，作永遠的約，是要作你和你後裔的上帝。

上帝在以下的應許中，與亞伯拉罕重立這約：「地上萬國都必因你的後裔得福。」（創22：18）這應許是指著基督說的。亞伯拉罕明白這一點（見加3：8－16），他也相信基督赦免了他的罪，而且那使他得稱為義的，就是這個信心。上帝與亞伯拉罕所立的約，也維護了律法的威信。耶和華向亞伯拉罕顯現，說：「我是全能的上帝，你當在我面前作完全的人。」（創17：1）上帝為祂忠心僕人所作的見證是：「亞伯拉罕聽從我的話，遵守我的吩咐和我的命令、律例、法度。」（創26：5）

這約雖然向亞當訂立，又向亞伯拉罕重申，但是直到基督受死才能生效。這約從上帝第一次發出救贖的消息時，就因上帝的應許而成立；人也曾因信而接受了它；但是它必須經過基督確定之後，才能稱為新約。上帝的律法是這約的基礎，因為這約是使世人重新與上帝旨意和諧的方法，使他們能遵守上帝的律法。

世人若在這與亞伯拉罕所立的約之下不能遵守上帝的誡命，每一個人就都要滅亡了。亞伯拉罕的約是恩典的約。「你們得救是本乎恩。」（弗2：8）試問，我們是背逆的兒女嗎？不，乃是順從祂一切命令的。

亞伯拉罕毫無疑問的順服，是聖經中信心與倚賴上帝最顯著的例證之一。上帝今日的信使也正需要這樣的信心和倚賴。

恩約的條款

起初上帝將祂的律法賜給人，作為獲取幸福和永生的媒介。

十條誡命中的「當」和「不可」是十個應許，向我們保證，要我們順從這掌管全宇宙的律法，「你們若愛我，就必遵守我的命令。」（約 14：15）這是上帝律法的總綱和實體，亞當的眾兒女得救的條款也在此列出要點了。

這賜給人類至大慈愛的十誡律法，是上帝從天上向人賜下應許的聲音：「你們如此行，就不致於落在撒但的統治與權勢之下。」律法並沒有負面的含義，雖然表面上看來好像是，其實律法就是「行則得生」。

現今承受永生的條件與往昔無異——正如始祖在樂園中尚未墮落之前所有的一樣——要完全順從上帝的律法，完全行義。若刪除此點而根據其他條件賜下永生，則整個宇宙的福樂就會受到影響了。這樣便為罪惡開了門路，而它所帶來的禍患與痛苦便將貽害無窮了。

基督絕不減低律法的要求。祂用明白無訛的話說明，順從律法是承受永生的條件，也就是亞當在墮落之前向他要求的。上帝在恩典的約之下所提出的條件，和祂在伊甸園所提出的條件，是同樣寬廣的，就是要與上帝的聖潔、公義、良善的律法諧和一致。

舊約之時所提出的品格標準，與新約之時所提示的是一樣的。這個標準並不是我們所不能達到的。在上帝所頒布的每一條命令或禁戒中，都有一個最肯定的應許，作為命令的基礎。上帝已作好安排，使我們愈來愈像祂，而且祂必為一切不以剛愎意志阻攔祂恩典的人成全這事。

出埃及記

19：5

如今你們若實在聽從我的話，遵守我的約，就要在萬民中作屬我的子民。

世人的應許

出埃
及記

19：8

百姓都同聲回答說：「凡耶和華所說的，我們都要遵行。」摩西就將百姓的話回覆耶和華。

另外一個約（除了與亞伯拉罕所立的約之外）——經上稱為「舊」約——是上帝與以色列人在西奈山所立，當時用犧牲的血來確定的。但亞伯拉罕的約是用基督的血來確定的，所以稱為「第二個」約，或「新」約，因為確定這約所流的血，是在為確定第一個約所流的血之後。

以色列人在西奈山安營之後不久，摩西就被召上山與上帝相會。這時以色列民將要與至高者建立密切而特別的關係，就是在上帝的政權之下，建立一個教會和國家。摩西傳給百姓的信息是：「你們若實在聽從我的話，遵守我的約，就要在萬民中作屬我的子民，因為全地都是我的。你們要歸我作祭司的國度，為聖潔的國民。」（出 19：4－6）

摩西回到營中，召了以色列的長老來，把上帝的話傳給他們。他們回答說：「凡耶和華所說的，我們都要遵行。」這樣，他們就與上帝立了莊嚴的誓約，要接受祂為他們的王，藉此他們就在一種特殊的關係上，成了祂權下的子民。

以色列民在埃及為奴，大都不太明白上帝與亞伯拉罕所立之約的原則。他們居住在拜偶像敗壞的風俗中，對上帝的聖潔不是很清楚；他們內心的罪惡極重，無力順從上帝的律法，故此他們需要一位救主。上帝領他們到西奈山，顯示了自己的榮耀；又將律法賜給他們；如果他們順從，就會給他們極大的福分。百姓不明白……沒有基督就不可能遵守上帝的律法。他們既覺得能建立自己的義，就公然說：「耶和華所吩咐的，我們都必遵行。」（出 24：7）

更美的應許

MAY

08

五月八日

以色列人曾蒙特別的吩咐不可忽略上帝的誡命，他們順從這些誡命就必得到能力與福惠。

他們曾看見上帝在可畏的威嚴中頒布律法，也曾在西奈山前恐懼戰兢；但僅僅過了幾週，他們就破壞了與上帝所立的約，在雕刻的偶像前跪拜。他們破壞了約，就不能希望得到上帝的恩眷；如今，他們既看出自己的罪孽深重和需要赦免，就受感動覺得需要救主，就是亞伯拉罕立約所顯示和獻祭制度所預表的。藉著信和愛，他們就與拯救他們脫離罪惡捆綁的上帝堅定了盟約。這時他們才準備好可以賞識到新約的福。

「舊約」的條件乃是順命者生；「人若遵行就必因此活著。」（結20：11；利18：5）「不堅守遵行這律法言語的，必受咒詛！」（申27：26）「新約」則是憑「更美之應許」立的，這應許包括赦罪，上帝更新人心，並使我們與上帝律法原則相符的恩典。

新約的福惠完全是基於赦免不義和罪孽的恩典。凡謙卑己心，承認己罪的人，都必得到憐恤、恩典與保證。上帝這樣向罪人顯示憐恤，就廢除了公義嗎？難道祂不再尊敬聖潔的律法，也不再過問違背律法的行為嗎？上帝是信實的，祂永不改變。得蒙拯救的條件始終是一樣的。生命，永遠的生命，要歸與凡遵守上帝律法的人。

在新約之下獲致永生的條件，與在舊約之下是一樣的，就是完全的順服。在新的更美的約之下，基督已為違背律法的人滿足了律法的要求，只要他們因信接受祂為自己個人的救主。我們在這更美的約之下，已蒙耶穌的寶血洗淨我們的罪了。

希伯
來書

8：6

耶穌……作更美之約的中保；這約原是憑更美之應許立的。

寫在心上

聖靈要把刻在石版上的律法刻在人的心上。我們不是要建立自己的義，乃是要接受基督的義。衪的血要為我們贖罪。衪的順從要成為我們的順從而被悦納。然後被聖靈更新的心，就要結出「聖靈的果子」來。藉著基督的恩典，我們便能順從寫在我們心版上的上帝律法了。有了基督的靈，我們就能照主所行的去行。

上帝的兒女——特別是凡初信衪恩典的人——必須慎防兩種錯誤。第一種錯誤，就是倚賴自己的行為，想靠行為使自己與上帝和好。想要藉著遵守律法的行為來成聖的人，是在嘗試一件不可能的事。

與此相反但同樣危險的錯誤，就是人相信基督，就可以不必遵守上帝的律法；我們以為因著信能分享基督的恩典，我們的行為便與得救無關了。律法若已寫在心上，它豈不是要影響人的生活嗎？信心不但不使人免於順從，反之，唯有信心才能使我們分享基督的恩典，才能使我們表現順從。

只有在相信上帝的聖言，順從衪旨意的地方，只有在將心志歸順於衪，集中愛衪的地方，那裏才有信心——就是生發仁愛以致潔淨心靈的信心。藉這樣的信心，人心才能更新成為上帝的形像。沒有更新的心靈不服上帝律法，也是不能服的，但更新之後，他們就能以神的律例為樂，且與詩人一同揚聲説：「我何等愛慕你的律法，終日不住地思想。」（詩 119：97）於是律法的義便「成就在我們這不隨從肉體、只隨從聖靈的人身上」了。（羅 8：4）

耶利米書

31：33 — 34

那些日子以後，我與以色列家所立的約是乃是這樣：我要將我的律法放在他們裏面，寫在他們心上。……我要赦免他們的罪孽，不再記念他們的罪惡。這是耶和華説的。

悔改的恩賜

MAY

10

五月十日

悔改是救恩初結的善果之一。我們偉大的教師，在祂賜予犯錯墮落之人類的教訓中，向我們提供祂救恩的賜生命之能。祂說，藉著這恩典，世人便能度聖潔純淨的新生活。過這種生活的人，乃是實踐天國的原理。蒙上帝的教導，他就帶領其他人走上正直的道路。他絕不會領瘸腿的人走上不確定的路途。聖靈在他生活中的運行，證明他已與上帝的性情有分。每一個有基督的靈在內心運作的人，都能領受豐富的恩典供應，以致不信的世人看見他的好行為，就承認他是受到神的權能所管轄扶持，便將榮耀歸與上帝。

研讀〈以西結書〉第三十四章，其中供給我們至寶的鼓勵。主說：「我必拯救我的群羊不再作掠物。」「我必與他們立平安的約。」

這平安之約的顯著特點，就是上帝如何將饒恕的大恩，賜給願意悔改離開罪惡的人。聖靈說，福音就是經由上帝所賜溫慈的救恩。主向悔罪之人說：「我要寬恕他們的不義，不再記念他們的罪愆。」（來 8：12）上帝這樣憐恤罪人，是否撇棄了公義？不，上帝不能容許人隨意違犯而侮辱祂的律法。在新約之下，完全的順從是人存活的條件。罪人若悔改認罪，他就必得赦免。藉著基督為他的犧牲，他就得到了赦免的保證。基督已經為每一悔改而相信的罪人滿足了律法的要求。

基督為我們成就的救贖，在天父看來是完全豐盛而滿意的。上帝是公正的，但也為所有相信的人主持公義。

使徒
行傳

5：31

上帝且用右手將祂高舉，叫祂作君王，作救主，將悔改的心和赦罪的恩賜給以色列人。

MAY

11

五月十一日

赦罪的恩賜

公義不但要求罪惡得赦免，也要求執行罪惡的死刑。上帝將祂獨生兒子賜給世人，就滿足了這兩種要求。基督既代替世人受死，既受了刑罰也提供了赦免。

上帝要求我們承認自己的罪，在祂面前謙卑己心；然而同時我們還須信任祂為慈憐的父親，祂絕對不會撇棄信靠祂的人。上帝並不會因我們的罪丟棄我們。我們或許會犯錯，使祂的聖靈擔憂；但我們一旦悔罪，以痛悔的心到祂面前來，祂就絕不拒絕我們。但我們必須移除與上帝隔絕的障礙物，例如內心中對人不良的想法、驕傲、自負、不忍耐與發怨言等，這一切都會使我們與上帝隔絕。我們必須承認自己的罪，讓恩典更深切的運行在我們心中。

我們必須在基督的門下學習。唯有祂的義能使我們有權領受恩典之約所供備的福分。我們可能想依仗自己，覺得有能力可以救自己；但其實正是因為我們完全無能為力，耶穌才為我們受死。我們的盼望，得稱為義，以及我們的義，全都在乎祂。

耶穌是我們獨一的救贖主；雖然千千萬萬需要醫治的人會拒絕祂的憐憫，但所有信賴祂功勞的人，都不會被撇下而遭受滅亡。

或許你認為自己犯了無可救藥的罪，但正因如此，你才需要一位救主。假若你有需要承認的罪，不要耽誤片刻，要抓住當前的大好時機。「我們若認自己的罪，上帝是信實的、是公義的，必要赦免我們的罪，洗淨我們一切的不義。」（約壹1：9）凡饑渴慕義的人都必得飽足；因為這是耶穌的應許。寶貴的救主啊！祂已經敞開膀臂要接納我們，祂那偉大慈愛的心等著要賜福給我們。

尼希米記

9：17

你是樂意饒恕人，有恩典，有憐憫，不輕易發怒，有豐盛慈愛的上帝，並不丟棄他們。

因信得蒙悅納

MAY
12
五月十二日

隨便談論宗教，毫無心靈飢渴和活潑信心的祈禱，都是沒有效力的。名義上相信基督，只承認祂為世人的救主，永不能使心靈得醫治。使人得救的信心，不僅是理智上的贊同真理而已。人若要完全明白才肯相信，就不能領受上帝的恩典。僅僅相信基督的事蹟是不夠的；我們必須信靠基督本身。唯一使我們得益的信心，乃是接受基督為個人的救主，並接受祂功勞的信心。

有許多人以為信心是一種觀念，其實救人的信心，是接受基督的人藉著上帝的約與祂聯合的過程。真正的信心是有生命的。活潑的信心意味著能力的增強和堅穩的倚靠，如此人的心靈就能成為制勝的力量。

真實的信心要認基督為個人的救主。上帝將祂的獨生子賜給世人，叫我因信祂而「不致滅亡，反得永生。」（約3：16）當我聽祂的話，來到祂面前時，我就相信自己已經接受了祂的救恩。現在我過的生活，「是因信上帝的兒子而活，祂是愛我，為我捨己。」（加2：20）

使徒保羅清楚地說明，在新約之下信心與律法之間的關係。他說：「我們既因信稱義，就藉著我們的主耶穌基督得與上帝相和。」「這樣，我們因信廢了律法嗎？斷乎不是！更是堅固律法。」「律法既因肉體，有所不能行的」，律法不能使人稱義，因為人罪惡的本性不能遵守律法──「上帝差遣自己的兒子，成為罪身的形狀，作了贖罪祭，在肉體中定了罪案，使律法的義成就在我們這不隨從肉體、只隨從聖靈的人身上。」（羅5：1；3：31；8：3－4）

加拉
太書

3：26

所以，你們因信基督耶穌都是上帝的兒子。

以上帝的律法為標準

大地基礎尚未奠定之前，就已經有上帝的約，保證那些順命的人，那些藉著恩典養成聖潔品格，在上帝面前無可指摘的人，只要他們接受恩典，就能成為上帝的兒女。這來自永恆的約，在基督降生之前數百年早已賜給亞伯拉罕了。基督來到世上，就是要熱情地關注世人，要看他們是否能充分利用上帝給他們的恩典。

基督在祂的教訓中，闡明了西奈山上所頒律法的原則是何等地遠大。祂用自己的人生顯示了律法的原則，就是永恆偉大公義的標準，也是審判大日案卷展開時眾人受審的標準。祂來為要盡諸般的義，而且身為人類的元首，要讓世人知道，他們可以照樣行，來達成上帝所要求的每一條件。藉著祂給世人的無量恩典，沒有一個人會錯失進天國的機會。每個努力的人，都可以得到完全的品格。這就是福音新約的基礎，耶和華的律法乃是樹；福音乃是它開的芬芳花朵和所結的果實。

上帝的律法是祂品德的寫真，也是祂國度的基本原則。那不肯接受這原則的人，就是將自己放在祂賜福的通路之外了。

放在以色列人面前，將來可能有的榮耀情形，只有藉著順從上帝的誡命才能實現。這同樣高尚的品格和豐滿的福分，就是身體心靈，家庭與田園，以及今生和來世的福分，人只能藉著順從才能得到。

不要把標準降低，乃要將它高舉，仰望為我們信心創始成終的主。

傳道書

12：13

這些事都已聽見了，總意就是：敬畏上帝，謹守祂的誡命，這是人所當盡的本分。

順服的諾言

上帝在西奈山與祂的子民所立的約，要作為我們的避難所與保障。這約今日仍然有效，正如主與古時以色列民立約的時日一樣。

這也是上帝子民在末後的日子所當立的誓約。他們得蒙上帝悅納，全在乎他們忠誠地履行與祂所定的協議。凡肯順從祂的人，上帝都包括在祂約的範圍內。對於一切秉公行義，禁止己手而不作惡的人，有應許說：「我必使他們在我殿中，在我牆內，有記念，有名號，比有兒女的更美。我必賜他們永遠的名，不能剪除。」（賽56：5）

天父將祂的慈愛歸給祂住在人間的選民。這班人是基督用祂的寶血為代價所救贖的；因為他們被基督吸引，得到上帝至大的憐恤，就蒙揀選得救作祂順命的兒女。上帝白白賜予的恩典，和祂疼惜他們的大愛，在他們身上就顯明了。每一個願意自卑像小孩子，以赤子般的純真接受並順服上帝聖言的人，都必列入上帝選民之中。

我們要得到上帝的恩典，就必須盡到自己的本分。主並不能代替我們立志或行事，祂給我們恩典，要催促我們去立志或有所行動，但永不能代替我們的努力。

人應該將自己的人生和基督的人生做比較。他也應該效學那位遵行耶和華律法者的榜樣，因為祂曾說過「我遵守了我父的命令。」跟隨基督的人要經常察看全備而使人自由的律法，並藉著基督賜給他們的恩典，照著神聖的標準來陶冶他們的品格。👤

出埃及記

24：7

又將約書念給百姓聽。他們說：「耶和華所吩咐的，我們都必遵行。」

MAY
15
五月十五日

洗禮的作用

基督定洗禮為進入祂屬靈之國的門路。祂確定這是一個積極的條件，是任何希望被承認為屬聖父、聖子、聖靈權下的人都應該依從的。領受洗禮的人藉此公開宣稱：他們已經放棄世界，成為王室的分子，天上大君的兒女。

基督囑咐凡領受這一禮節的人，當記念他們已經發出嚴肅的誓約，要為主而生活。他們要為祂使用賦予他們的一切才幹，不要忘記他們身上帶著遵守第四誡之安息日的記號，他們是基督之國的公民，已與神的性情有分。他們要將一切所有的都歸服於上帝，用自己的全部天賦榮耀上帝。

凡奉父、子、聖靈三位一體的名而受洗的人，在他們基督徒人生一開始時，就公開聲稱是已經接受了以下的邀請：「你們務要從他們中間出來，與他們分別；不要沾不潔淨的物，我就收納你們。我要作你們的父；你們要作我的兒女。這是全能的主說的。」（林後6：17－18）「親愛的弟兄啊，我們既有這等應許，就當潔淨自己，除去身體、靈魂一切的污穢，敬畏上帝，得以成聖。」（林後7：1）

但願凡藉著洗禮而領受了上帝印記的人，都留意這些話語，時常記著上帝已在他們身上做了記號，聲明他們是祂的兒女。全知全能的聖父、聖子、聖靈，會接納一切真誠與上帝有立約關係的人。每次洗禮他們都在場，要接納那放棄世界接受基督進入內心的人。這班受洗的人已經加入了上帝的家，他們的名字也記錄在羔羊的生命冊上了。

羅馬書

6：4

所以，我們藉著洗禮歸入死，和祂一同埋葬，原是叫我們一舉一動有新生的樣式，像基督藉著父的榮耀從死裏復活一樣。

並非律法的代替品

MAY
16
五月十六日

撒但詭辯說，基督以死所帶來的恩典取代了律法。其實耶穌的死絲毫沒有改變、廢止或降低十條誡命的律法，救主的寶血帶給世人的寶貴救恩，其實是堅立了上帝的律法。自人類墮落以來，上帝道德的政權和祂的恩典是分不開的，它們一直是同時存在的。

新約的福音並不是要將舊約的標準降低，以便迎合罪人並將在他從罪惡救出來。上帝要求祂所有的子民都完全順服祂一切的命令。

耶穌凡事都受過試探與我們一樣，這樣祂就知道怎樣去救拔受試探的人。祂的生平是我們的楷模。祂藉著甘願順服，證明人可以遵守上帝的律法，而脫離那因不遵守律法而使人受罪的綑綁。

腐敗的生活破壞了人心靈中上帝的形像，所以人自己的努力不能帶來根本的變化。他必須接納福音所提供的，就是藉著順服上帝的律法和信靠耶穌基督與上帝和好，之後他的人生必須遵循一種新的原則。他必須面對著鏡子，即上帝的律法，發現品格上的瑕疵，並除掉罪惡，將他品格的禮服在羔羊的血裏洗乾淨。

福音的感化力應該不會使他認為基督的救贖是一種白白的恩典，以至於他繼續過著違犯上帝律法的生活。當真理的光照耀他的內心，當他完全明白上帝的要求並發覺自己罪惡的嚴重性時，他就必改良自己的行徑，並靠他救主的能力，效忠於上帝，度一種新的純潔人生。

福音的任務並不是要削弱上帝神聖律法的要求，而是要使世人成長到能遵守律法的地步。 🔊

羅馬書

6：15

這卻怎麼樣呢？我們在恩典之下，不在律法之下，就可以犯罪嗎？斷乎不可。

MAY
17
五月十七日

包括愛神愛人

恩典的全部工作，就是不斷地愛人、捨己和犧牲。當基督在地上時，上帝的愛不斷地從祂身上傾瀉出來。凡受聖靈感化的人，也必能像祂一樣愛人。那激勵基督的原則，也必激勵他們建立好的關係。

這愛就是他們作基督門徒的憑據。當人不是被強迫或因私利，而是由於愛而團結在一起，他們就能表現出超過人間一切影響的感化力量。因為有了這合而為一的精神，就可證明上帝的形像正在人身上恢復，並有一種新的生活原則栽培在人心裏。這也顯明上帝完全有抵抗超自然惡勢力的能力，而上帝的恩典會制服人生來就有的私心。

一旦自我消失在基督裏，愛就會自動地發生出來。當我們發自內心地去幫助他人和為他人造福，當天上的陽光充滿我們內心並表露在臉上的時候，基督品格的完美就顯在我們身上了。

有基督住在心中的人不可能缺少愛，如我們因上帝先愛我們而愛祂，我們也必愛一切基督為之受死的人。我們不可能單與神接觸而同時不接觸人類；因為坐在宇宙寶座上的那一位，在祂身上有神性和人性的結合。我們既與基督聯合，也就因愛的連接與我們的同胞相聯合一了。這樣基督的憐愛和慈悲就在我們的生活中表現出來。我們會很自然地為窮苦和遭難的人服務，正如基督素來行善一樣。

上帝的律法告訴我們要先愛上帝，也要愛鄰舍如同自己。當我們靠著耶穌基督的恩典這樣做了，我們就在基督裏得以完全了。

馬太
福音

22：37－39

耶穌對他說：「你要盡心、盡性、盡意愛主──你的上帝。……其次也相做，就是要愛人如己。」

參與品格的建造

我們順從上帝的律法，就會使我們得到佳美的品格，是清潔、聖善、無玷污並和諧的。這樣生活表現了基督福音的信息。當人接受了基督的恩慈以及祂醫治罪惡的大能時，他就和上帝建立了正確的關係。他的生活既除去了虛榮與自私，就被上帝的愛所充滿。他天天順從上帝的律法，就造就了他的品格，可以保證他將在上帝國中享受永生。

但基督並沒有向我們保證，獲得完美的品格乃是一件輕而易舉的事。高尚完全的品格並不是先天遺傳的，它也不是偶然臨到我們的。高尚的品格是藉著基督的功勞與恩典，以及個人的努力方能獲得的。上帝賜予才能，就是意志的能力；而品格是我們建造的。這種品格建立，是要經過艱苦的自我爭戰的。我們要不斷地與固有的罪惡傾向戰鬥。我們必須嚴格地自我批評，而不容保留任何不良的特性。

一個人在屬靈品格中，如果沒有顯示從天上來的能力，以及真理神聖性質的感化力，對他而言，真理並非真理。凡因真理而成聖的人，就必在所接觸之人的身上發揮一種救拔而活潑的感化力，這就是聖經中的宗教。

我們常常需要基督給我們新的啟示，每天都有與祂教訓和諧的經歷。我們是可以達到高尚神聖的境地的，上帝要我們在知識和道德上日日進步。祂的律法在回應祂自己的聲音，邀請著每一個人說：「向高處行；要成聖，聖而又聖。」我們每天都要向著基督徒品格的完美進步。

彼得
前書

2：9

唯有你們是被揀選的族類，是有君尊的祭司，是聖潔的國度，是屬上帝的子民，要叫你們宣揚那召你們出黑暗入奇妙光明者的美德。

需要純潔

生命原是上帝的恩賜。上帝給了我們身體，乃要為祂服務，而且祂甚願我們照顧好自己的身體。我們有身體與心智方面的能力。我們的動機與情感都與身體有關，故此我們不能損害上帝給我們的身體。我們的身體應該保持在最佳狀況，屬靈狀況也應該是最好的，這樣才能善予運用我們的才幹。（參閱林前6：13）

我們的身體是屬於上帝的。祂為了我們的身體和靈魂，付上了救贖的代價⋯⋯上帝很會照顧我們的身體，故此我們在照顧身體的事上，必須與祂合作。愛上帝是生命與健康中最需要的，為要享受完美的健康，我們的心必須充滿希望、仁愛與喜樂。

當嚴格地防備各種低劣的情慾。當我們放縱情慾時，就是在虐待身體了。當情慾被自由放縱時，本來流通全身的血液，能減輕心臟負擔並使大腦清醒的，這時卻要集中於一些身體內的器官上，結果人就會生病。人若不發現這種毛病並加以糾正，就絕無真正的健康可言。

「但與主聯合的，就是與主成為一靈。你們要逃避淫行。」（林前6：17－18）不要為自己找任何的藉口。撒但很樂意看見你被試探所勝。不可與你那懦弱的良心辯論，應當機立斷地離開犯罪之路。

但願那些聲稱自己是聰明的，認為自己有能力應付人生問題的人，都要效法約瑟的榜樣。一個聰明的人絕不會被自己的食慾和情慾所轄制，乃要轄制它們。他必親近上帝，力求預備身心能面對人生的各樣事務。撒但乃是破壞者，基督卻是恢復者。

帖撒羅尼
迦前書

4：7

上帝召我們，本不是要我們沾染污穢，乃是要我們成為聖潔。

促進基督化的人生

上帝的福音不應該是沒有生氣的理論，而應該是改變人生的活力。上帝期望一切領受祂恩典的人，為恩典的能力作見證。祂要祂的僕人作見證，藉著上帝的恩典，人可以具有基督化的品格，而且可以因祂大愛的應許而喜樂。祂也要我們向世人說明，直到人類重新得到作祂兒女的神聖特權，祂是不會放棄的。

上帝子民的特徵乃在乎他們全心全意的事奉祂，毫不求名望，時時記著自己已立了嚴肅的誓約要單單事奉主。

上帝要祂的兒女達到完全的地步。祂的律法是祂品德的副本，也是一切品格的標準。人人都可以看見這無限的標準，故此我們可以很清楚地看明上帝究竟要怎樣的人來組成祂的國度。基督在地上的生活是上帝律法的完美表現，凡自稱為上帝兒女的人在品格上變成基督的樣式時，他們也必遵從上帝的誡命。這樣主才能讓他們成為天上家庭的一分子。他們既穿上基督光榮的義袍，就可以參加王的筵席，也有權加入那被血洗淨的群眾中。

我們當根據基督的榜樣去觀察萬事。祂是真理也是真光，要照亮一切生在世上的人。當傾聽祂的話語，效法祂克己和自我犧牲的榜樣，並依仗基督的功勞，這樣就可以得到上帝聖德的榮耀。凡跟從基督的人活著並非求自己的喜悅。人的標準猶如微弱的蘆葦；但主的標準卻是品格的完全。

約翰
一書

2：6

人若說他住在主裏面，就該自己照主所行的去行。

全心全意

上帝在古時與祂子民所立的約中指示他們，當如何忠實地認定祂曾經為他們施行了仁慈而奇妙的作為。上帝拯救了祂的子民以色列人出離埃及為奴之地。祂帶領他們進入他們自己的土地，賜給他們美好的產業和穩定的住所。祂要求他們承認祂奇妙的作為。地上初熟的果子都要獻與上帝為聖，歸給祂作為感恩祭，承認祂向他們所行的善事。

主給祂子民這種種的指示，目的是要說明上帝之國律法的原則。這些指示都很明確，所以民眾不會覺得含糊或不明其意義。這些經文告訴我們，從上帝得到生命與健康，以及屬世與屬靈福利之人應有的責任。這信息並沒有因年日長久而削弱，上帝的要求至今仍然有效和重要，正如上帝不斷賜給我們的恩賜一樣。

為了避免人們忘記這些重要的指示，基督也親口將其重申。祂號召自己的門徒度一種獻身捨己的生活。祂說：「若有人要跟從我，就當捨己，背起他的十字架來跟從我。」（太16：24）這經文的意義很明顯。我們唯有藉著克己犧牲，才能證明自己是基督的真門徒。

基督認為有必要提醒祂的子民：遵守上帝的誡命，乃是為了他們現在和將來的福惠。順從帶來福惠，不順從則遭受咒詛。此外，主若以特殊的方式眷愛祂的子民，祂便勸他們要公開承認祂的良善。如此祂的名便得了榮耀；因為這樣的承認證明了祂的話是誠信真實的。「要因耶和華——你的上帝所賜你和你家的一切福分歡樂。」（申26：11）

申命記

26：16

耶和華——你的上帝今日吩咐你行這些律例典章，所以你要盡心盡性謹守遵行。

相互約定

假使我們要履行與上帝所立的約，我們就應該毫無保留地奉獻自己的錢財和服務。上帝誡命的用意是要顯明人不但對於上帝，也對同胞有當盡的義務。在這世界歷史的末期，我們不可因自己的私心、懷疑或爭辯上帝是否有這樣要求的權利。不然我們就是自欺，而我們也無法享有上帝豐厚的福氣。我們的心思、意念和心靈都應該和上帝的旨意相結合。於是那憑無窮智慧所命定，而以萬王之王，萬主之主的能力和權威所承諾的約，便成為我們的喜樂了。而祂已經聲明，謹守遵行祂的律例典章是祂子民的生命與興盛的保證。

上帝聖約的福惠是互相關連的，上帝悅納那些榮耀祂的聖名，使祂的名在背道和拜偶像的世界中得到稱讚的人。遵守誡命的子民要高舉上帝，上帝也使他們「得稱讚、美名、尊榮，超乎祂所造的萬民之上。」（申26：19）

藉著領受浸禮的約言，我們嚴肅地承認主耶和華是我們的統治者。我們是奉父、子、聖靈的名，與祂立了嚴肅的誓約，從此我們的人生要與這偉大的三位一體聯合，而我們的生活必是一種忠心遵守上帝聖律法的人生。我們宣稱自己已經死了，生命已與基督一同藏在上帝裏面，從此以後我們要和祂同行，度新的人生，作有新生經驗的人。我們承認上帝與我們所立的約，承諾要尋求上面的事。在那裏有基督坐在上帝的右邊，我們藉著信仰的表白，承認主為我們的上帝，並答應要遵守祂的誡命。

申命記

26：17－18

你今日認耶和華為你的上帝，應許遵行祂的道，謹守祂的律例、誡命、典章，聽從祂的話。耶和華今日照祂所應許你的，也認你為祂的子民，叫你謹守祂的一切誡命。

恩約的福惠

路加
福音

6：38

你們要給人，就必有給你們的，並且用十足的升斗，連搖帶按，上尖下流地倒在你們的懷裏；因為你們用什麼量器量給人，也必用什麼量器量給你們。

上帝賜福給人手所作的工，使他們可以將祂的那份歸還給祂。祂賜給他們陽光和雨水；祂使植物茂盛；祂賜予健康和得貨財的力量。每一種福惠都從祂寬厚的手而來，而祂也期望世人獻納十分之一和各項捐款——感恩捐、樂意捐、贖愆捐。他們應該無私地關懷祂在世界各地的聖工。

在警戒世界的大工上，凡心靈懷藏真理，並因真理而成聖的人，都要盡自己的本分，他們應該忠心獻納十分之一和樂意捐。每一個與上帝立約的教友，都當克己而免除一切奢侈的花費。但願我們不因家庭經濟不足夠而無法加強那已經創立的聖工，或是進入新的工作地區。

我懇勸全世界的眾弟兄姊妹，要覺悟到自己有交納十分之一的責任。要忠於你們的創造主。

那位賜下祂獨生子替你受死的主，曾與你立好了約。祂將諸般的福惠賜給你，而只要求你交納十分之一和樂意捐來報答祂。上帝號召祂人間的代理者要忠誠遵守祂與他們所定的條約。祂說：「你們要將當納的十分之一全然送入倉庫，使我家有糧。」（瑪3：10）

上帝給與世人的該是何等大的恩賜啊！這恩賜又是與祂的神性何等相似啊！祂以一種無可比擬的慷慨賜予我們，以便祂能拯救背逆的人類，使他們能看出祂的旨意並領悟祂的慈愛。你是否願藉自己當納的十分之一和捐獻，表明你認為，沒有什麼是太珍貴的，不能獻給那位「將祂的獨生子賜給他們」的主呢？

以基督的寶血批准

基督在設立聖餐禮代替逾越節的事上，已給祂教會留下了一個祂為世人所作偉大犧牲的記念儀式。祂說：「你們應當如此行，為的是記念我。」這乃是兩種制度和大禮節的轉變點。一個要永遠結束；另一個是祂設立的，要取而代之，並永遠持續，作為祂受死的記念。

基督最後與門徒同享餅與杯時，祂憑著新約確認要作他們的救贖主，這約寫明而且印證：凡因信接受基督的人，在今生和將來的永生中，都必蒙受上天所能賜予的種種福惠。這契約因基督的血得到確定，而祂的血就是舊約祭牲所預表的。基督期望我們經常舉行聖餐，提醒我們記念祂如何捨命犧牲，要赦免凡相信並接受祂的罪人。

在救主死的時候，黑暗權勢似乎是得了勢，並且歡祝他們的勝利。但耶穌從原先為約瑟所預備的墳墓中一出來時，就成了勝過死亡的戰勝者。

耶穌剛復活時還不肯接受祂子民的崇拜，祂必須確知自己的犧牲已經蒙父悅納了。祂升到天庭，從上帝口裏知道自己為人類的罪所作的救贖是充足而有餘的，並知道藉著自己的血可以使萬民得著永生。天父要成就與基督所立的約，就是祂必接納悔改和順服的人，並要愛他們，甚至像愛祂的兒子一樣。而基督要完成祂的工作，履行祂的誓約，「使人比精金還少，使人比俄斐純金更少。」（賽 13：12）

哥林多
前書

11：26

你們每逢吃這餅，喝這杯，是表明主的死，直等到祂來。

MAY
25
五月二十五日

以基督所造成的和睦為印證

基督在十字架上，吸引世人向上帝悔改干犯祂律法的罪。要得蒙赦免，上帝會先感動人悔改，這樣基督就能滿足公義的要求，而且祂已先獻上自己作為贖價。祂傾流的寶血，受傷的身體，滿足了被干犯之律法的要求，使祂能在罪的波濤上築成橋樑。祂肉體受了苦，用受傷而被刺的身體遮蔽無法保護自己的罪人。祂在髑髏地受死所獲的勝利，永遠打破了撒但控告全宇宙的權勢。撒但控告說，上帝不可能作自我犧牲，因此世人也不必這樣做，現在這控告也被推翻了。

基督原是無罪的，否則祂在肉身中所度的人生和在十字架上的死亡，就和其他世人的死亡一樣，沒有使罪人蒙恩的價值了。祂雖然披上了人性，祂的人生卻是與神相聯合的。祂以祭司和犧牲的身分捨棄了祂的生命，將自己毫無玷污地獻給上帝。

基督所成就的救贖，確定了恩典的永約。這救贖也去除了上帝停止不向人類施恩的障礙，使恩惠、憐憫、平安與慈愛毫無保留地賜予亞當後裔中所有的罪人。

基督正在天庭為祂的教會代求，為祂以寶血作贖價拯救的人代求。時間的推移毫不足以減弱祂贖罪祭的效能。無論是死、是生、是高處的、是低處的，都不能叫我們與在基督耶穌裏的上帝之愛隔絕，這並不是因為我們緊握住基督，而是因為祂緊握住我們。如果救恩全在乎我們自己的努力，那我們就不能得救了；然而我們得救乃在於給我們應許的主。我們握住祂的力量似乎是軟弱的，但祂以長兄的愛愛我們；只要我們與祂保持聯合，就沒有人能把我們從祂手中奪去。🔔

以弗所書

1:7

乃是照祂豐富的恩典。
我們藉這愛子的血得蒙救贖，過犯得以赦免，

基督為中保

MAY
26
五月二十六日

亞當與夏娃所犯的罪，造成了上帝與世人的可怕分隔。基督將自己放在墮落的人類與上帝之間，向世人說：「你現在還可來到天父面前，我們已經有計劃，使上帝與世人、世人與上帝和好；藉著一位中保，你可以接近上帝。」而祂正在為你做中保，祂是大祭司，也正在為你代求，你只要進前來，藉著耶穌基督將你的案件呈稟天父，你就可尋得親近上帝的門路。

基督耶穌經常立在祭壇前，為世人的罪獻上祭物，祂是上帝所造真聖所的大祭司。猶太人聖幕種種象徵性的禮節儀式，如今都全無功效了。每日每年預表性的贖罪祭現在也都不再獻上，但因時時有人犯罪，藉著中保奉獻的贖罪犧牲還是必要的。現今耶穌常在上帝面前盡祂的職分，獻上祂所流的寶血，猶如被殺的羔羊一般。

宗教儀式、祈禱、讚美、痛悔認罪，都如馨香之氣從真實的信徒那裏上達天上的聖所；但這一切既經過人類有罪的通道，便染上了污穢，除非以血潔淨，則在上帝那裏就毫無價值。地上諸聖所獻的一切馨香，務須有基督那使人潔淨的血滴滋潤。祂將盛滿自己功德的香爐放在上帝面前；其中毫無屬世腐化的污穢。祂在香爐中收集了祂子民的禱告、讚美與認罪之辭，而在其中加上祂自己無玷污的義。於是，這帶有基督所獻挽回祭功德的香氣，就能上達上帝面前得蒙悅納了。

啊！但願眾人都要看明：一切的順從、痛悔、讚美與感恩，都務須放在基督之義熾燃的火上。

希伯
來書

9：24

因為基督並不是進了人手所造的聖所，……乃是進了天堂，如今為我們顯在上帝面前。

立約的血

在許多人看來，舊約時代為何需要種種獻祭，為何有許多流血的祭牲被牽到壇前，實在是一件難解的奧祕。然而獻祭的儀式乃是要將一個偉大真理放在人前，銘刻在人心中：「若不流血，罪就不得赦免了。」（來 9：22）每一流血的祭牲都象徵「上帝的羔羊，除去世人罪孽的！」（約 1：29）

猶太崇拜的儀式與禮節，原是基督建立的；其中的種種表號和象徵都預示著屬靈與屬天的事物。許多人忘記了這些祭物的真意義，就是唯有藉著基督，罪孽才獲赦免的真理。再多的獻祭，牛與羊的血，沒有基督的血，都不能除去罪孽。

每次獻祭和崇祀，祭司憑其聖職作出的嚴肅宣告，和上帝親自的教誨，都向世人說明，唯有藉著基督的血，罪孽才能獲得赦免。

過去和現在的信徒都蒙同一的救主所拯救，不過那時上帝是遮而未顯的。他們從象徵中看到上帝。基督的犧牲榮耀地實現了猶太制度中所預表的。當基督作為無罪的祭物俯首而死，當聖殿的幔子被隱而未見全能的手裂為兩段之時，那又新又活的道路便打開了，現在眾人都可以藉著基督就近上帝。因為幔子已經撕裂，世人才能親近上帝，他們不必仗賴祭司或獻祭的儀式，人人都賦有自由，能藉著救主直接到上帝面前來。

我們整個人，包括全意、全性、全心、全力都是上帝獨生子寶血所買來的。

希伯
來書

13：20 — 21

但願賜平安的上帝，就是那憑永約之血、使群羊的大牧人──我主耶穌從死裏復活的上帝，在各樣善事上成全你們，叫你們遵行祂的旨意；又藉著耶穌基督在你們心裏行祂所喜悅的事。

恩約與安息日

主將祂的子民從埃及地拯救出來，並將祂的律法賜給他們，那時祂就教訓他們：藉著遵守安息日，他們就與拜偶像之人有所區別了。

正如守安息日是以色列出離埃及地進入迦南地時的特徵，照樣，它也是離開世界進入天上安息之上帝子民的特徵。安息日表明了上帝與祂子民之間的關係，是他們尊重祂律法的記號。它也將祂忠順的子民與違法之人分別出來。安息日賜給世人，既表明上帝是創造主，也是使人成聖之主。那創造萬物的權能，也是照祂自己的形像使人再造重生的權能。對所有守安息日為聖的人來說，安息日是他們成聖的記號。真成聖是與上帝合一，在品格上與祂合而為一，是因順從祂聖德之原則而獲得的。安息日也是順命的記號，凡誠心遵守第四條誡命的人，必然遵守全部誡命，他因順從而得以成聖。

對於我們和以色列民，安息日要作為「永遠的約」。對於尊重祂聖日的人來說，安息日是一個記號，說明上帝認他們為祂的選民。它也是祂要向他們實踐誓約的保證。每一個領受上帝政權之記號的人，都將自己放在神聖的永約之下。他將自己牢牢地繫在順命的金鏈上，而金鏈的每一環都是一項應許。

只有十條誡命中的第四條含有偉大的立法者，創造天地之主的印記。遵守這條誡命的人便以祂的名為名，而其中的一切福惠也都歸於他們。

安息日的意義一點也沒有消失，它仍是上帝與祂子民之間的記號，直到永遠。🎐

出埃及記

31：16 － 17

以色列人要世世代代守安息日為永遠的約。這是我和以色列人永遠的證據；因為六日之內耶和華造天地，第七日便安息舒暢。

MAY
29
五月二十九日

詩篇

105：8

祂記念祂的約，直到永遠；祂所吩咐的話，直到千代。

上帝永遠的誓約

上帝保證祂所作的每一項應許必不落空。你可以手裏拿著聖經說：我已經照你的吩咐作了。我現在就要得到你的應許：「你們祈求，就給你們；尋找，就尋見；叩門，就給你們開門。（太7：7）」

那圍繞寶座的彩虹保證上帝是信實的，說明了在祂沒有改變，也沒有轉動的影兒。我們已經得罪了祂，也不配蒙祂的恩眷，然而祂竟將以下這不可思議的懇求放在我們的口裏：「求你為你名的緣故，不辱沒你榮耀的寶座。求你追念，不要背了與我們所立的約。」（耶14：21）當我們來到祂面前，承認自己的不配和所犯的罪時，祂保證要留意聽我們的呼喊。祂用寶座的榮譽保證祂必定成全向我們所說的話。

凡毫無保留獻己為主服務的人，都必蒙賜予能力獲得無量的果效。主上帝要憑永遠的約，將權能與恩典賜給一切因順服真理而成聖的人。

尼希米進到萬王之王面前，並贏得了能改變人心的能力，就如水在河中川流一樣。（參閱〈尼希米記〉第1－2章）

尼希米在緊急關頭時的祈禱，教導基督徒在其他祈禱方法都無效時所能採取的方法。幾乎被煩擾壓倒，在繁忙生活中辛勞的人，都可以向上帝請求引導。在遇見突然的困難或危險時，我們可從心中發出呼喊，懇求那位曾經應許在忠誠相信之人呼求祂時，就賜予支援之主的幫助。在任何環境或情況之下，被悲傷和憂慮壓倒，或受試探猛烈侵襲的人，都可在那位守約之上帝的無窮慈愛與能力中得到保證、支持和援助。

是永遠持續而不致更改的

約是雙方互相商妥要履行某些條件的一種協定。故此世人要與上帝協定，要按照祂聖言中規定的條件生活為人，他的行為就顯明他是否看重這些條件。

人因服從這位守約的上帝，就必得到一切。上帝的特性要分賜予人，使他能有憐憫與同情的心。上帝的約向我們保證祂永不改變的聖德，我們必須明白祂的要求和我們的義務是什麼。上帝恩約的條件是：「你要盡心、盡性、盡力、盡意愛主——你的上帝，又要愛鄰舍如同自己。」這一切乃是得以生存的條件。耶穌說：「你這樣行，就必得永生。」（路 10：27 － 28）

上帝祂用自己的指頭將律法寫在石版上，這就說明它是永不可更改或取消的。它要世世無窮地得到保存，正如祂政權的原則，也是永遠不改變的。基督捨棄祂的生命使世人可以恢復上帝的形像，祂的恩典權能使世人團結並順從真理。

我的弟兄們啊！要與萬軍之耶和華上帝聯結起來。但願你們敬畏祂。我們面前有艱難的日子，可是我們若在基督徒的友誼中團結一致，不爭權奪利，上帝就必為我們施展大能。

祂洞悉我們一切的需要。祂是全能的，祂能將我們需要的能力賦予我們，祂的無窮慈愛與憐憫永不倦怠。祂帶著全能者的威嚴，又有溫慈牧人的柔和與照顧。我們不必擔心祂不會履行祂的應許，祂是永恆真誠的，祂永不會更改與愛祂之人所立的約，祂賜給教會的應許是永存不移的。祂必使她成為永遠的佳美，累代的喜樂。

耶利米書

50：5

來吧，你們要與耶和華聯合為永遠不忘的約。

MAY
31
五月三十一日

恩約的表號

將美麗而色彩繽紛的虹放在雲彩中，作為至高上帝與世人之間立約的記號，這向犯錯的人類顯示的是上帝對世人何等的憐憫啊！祂的旨意是，當後代的子孫看見雲彩中的彩虹時，他們的父母們就可以向他們說明古時世界被洪水滅盡，乃因眾民放縱種種的罪惡；於是至高者的手便張開了虹，將它放在雲彩中作為記號，保證祂再也不會使洪水氾濫地上。這雲彩中的表號要加強眾人的信心，堅定他們對於上帝的信任，因為這虹是上帝的憐憫和對世人善意的記號。

天上有虹環繞寶座，也有虹在基督的頭上，象徵上帝的憐憫環繞大地。人犯罪招惹上帝發怒時，那位為人中保的基督，便替人代求，並指著雲彩中的虹，作為上帝對犯錯之人至大憐憫與同情的證據。

當天使觀看這象徵上帝憐愛世人的寶貴記號時，他們便歡喜快樂。世界的救贖主也觀看這虹，因為那是由於祂的功勞，這虹才在天空出現，作為向人立約或賜應許的記號。上帝也親自觀看雲彩中的虹，記念祂與世人之間的永約。當我們目睹這美麗的景象時，我們也可以在上帝裏喜樂，堅信祂也在觀看這立約的記號，而且在祂觀看時，祂也記念得到這記號的屬世兒女。祂看見他們的患難、危機與試煉，我們可以在指望中喜樂，因為上帝立約的虹護庇著我們，祂永不會忘記祂照顧的兒女們。

創世紀

9：12 — 13

上帝說：「我與你們並你們這裏的各樣活物所立的永約是有記號的。我把虹放在雲彩中，這就可作我與地立約的記號了」。

The Cost of Grace

JUN 06

恩典的代價

祂為我們的過犯受害，為我們的罪孽壓傷。因祂受的刑罰，我們得平安；因祂受的鞭傷，我們得醫治。

撇下天上的寶座

要想完全體會到救恩的價值，就必須先瞭解其代價。因為許多人對基督所受痛苦的見解有限，就低估了神人和好的大工。人類蒙救贖的榮耀計劃是出自天父神無限的慈愛。這上天的計劃也以不可思議的方式，顯示了上帝對於墮落人類的愛。這種大愛表現在賜下上帝愛子的事上，也使聖天使感到詫異。「上帝愛世人，甚至將祂的獨生子賜給他們，叫一切信祂的，不致滅亡，反得永生。」（約3：16）這位救主原是上帝榮耀所發的光輝，是上帝本體的真像。祂具有神聖的威嚴、全備與卓越。祂與上帝同等。「因為父喜歡叫一切的豐盛在祂裏面居住。」（西1：19）

基督甘願代替罪人受死，使世人藉著順服，可逃避上帝律法所定的刑罰。

耶穌原是天上的大君，眾天使所愛戴的元帥，天使們也樂意照著祂的旨意行事。祂與上帝原為一，是「在父懷裏的獨生子」（約1：18）。然而當世人沉淪在罪惡與不幸中時，祂卻不以與上帝同等為可羨慕的事，祂從寶座上下來，祂捨棄了祂的冠冕和君王的權杖，用人性遮掩了祂的神性。祂自己卑微，死在十字架上，好使世人和祂一同坐在祂的寶座上。祂給了我們全備的祭物，無限的犧牲，和全能的救主；凡靠著祂進到上帝面前來的人，祂都能拯救到底。祂用慈愛向人顯示天父，使人與上帝和好，按創造主的樣式使他們成為新造的人。

天父在賜下祂兒子代替墮落世人受死的事上，作出了無限量的犧牲。基督為救贖我們付出的代價，應使我們更看到人因基督而有的價值。

腓立比書

2：6－8

祂本有上帝的形像，……反倒虛己，……成為人的樣式；既有人的樣子，就自己卑微，存心順服，以至於死，且死在十字架上。

何等的紆尊降貴

撒但造成了人類的墮落，而從那時起，他便致力要從人身上抹殺上帝的形像，並想在世人身上印上他自己的形像。他要擋住每一線從上帝那裏照在世人身上的光，並將那應歸與上帝的崇拜據為己有。

但是上帝的獨生子已經注意到這種光景，看出了世人的痛苦與不幸。祂也注意到撒但要從世人心靈中抹殺上帝形像的詭計，他怎樣引誘人陷於不節制，以便摧毀上帝賜予人類最珍貴的道德力。祂看出腦力因放縱食慾敗壞了，而上帝的殿也成了廢墟。人的感覺、神經、情緒和器官已被超自然的媒介所操縱，使人的情慾被放縱。惡魔的表徵也印在人的臉上，以致世人臉面反射了那控制他們之眾惡者的表情。世界的救贖主看到的，就是這種光景，這是多可怕的景象啊！

上帝紆尊降貴成為人，真是我們無法瞭解的奧祕。我們無法明白這計劃的偉大，也再沒有比它更美的計劃。它唯一成功的方法……就是基督降世為人，親自忍受因干犯上帝律法所惹起的忿怒。藉著這個計劃，大而可畏的上帝既能維護公義，同時也使凡信靠耶穌，接受祂為個人救主的人得稱為義。這是屬天救贖世人脫離永遠滅亡的科學。

上帝愛世人，甚至在基督裏將自己給世界，忍受世人犯罪所當得的刑罰。上帝為使世人與祂和好，竟與祂的兒子同受唯有祂才能忍受的痛苦。

希伯來書

2：14

兒女既同有血肉之體，祂也照樣親自成了血肉之體，特要藉著死敗壞那掌死權的，就是魔鬼。

JUN
03
六月三日

無可比擬的試探

自從基督降世的時候起，整個撒但的聯盟都受命工作，要欺騙並推翻祂，像亞當曾經被欺騙一樣。

基督在伯利恆誕生時，上帝的天使向那些夜間看守羊群的牧人顯現，顯明了新生嬰孩基督的神聖資格。撒但深知奉神聖委託降世的主，是要奪走他的權勢。他已聽見天使宣稱：「今天在大衛的城裏，為你們生了救主，就是主基督。」（路2：11）

天上來的報信者激起了撒但和跟從者的忿恨，他跟蹤那些照應嬰孩耶穌的人，他聽見西面在聖殿院子裏所說的預言：「主啊，如今可以照你的話，釋放僕人安然去世；因為我的眼睛已經看見你的救恩。」（路2：29－30）撒但看見年老的西面認出基督的神性，就怒氣填胸。

天國的元帥受到了試探者的攻擊。從伯利恆的無助嬰孩起，地獄的爪牙就想藉著希律王的嫉妒，趁祂尚未成長便殺滅祂，直到祂來到髑髏地的十字架，祂都繼續不斷遭受惡者的攻擊，撒但下定決心要勝過祂。從來沒有一個生在世上的人能逃脫欺騙者的權勢。所有罪惡聯盟的成員都在追蹤祂的足跡。撒但明知他若不戰勝就必被征服，因為事關成敗，他不願將這工作委託給任何行惡的使者，他要親自指揮這場戰爭。

基督的生活乃是與撒但不斷作戰的生活，撒但已集結了背叛的使者來攻擊上帝的兒子。

基督從來都不回應撒但諸般的試探，也沒有一次踏進撒但的領域，或讓他佔優勢。

約翰
福音

14：30

這世界的王將到。他在我裏面是毫無所有。

非言語所能形容的孤獨

耶穌的少年、青年和中年時期，是獨自行事的。在祂純潔和誠實的生活中，祂獨自踹酒醡；眾民中無一人與祂同在。祂擔負了救贖人類極重大的責任。祂知道除非人類生存的原則與宗旨有根本的改變，否則他們就必全部滅亡。這就是祂的負擔，沒有人能體會到這壓在祂身上的擔子有多麼重。

終其一生，祂母親和弟兄們都不明瞭祂的使命，連祂的門徒也不瞭解祂。祂雖住在永遠的光中，與上帝原為一，但祂在地上的生活，必須在孤寂中度過。基督既與我們一樣，就必須背負人的罪過和禍患的重擔。無罪的必須親受罪的羞辱，喜愛和平的必須與爭鬥相處；真理反要與虛偽為伍；純潔竟與詭惡作伴。每一樣罪惡，每一場是非，每一種因犯罪而招致的污穢情慾，都使基督的心靈受到劇烈的痛苦。

這條血路，祂必須獨自行走，這重擔，祂必須獨自挑起。祂放下自己的光榮，接受了血肉之體的軟弱；救贖世界的重任完全落在祂的身上。祂早已看到並知道這一切，然而祂的宗旨依然堅定不移。祂承擔著拯救墮落的人類的使命，祂也伸出自己的手緊握著全能者慈愛的手。

門徒對基督離開天庭，過著人類的生活，從來就不明白，也不懷感激；他們本應當多追求明白祂的使命，等到耶穌不在他們中間，他們才看出應該多注意耶穌，使祂心裏快樂。

很顯然的，現今世界上也需要這樣的愛心，但能完全尊基督是他們主的人實在太少了。如果他們能的話，就必表現像馬利亞那樣的愛，（參閱太 26：6 – 13）慷慨地把香膏倒在主的身上。沒有什麼獻給基督的東西是太貴重的，為祂的緣故所做出的克己或犧牲，也沒有什麼是太大的。🜨

以賽
亞書

63：3

我獨自踹酒醡，眾民中無一人與我同在。

無與倫比的試驗

上帝的兒子受洗之後，便退到荒涼的曠野去，在那裏受魔鬼的試探，…祂四十晝夜沒有吃喝。祂意識到食慾在人身上的權勢；而祂為了墮落的人類，經受了在這方面最嚴重的試驗。耶穌獲得的勝利，能賞識的人並不多。敗壞的食慾掌握控制人的勢力，和放縱食慾的嚴重後果，唯有憑著救主長期禁食以致打破食慾的權勢，方能有所瞭解。祂降世要以神聖的能力與世人的努力聯合，使我們藉著祂所賜的體力與道德力而得勝。

啊！榮耀之君要降臨此世忍受痛苦，和狡猾仇敵的試探，使祂為世人獲得無限的勝利，這是何等的紆尊降貴啊！這就是無與倫比的愛。

使救贖主受到莫可言喻痛苦的，不僅是難當的饑餓，那壓在祂心靈上的重擔，更是放縱食慾帶給世界禍患的犯罪感。

救贖主本著人性，以及壓在祂身上的罪擔，在這危害人心靈的大試探上，擋住了撒但的權勢。人若能勝過這個試探，則他在其他各項上也能得勝了。

不節制是人在道德方面犯罪的根本原因。基督就在人失敗之處從事救贖的工作。我們始祖墮落的原因是放縱食慾，基督首要做的救贖工作便是克勝食慾。基督降世擔當我們的罪過與疾病，走盡痛苦的路程，將祂毫無玷污的優美人生向我們顯示，我們該如何行事為人，像祂一樣得勝，這是何等令人驚奇的愛啊！

希伯
來書

4：15

因我們的大祭司並非不能體恤我們的軟弱；祂也曾凡事受過試探，與我們一樣，只是祂沒有犯罪。

無盡的痛苦

願我們能瞭解基督「被試探而受苦」這句話的意義。祂雖然沒有沾染罪惡，但祂神性的高尚情感，使祂接觸罪惡時感到極其痛苦。然而因為祂已經有了人性，祂就勇敢地面對罪惡的魁首，獨自抵擋祂寶座的仇敵，甚至在思想方面也從未屈從試探的權勢。

這是要宇宙觀看的何等景象啊！毫不認識罪惡與玷污的基督，竟披上人敗壞的性格。這種屈辱是超乎有限人類所能瞭解的。上帝在肉身中顯現。祂自己卑微，這是何等值得我們思想，深切認真沉思默念的題旨啊！為天上無限偉大的大君雖然屈尊降卑，卻保持了祂的尊嚴與榮耀！祂降卑成為貧窮，置身於最卑賤的地位。祂為我們的緣故成了貧窮，使我們得因祂的貧窮成為富足。

世界已喪失原始善良的楷模，墮落到普遍背道與敗德腐化的地步了；然而耶穌的生平卻是一種勞碌而克己的努力，要藉著神聖良善與無私之愛的精神，將人挽回到他原來的地位。祂雖身在世上卻不屬於世界。祂與撒但的仇恨、腐敗與不潔等接觸，使祂時常感到痛苦，但祂卻有一種工作要作，使人與神聖的計劃相和，並使天與地相連，而祂為要成就這事並不計較任何的犧牲。祂「也曾凡事受過試探，與我們一樣。」（來4：15）撒但準備著要步步攻擊祂，以最兇猛的試探引誘祂，然而祂「並沒有犯罪，口裏也沒有詭詐。」（彼前2：22）「祂……被試探而受苦」，祂越聖潔與完全，所受的苦就越多。但黑暗之君在祂裏面毫無所獲，連一點思想或感覺都沒有。

希伯
來書

2：18

祂自己既然被試探而受苦，就能搭救被試探的人。

JUN 07
六月七日

痛苦難忍的祈禱

親愛的青年，你們在祈求脫離試探時，要記得你們的任務並非只是禱告就夠了。隨後你們必須盡可能的抵抗試探以回應自己的禱告，而將自己無能為力的事交給耶穌。

希伯
來書

5：7

基督在肉體的時候，既大聲哀哭，流淚禱告，懇求那能救祂免死的主，就因祂的虔誠蒙了應允。

我想提醒那班喜歡外表裝飾的青年，因他們的罪，救主戴上了可恥的荊棘冠冕。當你們用寶貴的時間裝飾外表時，要記著榮耀之君卻披了一件樸素無縫的外衣。你們重視外表裝飾的人，請記住耶穌經常因過度勞苦、克己犧牲，為貧窮與缺乏的人代求而感到精疲力竭。祂曾整夜獨自在山上祈禱，並不是因祂自己的軟弱和需要，而是因祂看到並感到你們本性的軟弱，無力抵抗仇敵的試探。祂知道你們可能對自己的危險視而不見，也可能感覺不到自己需要祈禱。祂之所以大聲哀哭，流淚禱告，向祂的天父傾心祈求，就是為了我們。祂之所以這樣流淚，都是為了救我們脫離驕傲、愛慕虛榮與宴樂之心，因為這一切都是和愛耶穌之心相背的。

年輕朋友們啊！你們願意興起，擺脫使你們與世界為伍、漠不關心與麻木不仁的可怕態度嗎？你們願意聽從告誡你們的警告聲音嗎？凡在這危急時刻貪圖安逸的人，滅亡正等著他們。

有許多青年因疏忽了所給他們的警告與責備，便為撒但大開進入之門。我們既有上帝的聖言為嚮導，又有耶穌為天上的導師，就應該清楚主的要求，也了解撒但。我們若將自己全然歸服祂聖靈的引導，要順從上帝的旨意就是很愉快的事了。

整夜的禱告

天上大君在忙於地上的使命時，多方向祂的天父祈禱。祂常常整夜跪著禱告。上帝的兒子最喜愛以橄欖山為祂虔誠禱告的處所。往往在群眾離開之後，祂仍不休息，雖然一天的勞累已經令祂很疲乏了；雖然全城已靜寂無聲，門徒們也各自回家就寢，但耶穌仍不睡覺。祂的呼求從橄欖山上升達祂天父那裏，祈使祂的門徒脫離在世上日日環繞他們的罪惡勢力，也求加強祂自己的心靈，能應付翌日的種種義務與試煉。門徒睡覺時，他們的教師卻在整夜禱告，夜間的霧與霜降在祂俯伏祈禱的頭上，祂給跟隨祂的人留下了榜樣。

祂揀選了夜闌人靜不受干擾的時候。耶穌能醫治有病的人，並使死人復活。祂本是福惠與能力之源。祂一吩咐，連暴風雨也都聽從祂。祂全無腐敗的污染，也沒有罪，然而祂卻祈禱，常常大聲流淚的禱告。祂為門徒禱告，也為自己禱告，這樣就將祂與我們人類的需要、軟弱、失敗有了關連。祂是一位大有能力的祈求者，雖無我們墮落人類的情慾，卻有人類身體的軟弱，也曾凡事受過試探，與我們一樣。耶穌經受了痛苦，故此需要祂天父的幫助與支持。

基督是我們的模範。基督的傳道人是否受著撒但的試探與猛烈的攻擊呢？那位毫無罪孽的主也是如此。祂在困苦窘迫的時候轉向天父。祂到世上來乃要開創一條門路，使我們藉著效法祂時常誠懇禱告的榜樣，能以獲得恩典和力量作急難中隨時的幫助。

路加
福音

6：12

那時，耶穌出去，上山禱告，整夜禱告上帝。

在客西馬尼園極度痛苦

基督在客西馬尼園裏代替了人類受苦，而上帝兒子的人性被罪惡沉重的負擔壓著，以致祂灰白震顫的嘴唇不得不發出痛苦的呼喊說：「我父啊！倘若可行，求你叫這杯離開我。」如果沒有那自天而來的使者加強祂的能力忍受這樣的痛苦，祂的人性當時就必在感覺有罪的恐怖之下死亡了。基督此時乃在忍受那些干犯上帝律法之人所應有的死亡。

不悔改的罪人如果落在永生上帝的手裏，實在是一件可怕的事，這可以從古時洪水滅世，以及所多瑪的居民被從天而降的烈火滅絕得到證實。但人所受的任何刑罰，都沒有像無限的上帝愛子為有罪世人忍受上帝的忿怒那樣強烈。因為人犯了罪，干犯了上帝的律法，客西馬尼園才特別成為耶穌在罪惡的世界受苦的地方。任何的痛苦，都不能與上帝的兒子所忍受的極度痛苦相比。

人並沒有承擔罪的重擔，因此他永遠體會不到到救主承當罪惡之咒詛的恐怖。任何的憂傷，都不能與忍受上帝忿怒之主的憂愁相比。人所能忍受的試驗與試煉都是有限度的。有限的人性只能忍受有限的分量，而後便屈服其下；但基督的本性卻能忍受更大的痛苦。基督忍受的痛苦使人更深更廣地認識罪的性質，以及繼續沉溺在罪中之人將要受到的刑罰。罪的工價乃是死，但上帝藉著耶穌基督所賜予悔改而相信之罪人的卻是永生。

處罰的劍業已出鞘，上帝對罪惡的忿怒已降在人類的替身──就是天父的獨生愛子耶穌基督的身上了。

馬太
福音

26：39

我父啊，倘若可行，求你叫這杯離開我。

天父不悅的容顏

上帝的兒子在客西馬尼園跪下禱告之時，祂心靈上的痛苦迫使祂渾身湧出如大血點的汗珠，這時有大黑暗的恐怖包圍著祂，全世界的罪都壓在祂身上，祂以干犯天父律法者的身分，代替人類受苦。祂也在這裏受到試探。上帝神聖的光漸漸遠離祂的視線，祂也漸漸落在黑暗權勢的手中。祂在心靈極其痛苦之中仆倒在冰涼的地上，祂感覺到祂天父不悅的容顏。祂已從罪人的嘴邊取去苦杯，定意自己要喝，而將福杯轉賜給世人。那原來應該降在世人身上的忿怒，現在卻落在基督的身上。在這裏，那神祕的杯在祂的手中顫抖起來了。

耶穌曾經常與祂的門徒們到客西馬尼園來默想祈禱。救主從沒有像這次那樣帶著充滿憂愁的心來到這個地方。上帝的兒子所畏怯的，並非是肉身的痛苦。喪亡世界所有的罪都加在祂的身上，將祂壓倒了。由於罪孽所生的後果，祂感覺到天父不悅的容顏，這尖銳的痛苦刺傷了祂的心，迫使祂額上流出了如大血點的汗珠。

上帝的愛子在客西馬尼園怎樣肩負人類罪擔，以及與祂天父隔絕時所感受的莫可言喻的痛苦，我們所能體會到的實在很少。祂為墮落的人類竟成了罪身。天父的愛遠離了祂的感覺，迫使祂痛苦的心靈發出如下悲慘的話說：「我心裏甚是憂傷，幾乎要死。」（太26：38）

上帝的聖子那時昏暈要死了，於是天父差派祂的一位使者去加強這位神聖受苦難者的能力，使祂鼓起勇氣行走那血跡斑斑的路。有限的世人若能看到天軍以靜寂的憂心注視天父從祂愛子身上撤離祂光明、慈愛與榮耀的光線時所表露的驚異與悲傷，他們就必更清楚地瞭解罪惡在祂眼中該是怎樣的可憎了。

路加
福音

22：53

現在卻是你們的時候，黑暗掌權了。

為祂的天父所離棄

馬太
福音

27：46

我的上帝！我的上帝！為什麼離棄我？

祂（耶穌）被人以親嘴為記號賣到仇敵手中，又被急忙地解送到屬世的審判廳中。天軍以希奇和憂傷的心，觀看著原本頭戴榮耀冠冕天國大君，如今竟戴著荊棘冠冕，成了一群暴徒憤怒的流血犧牲品，而這群暴徒也被撒但的忿怒所激動至瘋狂的地步，看看這位存心忍耐的受難者！祂頭上戴著荊棘冠冕。祂的鮮血從每一道傷口湧流出來。

看看壓迫者與被壓迫者吧！一大批人圍繞著世界的救贖主。嘲弄與譏笑混雜著粗暴褻瀆的話語。上帝寶貴的兒子基督被帶了出來，十字架放在祂的肩頭上。……祂被領到那釘十字架的地方，身邊有一大群痛恨祂的仇敵和毫無同情心的旁觀者。祂被釘在十字架上，在天地之間被懸掛起來。這位墮落世界的榮耀救贖主，如今竟身受世人干犯祂天父律法的刑罰。祂正要以祂自己的血來救贖祂的子民。

哎！試問從來可曾有過像垂死的救贖主所忍受的痛苦和憂傷！祂所喝的杯之所以如此苦，乃是因祂感悟到祂天父的不悅。那使基督在十字架上如此急速死亡的，並非肉身方面的痛苦，而是全世界罪擔的壓力，以及對祂天父義怒的感覺。那惟恐祂自己的天父已永遠離棄了祂的猛烈試探，使祂從十字架上發出極其悲痛的喊聲：「我的上帝！我的上帝！為什麼離棄我？」

祂在垂死的痛苦中獻上寶貴的生命時，只有憑著信心靠賴祂樂意服從的主。祂看不到將來必獲勝利之光明的盼望和信心，便只有大聲喊著說：「父啊，我將我的靈交在你手裏！」（路23：46）祂熟悉天父的聖德、公平、憐恤和偉大無比的愛，便存心順服而將自己交在天父的手中。

全世界的罪擔

有些人對於救贖的理解有限。他們認為基督只受了小部分上帝律法所定的刑罰，他們以為上帝的愛子雖已感到上帝的忿怒，然而祂在經歷一切痛苦的患難時，仍有天父慈愛與悅納的憑證；他們也覺得，耶穌看到墳墓門後光明的盼望，祂心中更存著將來榮耀的確據，這種思想是大錯特錯了。基督所受最劇烈的痛苦，乃是感悟到祂天父的不悅。祂在精神上因此受痛苦的劇烈程度，是有限的世人很難瞭解的。

許多人對於神聖之主的屈尊、受辱與犧牲的故事，並沒感到深切的興趣，……覺得那只是耶穌殉道的歷史。原本歷史中就有許多人被折磨致死；也有人被釘十字架而死，上帝愛子的死與這些人有什麼不同呢？假使基督所受的痛苦只是肉身方面的，則祂的死亡並不比某些殉道者的死亡更為痛苦。然而上帝愛子所受肉身的疼痛，只不過是痛苦的一小部分而已。全世界的罪都壓在祂身上，同時祂在經受干犯律法的罪刑時，感到了天父的忿怒，這才壓傷了祂的心靈。這位在軀體地受苦受難而清白無罪的「人」所感悟體驗到的，就是罪惡在上帝與世人之間造成的隔閡。祂被黑暗的權勢壓傷，也沒有一絲光線照亮祂的前程。……就在這可怖的黑暗時辰，天父的聖面也被遮掩了，成群的惡天使環繞著祂，全世界的罪也都壓在祂身上，以致祂悲痛地發出這句話說：「我的上帝，為什麼離棄我？」

與永生的事業相比，其他事業都不足介意了。🔔

以賽亞書

53：5

祂為我們的過犯受害，為我們的罪孽壓傷。因祂受的刑罰，我們得平安；因祂受的鞭傷，我們得醫治。

何等的代價

彼得説；「知道你們得贖，……不是憑著能壞的金銀等物。」哎，假若金銀能買得人類的救贖，對那位曾説「銀子是我的，金子也是我的」的主就是更容易成就的事了（該2：8）。然而唯有憑著上帝愛子的寶血，干犯上帝律法的人才能得蒙救贖。

我們的救贖主藉著無限的犧牲和莫可言喻的痛苦，使我們得到救恩。祂在世上既無尊榮又無聲望，因為祂要藉著不可思議的屈尊和羞辱，提拔人類在天庭享受永遠的尊榮與不朽的安樂。在祂地上三十年的生活中，祂心中的痛苦是我們無法想像的。從馬槽到髑髏地的路程，一直被愁苦和憂傷的黑雲籠罩著。祂實在是一位多受痛苦常經憂患的人，忍受著人間言語無法形容的心靈傷痛。祂實在可以如此説：「你們要觀看：有像這臨到我的痛苦沒有？」（哀1：12）祂雖切切的恨惡罪惡，卻將全世界的罪都集中在祂的心靈上。祂原是無辜的，卻承擔了罪犯的刑罰。祂清白無罪，卻獻身作罪人的替身，人一切的罪都壓在世界救贖主神聖的心靈上。亞當眾兒女們的惡念、惡言、惡行所有的報應，都落在祂身上，因為祂已成為人類的替身。雖然祂沒有犯罪，但祂的心靈卻因世人所犯的罪而被撕碎壓傷。祂本無罪，竟為我們成了罪身，使我們得以在祂裏面因上帝而稱義。

祂為我們付上的是何等的代價啊！注目十字架和其上的犧牲者，且看那被殘酷的鐵釘釘穿的雙手，且看那牢釘在木頭上的腳。基督將我們的罪孽擔在祂自己的身上，那種苦難，那種傷痛，便是我們得贖的代價。

彼得
前書

1：18－19

知道你們得贖，脫去你們祖宗所傳流虛妄的行為，不是憑著能壞的金銀等物，乃是憑著基督的寶血，如同無瑕疵、無玷污的羔羊之血。

一個人的價值

所有的人都是用無限代價買來的。上帝已將天庭的一切財富傾注於這個世界，並已在基督裏將整個天庭都賜給我們，藉此買來了每一個人的意志、愛情、心智與靈魂。所有的人——無論是信徒或非信徒，都是上帝的財產。

根據創造和救贖，我們都是屬於祂的。我們的身子也不是自己的，因此不能任由己意對待，導致敗壞的習慣而使身體殘廢，以致不能為上帝獻上完全的服務。我們的生命以及全部的才能都屬於祂，祂時時刻刻都在照顧著我們；是祂在保持著我們這活生生的機械；假若容讓我們自己來管理片刻，我們就必死亡。我們要絕對信靠上帝。

當我們明白人與上帝以及上帝與人之間的關係時，就當學習一項重大的教訓。「你們不是自己的人，因為你們是重價買來的。」我們要常常記住這句話，使我們承認，我們的才能、財產、感化力與自身所有的權利，都是屬於上帝的。我們也須學習怎樣對待上帝的恩賜；既然我們的心智、靈性和身體各方面都是基督所贖買的產業，就可向祂獻上健全高貴的服務。

我們主和夫子願意單單為一個人犧牲生命，地上的財富若與人的價值相比，就顯得全無價值了。那位曾經用秤稱山嶺，用天平稱岡陵的主認為，一個人的價值是無限的。

當使青年們牢牢的記著：他們不是屬自己的。他們是屬於基督的。基督用寶血贖了他們，他們是基督慈愛的財產。他們能存活就是因有基督能力的支持；所有的光陰、精力、才能，都是基督的，應當為基督而培養，為基督而造就，為基督而使用。基督用重價買了你，只要你肯接受，祂願將恩惠與榮耀賜給你。

哥林多前書

6：19 － 20

豈不知你們……並且你們不是自己的人，因為你們是重價買來的。

愛的奉獻

這是為我們奉獻的生命供物，使我們成為祂指望我們變成的——成為祂的代表，發揮祂聖德的香氣，祂純潔的思想，祂在成聖的人生中顯示的神聖特質，使人看出祂在地上是怎樣為人，好……使他們渴望與基督相似——清潔、無瑕，全然得蒙上帝的喜悅，毫無玷污皺紋等類的病。

基督是何等熱忱地從事拯救我們的工作啊！當祂將無瑕疵的公義歸與悔改相信的罪人時，祂的人生顯示了何等的獻身精神啊！祂是怎樣不懈不倦地工作啊！祂在聖殿中，會堂裏，城市的街頭，交易買賣的市場、工作場所、海邊、群山中傳揚福音，醫治病人。祂將一切所有的全都獻上，以便成全救贖之恩的計劃。

基督獻上了祂受傷的身體將上帝的產業贖回，給了人類再一次受審判的機會。「凡靠著祂進到上帝面前的人，祂都能拯救到底；因為祂長遠活著，替他們祈求。」（來7：25）基督藉著祂無瑕疵的生活，祂的順從，以及祂在髑髏地十字架上的死亡，為喪失的人類代求。現在這位救我們的元帥，不但以懇求者的身分為我們代求，更以勝利者的資格要求得到祂勝利的果實。祂的奉獻是完美的，並且既然祂也是我們的中保，就執行著祂自定的任務，就是常在上帝面前手執香爐，其中盛有祂無瑕疵的功勞，以及祂百姓的祈禱、懺悔和感謝。這一切調和著祂公義的芳香，猶如甘美的馨香之氣升到上帝面前。這個奉獻是完全可蒙悅納的，能赦免所有的過犯。

天庭本身陷於危殆

一個人的價值，誰能估計呢？你若要確知一個人的價值，請到客西馬尼園去，在那裏與基督一同經過那段痛苦的時辰，看祂的汗珠如大血點滴在地上。注意那被釘在十字架上的救主，聽那絕望的呼喊：「以羅伊！以羅伊！拉馬撒巴各大尼？（或譯：我的上帝！我的上帝！為什麼離棄我？）」（可 15：34）看那受傷的頭，那被釘穿了的腳。總要記得基督為了要救贖我們，是冒了一切的危險，甚至天庭也陷於危險之中。在十字架的跟前，要記得：即使是為了一個罪人，基督也肯捨棄祂的性命，這就是一個人的價值了。

你若是與基督相交，你便會用祂的眼光來估計每一個人了。你也會以基督同樣深切的愛來同情他人了。這樣，你便能吸引那些基督為之捨命的人，而不致驅散拒絕他們了。他們的罪惡越大，痛苦越深，你就越要真誠和懇切地挽救他們。你也會發現那些受苦，得罪上帝，並被罪擔壓倒之人的需要。你的心必為他們深表同情，你也必向他們伸出援助的手。

基督和祂的被釘十字架，應作為我們思想的主題，並激發我們心靈最深切的感情。唯有憑著十字架，我們才能估計人的價值。基督為人受死的價值之大，甚至使天父須付出無限的代價，就是獻上祂自己的兒子成為他們的救贖主。這事是何等全備的智慧，憐憫和慈愛啊！唯有在髑髏地我們才能明悉人的價值，只有基督十字架的奧祕，才能估計人的價值。

擺在墮落人類面前的該是何等地榮耀啊！上帝藉著祂的兒子，已經告訴世人可以達到的地步。世人藉賴基督的功勞，能夠脫離墮落的情境，成為潔淨的，較比俄斐的精金更有價值。

以賽亞書

13：12

我必使人比精金還少，使人比俄斐純金更少。

天父無限的犧牲

愛是上帝在天上地上施政的基本原則，它也必須是基督徒品格的基礎，愛也必在犧牲上表現出來。

救贖的計劃原是建立在犧牲上的——這種犧牲的長闊高深是無法測度的。基督為我們捨棄一切，因此凡接受基督的人，也必甘心為救贖主的緣故犧牲一切。

當亞當因犯罪而使人類陷入無望而悲慘的境況中時，上帝完全可以與墮落的人類斷絕，可以用罪人當受的方法來對待他們，也可以命令天上的使者將祂忿怒之杯傾倒在我們的世界上。祂可以將這個黑點從宇宙中挪去，但是，祂並沒有這樣作。非但祂沒有將他們驅逐出去，反而更與墮落的人類相親近，甚至賜下祂的兒子來，作我們骨中之骨，肉中之肉。

上帝給世人的恩賜是無法計算的，祂已罄其所有，沒有留下什麼不給世人。上帝不給人機會說祂還可以賜更多的幫助，或對世人彰顯更大的愛。上帝將基督賜下時，便等於將整個天庭都賜給我們了。

很多自稱愛基督的人，既沒有領悟到自己與上帝之間的關係，就是至今他們也不是很清楚這種關係。他們對上帝賜下祂獨生子救贖世界的奇妙恩典，亦是不甚了解。

為要使人歸向祂並確保祂永遠的救恩，基督撇棄了天上的王庭而到世上來，代替人忍受罪惡與羞辱的痛苦，受死使人得自由。鑒於這為救贖世人所付的無限代價，任何聲稱信仰基督之名的人，怎敢漠不關心祂小子裏的一個呢？他們應當怎樣以忍耐，親切與愛心來對待基督寶血所贖買的人啊！

約翰
一書

4：10

不是我們愛上帝，乃是上帝愛我們，差祂的兒子為我們的罪作了挽回祭，這就是愛了。

唯一蒙悅納的贖價

藉著基督，世人歸回並與上帝和好的門路已經備妥了。髑髏地的十字架已經跨越罪所造成的鴻溝。耶穌已經付上十足而全備的贖價，罪人藉著這贖價的功效可以得蒙饒恕，律法的公正也得以維持。凡相信基督為挽回祭的人，都可得蒙罪孽的赦免；因為憑著基督的犧牲，上帝與世人之間的交往已無障礙了。上帝可以悅納我作祂的兒子，而我也能認祂為我的慈父，並在祂裏面歡喜快樂。我們享受天國的盼望必須專一集中於基督，因為祂是我們的替身和中保。

人憑自己所能作的最大努力，根本是無法免除干犯聖潔公義律法的罪，然而藉著對基督的信，人可以得到上帝兒子全備的義。基督的人性滿足了律法的要求。祂代替罪人擔當了律法的咒詛，為罪人獻上挽回祭，使凡信祂的人不至滅亡。真正的信心使人得到基督的義，於是罪人就能與基督同作得勝者；因他已與上帝的性情有分，神性與人性就合而為一了。

任何人想以自己遵守律法的行為進入天國，乃是根本不可能的事。人若不順從，當然不能得救，但他的行為也不應專為自己，應由基督在他裏面運行，使他立志行事成就祂的美意。世人離了基督，就會被自私與罪惡染污，但憑著信心的行為，卻得蒙上帝的悅納。當我們憑著基督的功勞而尋求天國時，心靈就會長進。我們仰望那位為我們信心創始成終的耶穌，就可以力上加力，勝而又勝；因為上帝的恩典藉著基督已做成我們完全的救贖了。

為救贖墮落人類所付的寶貴贖價是無價的，我們應當將內心至美至聖的愛情獻上，報答如此不可思議的大愛。🔊

提摩太
前書

2：5－6

因為只有一位上帝，在上帝和人中間，只有一位中保，乃是降世為人的基督耶穌；祂捨自己作萬人的贖價。

JUN
19
六月十九日

上帝說不盡的恩賜

上帝對人類之愛的顯示，集中於十字架。其全部的意義，言語無法敘述；筆墨無法表達；人的心思也無法瞭解。基督為我們的罪釘十字架、基督從死裏復活、基督升上高天，這就是我們當學當教的救恩科學。

哥林多
後書

9：15

感
謝
上
帝
，
因
祂
有
說
不
盡
的
恩
賜
！

「祂本有上帝的形像，不以自己與上帝同等為強奪的；反倒虛己，取了奴僕的形像，成為人的樣式；既有人的樣子，就自己卑微，存心順服，以至於死，且死在十字架上。」（腓2：6－8）「有基督耶穌已經死了，而且從死裏復活，現今在上帝的右邊。」「凡靠著祂進到上帝面前的人，祂都能拯救到底；因為祂是長遠活著，替他們祈求。」（羅8：34；來7：25）

這就是無限的智慧，無限的慈愛，無限的公平，無限的憐憫——「深哉，上帝豐富的智慧和知識！」（羅11：33）

藉著基督給我們的恩賜，我們得以領受各樣的福惠，耶和華無盡的良善也能天天加給我們。每一朵花都以其美妙的色彩和芬芳的香氣，給予我們賞心的快樂。太陽與月亮都是祂所造的，那使天空榮美的群星，也無一不是祂造的。我們餐桌上的種種食物，沒有一樣不是祂供應給我們維持生命的。每一樣都有基督的標記。所有供應給人的一切，都是藉著那說不盡的恩賜，就是上帝的獨生愛子。祂被釘在十字架上，使各樣的恩惠都能賜給上帝所造的人類。

「上帝為愛祂的人所預備的是眼睛未曾看見，耳朵未曾聽見，人心也未曾想到的。」（林前2：9）凡看見祂豐富恩典的人，沒有一個不與使徒一同揚聲驚歎說：「感謝上帝，因祂有說不盡的恩賜。」

雖然異常貴重——卻仍白白賜予

上帝榮耀的恩典，雖是金錢不能購買，智慧無法瞭解，權勢也不能博得的；但對於凡願接受的人，卻仍是白白賜予的。世人若感覺到自己的需要，而棄絕一切自恃之念，就可白白地接受救恩的賜予。凡能進入天國的人，既不是憑自己的義而攀越城牆，也絕不是用貴重的金銀打開城門，然而他們得以進入天父家裏的許多住處，卻是憑著基督十字架的功勞。

對有罪之人來說，最大的安慰，最大喜樂的緣由，就是天上賜下了耶穌作罪人的救主。祂自願走過亞當跌倒的地方，在戰場上迎戰試探者，代替人制服了撒但。且看祂在受試探的曠野中，祂禁食四十晝夜，身受黑暗權勢最劇烈的攻擊。祂「獨自踹酒醡；眾民中無一人與我同在。」（賽63：3）這一切並非為祂自己，而是要打破使人類被撒但所奴役的鎖鏈。

基督怎樣在肉身中向天父尋求能力，使祂能忍受試驗與試探，我們也可以照樣行。我們要效法上帝無罪愛子的榜樣，每日都從能力之源那裏得到幫助，恩典和能力。我們要將自己無助的心靈，交託那位隨時準備在有需要時幫助的主。我們時常將主忘記，以致使自我為情緒所衝動，才使我們失去所應獲得的勝利。

我們若為過犯所勝，切莫遲誤，乃當速速悔改，接受對我們有好處的赦免。我們若悔改相信，從上帝來的潔淨之能就必歸於我們了。祂白白地賜予救恩，也願意赦免所有願意接受的人。每一個罪人悔改，上帝的天使都會歡唱快樂的詩歌。任何罪人都不需要滅亡，救恩的恩賜是豐盛且白白賜予的。

羅馬書

5：18

因一次的義行，眾人也就被稱義得生命了。

不用金錢買得

有很多人希望藉自己的好行為博得上帝的眷愛，他們根本不覺得自己的無助，也不領受上帝的恩典是白白得來的，卻想在自以為義的生活中建立自己。

我們的救主將救贖之愛的福惠，比作一顆寶貴的珍珠。（太 13：45 − 46）

哥林多
前書

1：4

我常為你們感謝我的上帝，因上帝在基督耶穌裏所賜給你們的恩惠。

比喻中的珠子並不是一種贈品，那買賣人乃是用他一切所有的將它買了下來。許多人對這事提出疑問，因為聖經説明基督是給人的恩賜。不錯，祂本是給人的恩賜，但只賜給那些將自己身體靈魂毫無保留獻給祂的人。我們當將自己獻給基督，終身樂意順從祂的一切要求。我們的全人以及所有的一切才智與能力都是主的，應當獻上為祂服務。當我們這樣將自己全然獻與基督時，祂便要將祂自己和天上一切的財富賜給我們，這樣我們便獲得那重價的珠子了。

救恩乃是白白賜予的，但在這個比喻中卻是可以買賣的。在上帝的恩慈所經營的市場上，寶貴的珍珠可以不用銀錢的價值即可獲得。基督的福音是人人可以獲得的福惠。最貧窮的人和最富足的人，都能買得救恩；卻不是用屬世的財富，乃是藉著樂意的順從，將自己獻給基督當作祂特別買來的產業。

我們要尋找這重價的珠子，但不是在世上的市場中，也不是依照屬世的方式。我們所需付出的代價並不是金銀，因為這些本來就是屬於上帝的。不要認為屬世或屬靈的優越條件能為你贏得救恩，上帝所要的乃是你樂意的順從。祂所有的恩賜，都有順服的條件，上帝要將充滿福惠的天國賜給凡願與祂合作的人。

足以供應眾人的恩典

JUN
22
六月二十二日

上帝在等待著我們向祂求豐富的恩典與能力，我們沒感受到自己的需要，是因為我們仗賴自己而不願仰賴耶穌。我們沒有高舉基督，也沒有靠賴祂的功勞。

上帝已經做了充分的預備，而基督永恆的義也已經要賜給每一個相信的人。那貴重而毫無玷污，在天國織機上織成的義袍，已為悔改而相信的罪人預備妥當了，因此他可以說：「我因耶和華大大歡喜；我的心靠上帝快樂。因祂以拯救為衣給我穿上，以公義為袍給我披上。」（賽61：10）

豐富的恩典已經預備妥當，要使相信的人可以脫離罪孽，整個天國及其無限的資源，都待我們取用。我們要從救恩的泉源取水。我們本是罪人，但在基督裏我們卻是義人。基督的義加給了我們，使我們成為義，上帝便稱我們為義，並以義人的身分看待我們，祂認我們為祂親愛的兒女。基督敵對罪惡，以致罪在何處顯多，恩典也在那裏更顯多。

在達到聖潔的路上，我們每天都有長進，但我們前面還有更高的高峰須攀登，但每次屬靈的肌肉得到運用，每次心思意念的活動，都使我們看見，前進時所需的恩惠是充足的。

我們越期待這樣豐盛的財富，就必越想要擁有，也越顯明基督犧牲的功勞，公義的護庇，莫可言喻的愛，智慧的豐盛，和祂所有的能力，使我們毫無玷污皺紋等類的病獻在天父面前。

現今就是預備的時候，我們必須從神的倉庫那裏取得豐滿的恩典。主已經預備好了我們每日的需要。

羅馬書

5：17

若因一人的過犯，死就因這一人作了王，何況那些受洪恩又蒙所賜之義的，豈不更要因耶穌基督一人在生命中作王嗎？

JUN
23
六月二十三日

不配領受的恩寵

恩典本是人不配得的,而人之所以稱義,完全不是他自己的功德,也不是人有任何資格能向上帝換取的。基督耶穌的救贖使人得稱為義,是因基督站在天庭中作罪人的替身與保證人。人雖因基督的功勞而得以稱義,卻不能因此放縱於不義的行為。那使人生發仁愛的信心,令心靈得到潔淨。信心發芽,開花,結出寶貴的果實來。哪裏有了信心,哪裏就必顯出善行;有病的人得到探訪,貧窮的人得到照顧,孤兒寡婦不致被撇棄,赤身的有衣服穿,窮困的也得著飲食。

基督周流四方行善事,而人與祂聯合時,就會愛上帝的兒女,並有溫和與誠實導引他們的腳步。他們臉上的表情能顯出他們的經驗,使人們看得出他們是跟過耶穌,並學過祂樣式的。當基督與信徒合而為一時,祂聖德的優美就能顯示在那些與能力及仁愛之源有活潑聯絡之人的身上。基督是公義、聖潔和恩典的源頭。

人人都可以來領受祂的豐盛。祂說:「凡勞苦擔重擔的人可以到我這裏來,我就使你們得安息。」（太11:28）你有沒有仰望為你信心創始成終的耶穌?你有沒有注視滿有真理與恩典的主?你有沒有接受只有基督才能賜予的平安?如果沒有的話,就當歸順祂,並且靠著祂的恩典,尋求尊貴高尚的品格。力求培養忠實、剛毅、樂觀的精神。要以生命之糧的基督為食物,結果你就必表揚祂可愛的德行與精神。

你所能盡的最大的努力,不會使你獲得上帝的恩眷。唯有耶穌才能拯救你,也只有祂的寶血才能潔淨你。

詩篇

106：4

耶和華啊,你用恩惠待你的百姓;求你也用這恩惠記念我,開你的救恩眷顧我。

基督為我們的義

JUN
24
六月二十四日

基督被稱為「耶和華我們的義」，而每一個人憑著信心都應當說：
「耶和華我的義。」何時我們的信心能握住上帝，何時我們的口
就必說出讚美上帝的話，我們也就會向別人說：「看哪，上帝的
羔羊，除去世人罪孽的！」（約1：29）我們便能向淪亡的人述說救
贖的計劃，當世人在罪惡詛咒之下，主已向墮落與無望之人提出
憐恤的條件，啟示祂恩典的價值及意義。恩典本是人不配得的恩
眷。恩典促使救主來尋找迷路之羊，領我們回歸羊圈。

任何人靠自己，都不能從自己的品格中發現可以推薦給上帝的，
或保證他必蒙悅納的地方。罪人唯有靠賴耶穌——就是天父為救
世人生命所賜下的，才能找到進到上帝面前的門路。惟獨耶穌是
我們的救贖主、辯護者和中保。我們唯一蒙饒恕，得平安，並得
稱為義的希望也在祂手中。被罪孽擊打的生靈藉著基督寶血的功
勞，才能恢復健全。

離了基督，我們沒有任何功德與公義。我們的罪行、軟弱，以及
人性的缺點，使我們根本無法站在上帝的面前，除非我們披上了
基督毫無玷污的義。

當你回應基督的呼召，將自己與祂連在一起時，你就表現出了得
救的信心。信心使心靈感受到上帝的存在與臨格，並使我們既專
以上帝的榮耀為念。我們就愈來愈認明祂聖德的榮美，祂恩典的
優異。我們心靈屬靈的能力也加強了，因為我們在呼吸著天國的
空氣。我們就能超越塵世，瞻仰那位超乎萬人之上，全然可愛的
主，而且我們因如此仰望，就得以改變成為祂的形像了。

羅馬書

3：25

上帝設立耶穌作挽回祭，是憑著耶穌的血，藉著人的信，要顯明上帝的義；因為祂用忍耐的心寬容人先時所犯的罪。

信仰的光明面

每一愛上帝的人，都要為祂的恩典與真理作見證。凡接受真理之光的人要不斷地受教，不可保持緘默，乃要不住地彼此談論。他們要在安息聖日的聚會中，讓凡敬畏上帝思念祂名的人，都能有機會彼此談論，發表自己的心思意念。

天上大君很關心每位信徒的需要，不論他們的境遇是怎樣的卑微。每當他們有機會聚在一起時，都應該時常彼此談論，述說他們思念主名的感謝與愛情。上帝應該聽見我們榮耀祂的聲音，因此聚會中最寶貴的應該是做見證，因為我們所講的話都已記錄在記念冊上了。

不可專注於曾經遇見過的黑暗而使仇敵得意，要更充分信靠耶穌的幫助以抗拒試探。我們若是常常想到耶穌，也常常談論耶穌；而不想到我們自己，也不談論我們自己，祂就必常常與我們同在。我們若常在祂裏面，就必滿有平安、信心與勇氣，也能在聚會作見證時述說得勝的經驗，以致他人因聽見我們為上帝所作清楚而有力的見證便要振奮起來了。這讚揚祂恩典之榮美的感謝，若能配合基督樣式的人生，就有強大的說服力，能有效的拯救人。凡每日將自己獻給上帝的人，必會表現出信仰的光明與喜樂。我們不應該悲哀地述說那些看來是難堪的試煉，以致羞辱了我們的主。只要我們願意受教，所有的試煉就都能產生喜樂。整個信仰的生活必是向上，愉快而高尚的，滿有善言善行的香氣。

哈巴
谷書

3：18

然而，我要因耶和華歡欣，因救我的上帝喜樂。

羔羊是配得的

JUN
26
六月二十六日

我們原不配得蒙上帝的愛，但我們的中保基督卻是配得的，而且凡到祂面前來的人，祂都能拯救到底。基督喜愛將恩典賜給那些看來是無望的，曾經被撒但敗壞的，和被他使用的人。祂樂願救他們脫離患難，以及那將要落在不順從者身上的忿怒。

如果仇敵能引誘灰心喪志的人轉眼不仰望耶穌，只專注自己，常常思念自己的不配，而不思念耶穌尊貴、仁愛、功德和祂至大的憐憫，撒但就必奪取他們信心的盾牌而達到他的目的，他們也必暴露在他劇烈的試探之下了。故此軟弱的人應仰望耶穌，信靠祂，這樣他們就運用了信心。

上帝的兒子捨棄了一切——捨命，愛人，受苦——全是為了救贖我們。而我們這根本不配得到如此大愛的人，豈可保留自己的心而不獻給祂呢？我們生命中的每一刻，都在領受著祂恩典的福澤，故此我們無法充分地領悟自己是蒙拯救，脫離了何等的愚昧與困苦的深淵。

許多人在宗教生活上犯了嚴重的錯誤，因他們時時憑自己的感覺來判斷他們的長進或退步。須知感覺並不是安全可靠的標準。我們不可向內尋求得蒙上帝悅納的憑據，因為我們非但找不到，還會令我們灰心。我們唯一的盼望，乃在於「仰望為我們信心創始成終的耶穌。」（來12：2）祂能充分地激發希望、信心與勇氣。祂是我們的公義、安慰與喜樂。

感到自己的軟弱和不配，應該使我們存謙卑的心，靠賴基督所作的贖罪犧牲。靠著祂的功德，我們就必獲得安息、平安與喜樂。凡靠著祂進到上帝面前來的人，祂都必拯救到底。

啟示錄

5：12

被殺的羔羊是配得權柄、豐富、智慧、能力、尊貴、榮耀、頌讚的。

奧祕中的奧祕

何等奧祕中的奧祕啊！我們的理智很難明瞭基督的尊榮和救贖的奧祕。可恥的十字架已經豎立起來，釘子已經穿透祂的手腳，殘忍的槍頭已刺透祂的心，救贖的代價也已經為人類付上了。

救贖實在是個永無窮盡的題旨，值得我們作最精細的研討。它超越最深切的思想，最活潑的想像力。

如果耶穌今日與我們同在，祂就必像從前對門徒那樣對我們說：「我還有好些事要告訴你們，但你們現在擔當不了（或譯：不能領會）。」（約16：12）耶穌渴望向祂門徒啟明深奧與活潑的真理，但他們那貪戀世俗，蒙昧而有缺欠的理解力，很難成就祂的心願。因為沒有了靈性的長進，導致關閉門戶，看不見從基督那裏照來的豐滿亮光。

凡曾經在上帝聖言的礦場中殷勤工作過，並曾發現過真理的豐富礦脈，就是那隱藏多年之神聖奧祕中的珍貴礦石的人，就必高舉真理之源的主耶穌，並在他們的品行上顯明所信真理使人成聖的能力。耶穌與祂的恩典務須銘記於心靈的殿中。這樣，我們就能在言語、祈禱、勸化或述說神聖真理的事工上表揚祂。

十字架的奧祕足以解釋一切其他的奧祕。在髑髏地所發出的光輝中，我們曾經畏懼的上帝品性，卻要顯為美麗而可愛的了。同時也使人看出：在上帝的聖潔，公正和權柄之中，融和著憐憫、溫柔和父母般的慈愛。我們見到祂寶座的威嚴高大，也可看到祂品德的慈悲，便更清楚地體會到「我們的父」這個親密名稱的意義。

提摩太
前書

3：16

敬虔的奧祕，無人不以為然！就是上帝在肉身顯現，被聖靈稱義，被天使看見，被傳於外邦，被世人信服，被接在榮耀裏。

測不透的豐富

上帝豐富恩典之所以不傾注給人，並不是上帝那方面加以限制。只要人人都願意領受，他們就都能被聖靈充滿了。

各人都有權利作一個活的導管，讓上帝將祂豐盛的恩典，就是基督那測不透的豐富傳給世人。基督最渴望的，就是人作祂的工具，向世人表彰祂的心靈和品德。如今世界所最需要的，就是藉著人所表顯的救主的愛了。全天庭都在等待著可用來將喜樂和福惠之聖油澆灌在人心中的導管。

「然而，上帝既有豐富的憐憫，因祂愛我們的大愛，當我們死在過犯中的時候，便叫我們與基督一同活過來。你們得救是本乎恩。祂又叫我們與基督耶穌一同復活，一同坐在天上，要將祂極豐富的恩典，就是祂在基督耶穌裏向我們所施的恩慈，顯明給後來的世代看。」（弗2：4－7）

這些話乃是那位「有年紀的保羅」，「又是為基督耶穌被囚的」，在羅馬城的監牢裏寫的，力圖向他的弟兄們表明言語難以形容其全備的題旨——「基督測不透的豐富」，也就是那白白賜給墮落人類之恩典的寶藏。

當你的心靈渴望上帝時，你會發現基督的恩典多而又多。當你默想這些豐富時，你就能獲得它們，也必能表顯救主犧牲的功德，公義的保障，和智慧的豐盛，同時祂的能力必要將你「沒有玷污，無可指摘」地呈獻在上帝面前（彼後3：14）。

以弗所書

3：8

我本來比眾聖徒中最小的還小，然而祂還賜我這恩典，叫我把基督那測不透的豐富傳給外邦人。

「何等的慈愛」

約翰
一書

3:1

上帝的兒女。

你看父賜給我們是何等的慈愛，使我們得稱為

來自天父的慈心，是藉著基督彰顯的神聖憐憫向世人湧流的。上帝准許祂那充充滿滿有恩典有真理的愛子，從一個洋溢著無可言喻之榮耀的世界，降生在一個被罪惡污損敗壞，並被死亡與咒詛的陰影籠罩的世界。上帝容許祂（耶穌）離開上帝的慈懷和眾天使的崇拜，嘗受凌辱、苦待、藐視、恨惡與死亡。罪孽的重擔和可怕的惡性，以及與上帝隔絕的感覺，使上帝的兒子心碎了。

在客西馬尼園的痛苦中，在髑髏地的受難中，那位無窮之愛者的心付出了救贖我們的重價。除了基督代替墮落之人所作廣大的犧牲以外，再沒有別的方法能表明天父對淪亡之人類的大愛了。

為救贖我們所付上的重價，以及天父賜下祂獨生子為我們捨命的無限犧牲，這二者應使我們看清靠著基督可能達到的高尚地步。蒙啟示的使徒約翰，看到了天父對行將淪亡之人所發的愛是何等的長闊高深，就滿懷讚歎與恭敬；因為無法找到適切的言辭來表達這愛的偉大與慈祥，他只能呼籲世人都來關注。這給人類的是何等高的價值啊！人由於犯罪而成為撒但的屬民，但藉著信靠基督贖罪的犧牲，亞當的子孫就可成為上帝的兒女。基督因取了人性，就提拔了人類。一切沉淪的人，只要透過與基督相連在一起，就配稱為「上帝的兒女」了。

這樣的愛實在是無與倫比的。作天上大君的兒女是何等寶貴的應許！何等值得沉思默想的題旨！上帝對於並不愛祂的世人竟然有如此無比的大愛！🅐

天庭必須受苦到幾時呢？

JUN
30
六月三十日

上帝自己也與基督一同被釘在十字架上，因為基督與天父原為一。很少有人思想創造主因罪而受的痛苦，天庭全體都感受到基督的苦楚，但這痛苦並沒有在祂成為人時開始或完結。十字架乃向我們麻木的知覺啟示，自從有罪以來上帝心中所有的痛苦。每一次的偏離正道，每一種殘酷的行為，以及人類在達到上帝預定的標準上所有的失敗，都使祂憂傷。

約翰
福音

10：30

我與父原為一。

以色列人因離棄上帝而遭遇必然的災禍——被仇敵征服，殘酷虐待，與死亡——的時候，聖經説：「耶和華因以色列人受的苦難，就心中擔憂。」「他們在一切苦難中，祂也同受苦難；⋯⋯在古時的日子常保抱他們，懷搋他們。」（士10：16；賽63：9）

祂的靈「親自用説不出來的歎息替我們禱告」。當「一切受造之物一同歎息，勞苦，直到如今。」（羅8：26，22）一位無窮之父的心也與之同感痛苦。我們的世界乃是一間極大的痲瘋病院，其中悲慘的情況是我們所不敢設想的。如果我們認明它的真相，這一重擔就太可怕了，然而上帝卻明白這一切。人的每一聲歎息，每一點痛苦，每一件傷心的事，無不打動天父的心弦。

那位洞悉世人痛苦失望的主，知道怎樣解救我們。人類雖然妄用了賜給他們的恩惠，浪費了自己的才能，失去了那如神一般的人性尊嚴，但造物主仍必因救贖他們而得榮耀。

祂為要消滅罪和罪的結果，就賜下祂的愛子，並使我們藉著與祂合作，結束這悲慘的情況。我們既擁有這麼多青年，他們若受了合適的訓練加入工作，那位被釘、復活而又即將降臨之救主的信息，就能何等迅速地傳遍普世；痛苦、憂傷和罪惡的結局，也會何等迅速地來到！

The Spirit of Grace

恩典的靈

我要求父，父就另外賜給你
們一位保惠師，叫祂永遠與
你們同在，就是真理的聖靈。

從起初

福音的榮耀就建立在墮落人類身上恢復神聖形像的仁慈原則上。這種工作起始於天庭。上帝為著人類動了惻隱之心，而聖父、聖子和聖靈都獻身從事成就救贖的計劃。

在罪惡還沒有進入世界之前，亞當能與造物主直接交往；可是，自從人類因犯罪而與上帝隔絕之後，就失去了這種權利。但救贖計劃已經開闢了一條途徑，使地上的人仍能與上天取得聯絡。上帝藉著祂的靈與人交往，並透過啟示祂所揀選的僕人，將上天的光分賜予世人。

上帝從起初就藉著祂的聖靈，以人作為器皿，為墮落的人類成就祂的旨意。例如先祖摩西的時代，上帝曾向曠野的教會賜下祂「良善的靈教訓他們。」（尼9：20）祂也在使徒時代藉著聖靈，為祂的教會施行大事。那支持過眾先祖，並令使徒時代教會的工作大有效果的同一能力，也曾在以後的各時代中支持上帝忠心的兒女。在黑暗時代中瓦典西派的基督徒曾藉著聖靈的能力，為宗教改革鋪路。同樣的能力，也使一班高尚的男女能成功地在世界各地建立教會。

今日十字架的使者……在為基督第二次降臨預備道路。當他們繼續發光，和五旬節時預備接受聖靈洗禮的門徒一樣，他們就必領受聖靈愈來愈多的能力。這樣，地就因上帝的榮耀而發光了。

彼得後書

1：21

因為預言從來沒有出於人意的，乃是人被聖靈感動，說出上帝的話來。

基督賜聖靈的應許

基督在奉獻自己作為祭牲之前，曾向父要求把最必要、最完全的恩賜賜給祂的門徒。這一個恩賜會使他們得到恩典的無盡寶藏。祂説：「我要求父，父就另外賜給你們一位保惠師，叫祂永遠與你們同在，就是真理的聖靈，乃世人不能接受的；因為不見祂，也不認識祂。你們卻認識祂，因祂常與你們同在，也要在你們裏面。我不撇下你們為孤兒，我必到你們這裏來。」(約14：16－18)

其實聖靈早已在世上了，自從救贖的工作開始以來，祂就在人心裏運行。但常基督在地上的時候，門徒並沒有期望有其他的幫助者，及至基督離開了他們，他們才會感覺需要聖靈，那時聖靈就必降臨。

聖靈乃是基督的代表，但祂沒有人類的形體，因此祂是不受限制的。基督因受人性的限制，故不能親身在各處與人同在。為了信徒的益處，所以祂往父那裏去，並差遣聖靈來在地上接續祂的工作。這樣，任何人都不會因他所在的地點，或自身能與基督接觸，而享有任何特別的權利了。藉著聖靈，人人都可以接近救主。從這一意義説來，祂比不升上去倒更與他們親近了。

這應許現在也屬於我們，正如昔日屬於門徒一樣。但願每一位教友都在上帝的面前跪下，懇求主賜下聖靈。當懇求説：「主啊，求你加增我的信心。求你使我明白你的聖言，因為你的話語一解開，就發出亮光。求你以你的臨格甦醒我。求你以你的聖靈充滿我的心。」

不論在什麼時候，什麼地方，或在一切憂愁和苦難之中，當前途似乎黑暗，將來似乎難測，我們覺得孤零無助，一籌莫展的時候，保惠師必奉差遣而來，答應那出於信心的禱告。🕊

約翰
福音

14：16－17

我要求父，父就另外賜給你們一位保惠師，叫祂永遠與你們同在，就是真理的聖靈。

聖靈的能力

基督將與門徒分離，但他們卻要獲得新的能力。有聖靈要沛降給他們，對於他們所作的工，有聖靈為印證。

門徒遵從基督的吩咐，在耶路撒冷等候天父的應許——就是聖靈的沛降。他們並非無所事事的等待著。聖經記載說他們「常在聖殿裏稱頌上帝。」（路24：53）他們也聚集在一起，奉耶穌的名向天父祈求。他們不斷地高舉信心的手，提出那有力的理由說：「有基督耶穌已經死了，而且從死裏復活，現今在上帝的右邊，也替我們祈求。」（羅8：34）

門徒極其懇切地祈禱，以求與人在日常的交往中，能說出話來引領罪人歸向基督。他們放棄了各種爭論和一切爭取高位的慾望，而在基督徒的交誼中團結一致。他們愈來愈親近上帝了。

這準備的日子也是深深省察己心的日子。門徒既已感到自己屬靈方面的需要，於是就向主祈求聖靈的恩膏，使他們適合擔任救人的工作，他們並非單為自己求福。那救人的重擔已放在他們的身上了，他們既認明福音是要傳遍天下的，於是便要求基督所應許的能力。

在先祖的時代，聖靈的感化力雖曾經常彰明昭著地顯示過，但從未充分地沛降。現在門徒遵照救主的話，為這一恩賜獻上了他們的請求，而基督在天上又加上了祂的代求。祂要求獲得聖靈的恩賜，以便將其澆灌祂的子民。

路加
福音

24：49

我要將我父所應許的降在你們身上，你們要在城裏等候，直到你們領受從上頭來的能力。

五旬節

聖靈沛降在這班祈禱等候著的門徒身上，充滿了各人的心。那位無窮無盡之主有大能力地向教會彰顯了祂自己。這一感化力似乎已被禁止了若干世代，現在天上也因聖靈的恩典能以豐富地傾降給教會而歡喜快樂。並且在聖靈的感動之下，得蒙赦罪的頌讚歌聲與悔罪改過的話語調和在一起了，門徒發出了感恩和預言的話。全天庭都對這無與倫比而不可思議之愛的智慧，表示注視與崇敬，眾使徒都驚訝地喊著說：「這就是愛了！」他們領受了這個恩賜。結果怎樣呢？那以能力磨快並受到天上光照的聖靈寶劍，刺透了不信的心。於是一日之間有數千人悔改。

基督的升天乃是一個信號，表示跟從祂的人，將要領受應許的福分。他們在開始工作之前，必須為此等候。基督升天之後，祂要在眾天使簇擁崇拜之中即位做王。這典禮一完成，聖靈隨即豐富的傾降在門徒身上，基督便真正得到了榮耀，就是祂自亙古以來與父同享的榮耀。五旬節聖靈的沛降，乃是天國所發的通告，說明救贖主的登基典禮已經完成了。祂已按照應許，從天上賜下聖靈給跟從祂的人，作為一種證據，表示祂已經以君王和祭司的身分取得了天上地下所有的權柄，祂已經是祂子民的受膏君了。

我們在誠懇尋求時，上帝也樂意賜給我們同樣的福惠。主將聖靈傾降在早期門徒身上之後，並沒有封鎖天上的倉庫，我們也可領受祂豐盛的福惠。上天充滿著祂恩典的寶藏，凡憑著信心到祂面前來的人都可要求祂所應許的一切。

使徒
行傳

2：1－2

五旬節到了，門徒都聚集在一處。忽然，從天上有響聲下來，好像一陣大風吹過，充滿了他們所坐的屋子，又有舌頭如火焰顯現出來，分開落在他們各人頭上。

JUL
05
七月五日

聖靈的任務

上帝賜下聖靈給人重生的能力；若沒有聖靈，則基督的犧牲便歸於徒然了。罪惡的勢力一代一代在加強，世人服在撒但束縛之下的情形真是驚人。人唯有倚靠三一真神第三位的大能大力，才能抵擋罪惡，戰勝罪惡。聖靈必帶著無限的力量，和充足的神能降下。有了聖靈，世界的救贖主作成的大工才有實效，也只有聖靈才能使人心變為純潔。藉著聖靈，信徒方能與上帝的性情有分。基督賜下聖靈作為神聖的能力，制勝人類因遺傳或環境所造成的一切惡習，並把祂自己的品格印證在祂的教會上。

當我們奉獻自己作為聖靈運行的工具時，上帝的恩典就必在我們裏面工作，制止舊有的傾向，克服頑劣的癖性，並養成新的習慣。

在接受上帝的聖靈進入心中之後，一切的才能就活潑甦醒了。在聖靈領導之下，那完全歸向上帝的心思，就能和諧地發展，足以明瞭及實行上帝的要求。軟弱猶豫不定的品格，也要變成剛強穩定的了。

聖靈使公義日頭的光輝照射入黑暗蒙昧的腦海中，使人覺悟永恆的真理而心中火熱，將偉大的公義標準擺在人心意之前，使人知罪。聖靈使人信服唯一能救人離罪的主；聖靈作工改變人的品格，使人不愛今世能敗壞的事物，而注重永恆的基業。聖靈能再造人，鍛煉人及使人成聖，配作王室的成員，天庭大君的子民。

約翰
福音

16：8

祂既來了，就要叫世人為罪、為義、為審判，自己責備自己。

與基督相似的保惠師

基督應許在他升天之後要差來的保惠師，乃是三一真神的聖靈，要充分地將神聖恩典的能力，顯示給凡接受並相信基督為個人救主的人。

凡獻身為上帝工作的人，無論置身於何處，都必有聖靈同在。那對門徒所說的話也是對我們說的。保惠師是他們的，也是我們的。

沒有什麼安慰者像基督那樣親切可靠。祂體恤我們諸般的軟弱。祂的靈向我們內心說話。環境或許能使我們與親友分離；浩蕩翻騰的海洋或在我們與他們之間捲湧。他們誠摯的友情可能仍然存在，但他們卻不能證實他們的友誼。然而任何情境和距離，都不能使我們與屬天的保惠師分離。無論我們在哪裡，祂總在身旁，作基督的替身，代祂行事。祂時刻在我們的右邊，向我們說慰藉溫和的話語，支持、維護、扶助，並鼓舞我們。聖靈的感化力乃是基督生命的中心。這聖靈在每一個接受基督之人的心裏運行。凡認明有聖靈居住的人，都結出祂的果子——仁愛、喜樂、和平、忍耐、恩慈、良善、信實。

聖靈長遠與那力求完美基督化品格之人同在。聖靈供備純正的動機，就是活潑有效的原則，能支持所有處於急變之中，在各種試探之下而掙扎、奮鬥與相信的人。無論是在世人的仇恨中，親屬無情的敵視中，灰心失意中，發覺自己不完全之中，或是人生諸般錯誤中，聖靈都會支持。靠賴基督無比的聖潔與完美，最後的勝利必歸於凡仰望那位為我們信心創始成終之主的人。祂已經擔當了我們的罪孽，使我們靠祂獲得優美的德行，達成完美基督化的品格。

約翰
福音

16：7

然而，我將真情告訴你們，我去是與你們有益的；我若不去，保惠師就不到你們這裏來；我若去，就差祂來。

基督的代表

當基督升天見父時，祂並沒有撇下祂的門徒作孤兒。有聖靈為祂的代表，和眾天使作服務的靈，奉差遣援助所有在極不利的情勢下為真道打美好的仗的人。務須記得耶穌是你的幫助者。無人能像祂一樣瞭解你品格上的特質。祂垂顧你，如果你願意接受祂的領導，祂就必以向善的影響環繞你，使你成全祂為你所定的旨意。

基督徒的人生乃是一場爭戰。但「因我們並不是與屬血氣的爭戰，乃是與那些執政的、掌權的、管轄這幽暗世界的，以及天空屬靈氣的惡魔爭戰。」（弗6：12）我們只有靠著上帝的力量，才可在這場善惡之爭中得勝。我們有限的意志必須融合在神的旨意中，才能得著聖靈的幫助。

主耶穌藉聖靈施行祂的工作，因為聖靈是祂的代表。祂藉聖靈將屬靈生命注入人心，喚醒行善的力量，潔淨品格上的污穢，使人配入祂的國。耶穌有極大的福惠和豐富的恩賜要給人。祂是奇妙的策士，有無窮的智慧和能力，我們若承認祂聖靈的能力，順服祂的鑄造，便能在祂裏面得以完全。這真是不可思議啊！「上帝本性一切的豐盛都有形有體地居住在基督裏面，你們在祂裏面也得了豐盛。」（西2：9－10）人心若非順服於上帝聖靈的鑄造，便永不能嘗到快樂的滋味。聖靈將復甦的人照著耶穌基督的「形像」改造。藉著聖靈的感化，可將人心中本來對上帝的仇恨變為信心、愛心，將驕傲變成謙卑。這時心靈便領悟出真理是何等的美善，藉著高貴和完美的品格而尊榮基督。天使看見這種轉變，便唱出歡樂的詩歌，上帝和基督因世人變化成為神聖的形像，便大大喜樂。

馬太
福音

28：20

我就常與你們同在，直到世界的末了。

如甘露、時雨和陽光

我們從生命成長過程所學到的無數教訓中，有些最可貴是在救主撒種的比喻中。

種子有發芽的本質，這是上帝親自賦予的；雖然如此，但種子本身仍無發芽生長的能力。人固然能設法促進穀粒的成長，但最終無法令其生長。它必須仰望那位能用自己的全能將撒種與收割奇妙連繫起來的主。

種子有生命，土壤有能力；但若非無窮的大能晝夜運行，種子就絕不能有何收成。乾旱的田地必須經受雨水的滋潤，太陽必須散放溫度，埋下的種子必須受電的感應。造物主所注入的生命，唯有祂才能喚起。每一種子的生長，每一植物的發育，均須靠賴上帝的大能。

種子的發芽代表靈命的開始，植物的發育乃是品格發展的象徵。若不生長就沒有生命。植物不長則死。植物的生長是默默而不知不覺，卻又繼續不斷的，品格的發展也是如此。在發展的每一階段中，我們的生命也許是完全的，然而上帝對我們的旨意若得以成全，則我們仍將繼續不斷地長進。

植物的生長是因為上帝的維持；照樣，屬靈的生長也必須與神聖的媒介合作。植物在土壤中生根，我們也須在基督裏生根。植物接受陽光和雨露，我們也須接受聖靈。我們若堅心倚賴基督，祂就必臨到我們「像甘雨，像滋潤田地的春雨」。祂必如「公義的日頭」出現，其光線有「醫治的能力」照耀我們。我們「必如百合花開放」。我們必「發旺如五穀，開花如葡萄樹。」（何6:3；瑪4:2；何14:5，7）

何西阿書

14：5

我必向以色列如甘露；他必如百合花開放，如黎巴嫩的樹木扎根。

JUL
09
七月九日

闡明聖經

上帝樂願藉著人將祂的真理傳給世人，祂也親自藉著祂的聖靈，使人有資格和能力來擔任這一工作。祂引導人的思想選擇當說的和當寫的。真理的財富雖是放在瓦器裏，但它畢竟是從天上來的，所作的見證雖然是用世人不完全的語言表達出來，但它總是上帝的見證；而且上帝每一個順命有信心的兒女，都可以在其中看出神聖能力的光榮，滿有恩典和真理。

上帝已經在祂的聖言中，將救恩的知識交給人。人應當接受聖經為具有權威而毫無錯誤之上帝旨意的啟示。它是品格的標準，真道的啟示者，和經驗的試金石。上帝雖已藉著聖經將祂的旨意啟示給人，但這並不是說，我們不需要聖靈的繼續同在與引導。反之，救主已經應許賜下聖靈向祂的僕人解釋聖經，啟發並應用聖經的教訓。

那些願意挖掘的人，就會發現隱藏的真理珍寶。誠懇尋求的就能得到聖靈，來自祂啟迪的光照耀著聖言，將真理的重要性印在心思中。尋求者充滿了從未感到的平安與喜樂，他們也認明了真理的寶貴。有一種自天而來的光照耀著聖言，好像每個字都染成了金色，上帝已親自向心思意念說話，使聖言成為靈與生命。

聖靈正在將基督的恩典培植於許多高尚而尋求真理之人的心中，使人產生與本性和所受的教育相反的同情。那「光是真光，照亮一切生在世上的人」（約1：9），這道亮光正照在他們的心靈中；人若順從這光，這光就必引領他的腳步走向上帝的國。

哥林多
前書

2：10

只有上帝藉著聖靈向我們顯明了，因為聖靈參透萬事，就是上帝深奧的事也參透了。

真理的教師

保惠師又稱為「真理的聖靈」，祂的工作乃是闡明和維護真理。祂先以真理的聖靈住在人心裏，然後就成了「訓慰師」。在真理中有安慰和平安，在虛謊中就找不到真平安或安慰了。撒但之所以有能力控制人心，乃是藉著虛偽的學說和遺傳。他令人注意虛偽的標準，來敗壞人的品格。而聖靈藉著聖經向人心說話，將真理銘刻在人心中。這樣，祂就暴露出錯謬的道理，並把它從人心中驅除出去。藉著真理的聖靈，透過上帝的聖言，基督使祂的選民順服自己了。

上帝要使祂聖言中的真理不住地向祂的子民啟明，獲得這種知識的方法只有一個，就是藉著那傳達聖言之靈的光照，才能明瞭上帝的聖言。「除了上帝的靈，也沒有人知道上帝的事。」「因為聖靈參透萬事，就是上帝深奧的事也參透了。」（林前 2：11，10）

知識的源頭——上帝，擁有一切對人有價值的知識，以及一切人能領會的智慧。那棵象徵善惡之樹的果子，不應該輕易地被摘下，也不應該去動它。但那曾經在榮耀裏為光明的天使卻建議說，人若吃這果子，他們就能分辨善惡。真知識並不是從無信仰的人或惡人而來的。上帝的聖言乃是真光與真理。真正的光乃是從耶穌基督照射出來的，祂「照亮一切生在世上的人。」（約 1：9）神聖的知識出自聖靈。祂深知人類需要在此世促進和平、幸福與安寧，並求在上帝的國裏獲得永遠的安息。

研讀聖經時不可不作禱告。在開卷之前，應當祈求聖靈的啟導，就必得蒙賜予。真理的聖靈是神聖真理唯一有效的教師。

約翰
福音

16：13

只等真理的聖靈來了，祂要引導你們明白一切的真理。

信實的嚮導

聖經中最清楚的一項真理，就是上帝要藉聖靈特別指示祂地上的僕人進行救恩工作的大運動。人乃是上帝所用來成就祂恩典和憐愛之旨意的工具。

我很受鼓勵並感到自己是有福的，因為以色列的上帝今日仍然在領導著祂的子民，並與他們同在直到末了。

沒有比現今更需要聖靈的引導了。我們需要全然獻身，時候已到，我們應在自身的生活和服務上，向世人證明上帝的大能大力。

主希望看到傳揚第三位天使信息的工作，愈來愈有效地向前推進。正如祂在各世代中作工，使祂的子民獲勝一般，祂也照樣在這個世代渴望使自己對教會的旨意得到勝利的實現。祂囑咐相信祂的聖徒，要同心合意地向前邁進，力上加力，信上加信，愈來愈堅信祂聖工的真實與公義。

我們要穩如磐石般地擁護上帝聖言的諸原則，牢記上帝會與我們同在，給我們應付每項新的經驗能力。我們要珍視從最初起直到現在，蒙上帝聖靈教導與認可之信仰的神聖經驗。我們要珍視主藉著守誡命的子民所推進的寶貴工作，而且這工作藉祂恩典的能力，一定會隨著時日的進展愈來愈堅強而有功效。仇敵想要使上帝子民的辨別力昏暗，削弱他們的效能，但他們若順從上帝聖靈的指示從事工作，祂就必為他們打開機會的門路。他們的經驗會繼續不斷成長，直到主有能力與大榮耀從天上降臨，將祂最後勝利的印記印在祂忠心之人的身上。

詩篇

48：14

因為這上帝永永遠遠為我們的上帝；祂必作我們引路的，直到死時。

我們個人的嚮導

我最大的願望，就是見到我們的青少年受到純正宗教精神的感染，使他們願意背起十字架來跟從耶穌。年輕的基督門徒啊！你們要去，按照原則去行，身穿清潔與公義的禮服。你們的救主必引導你們去做最適合你們的才幹，最有用的職位。

「你們中間若有缺少智慧的，該求那厚賜予眾人、也不斥責人的上帝，上帝就必賜給他。」(雅 1：5)這樣的應許較比金銀更有價值。你若在各樣艱難困惑之中本著謙卑之心尋求神的引導，祂的聖言已保證必賜給你充滿恩典的回應，而且祂的聖言永不落空。

在臨近末日時，許多謬論會與真理混雜，以致唯有蒙聖靈引導的人才能分辨真理與錯謬。我們須竭盡所能的遵守主道。無論如何，我們絕不可棄絕祂的引導而信靠世人。天使已受命要常常看顧信靠主的人，在有需要的時候，這些天使就會給我們特別的援助。我們每日當帶著充足的信心到主面前來，向祂求智慧。那些被主聖言引導的人，就一定能辨明謬論與真理，罪孽與公義。

「以馬內利，上帝與我們同在。」這是我們人生的一切。這也為我們信仰奠定了何等寬大的基礎啊！這擺在有信心之人面前的，是得著永生的大盼望啊！上帝在基督耶穌裏，要在往天國的路程上伴隨著我們！聖靈與我們同在，作我們的安慰者，作我們困惑當中的嚮導，撫慰我們的憂傷，保護我們脫離試探！

凡遵行上帝旨意，走在祂所指定道路上的人，是絕不會跌倒的。上帝引領人的聖靈之光，必使他清楚地認識自己的責任，使他步履安詳，直到他的工作完成。

以賽亞書

30：21

你或向左或向右，你必聽見後邊有聲音說：「這是正路，要行在其間。」

JUL
13
七月十三日

那微小的聲音

良心乃是在各種屬肉體之情慾衝突下，所聽到的上帝的聲音；若加以抗拒，就要使上帝的聖靈擔憂了。

人有力量足以消滅上帝聖靈的感動，選擇權在他們的手中。上帝讓他們有行動的自由，他們可以藉救主的聖名和恩典來順服上帝，也可以背逆而承當後果。

主告訴我們要負起責任，雖然四圍有許多慫恿我們不必負責任的聲音。我們必須認真注意並辨認出上帝的聲音。我們務須抗拒並克勝個人的愛好，不要妥協，要服從良心的聲音，免得良心的提示停止，而我們變得意氣與情感用事。只要我們不刻意抗拒祂的聖靈，就會聽見主的話語，就是警戒、勸告與責備，這是主給祂子民的亮光。我們若要等候更大的聲音或更好的機會，這光就可能會被撤去，而我們就被撇棄在黑暗中了。

在娛樂與嗜好的吸引之下，我們如果疏忽了聖靈今日的勸告，明天可能就無力說服或感動我們了。在恩典和真理知識上長進的唯一方法，就是不錯過當前的機會。我們要意識到，人人都是獨自站在萬軍之主面前；故此無論在言語、行為或思想上，都不可任性放縱，以致冒犯永恆者。我們如果能意識到，無論身在何處都是至高者的僕人，我們就必更加慎重，而我們的生活，就會變得更加神聖，這是世上的尊榮所不能給予的。

我們在思想，話語及行為上，若能時常地感覺有上帝的臨格，就必使我們的品格更有價值了。但願內心的言語是：「看哪，上帝在此。」我們的人生就必純潔，品格毫無玷污，心靈也時常向上仰望主了。

希伯
來書

3：7－8

你們今日若聽祂的話，就不可硬著心。

精煉與聖化的能力

唯有創造人類的主才能改變人心。最有經驗的人也會做出錯誤的判斷與見解，況且我們這軟弱的器皿，常常受到品格方面遺傳性的影響，如果不是每天都需要順服於聖靈之下，自我就會抬頭而想要控制一切了。

單單只學習屬世的科學，是無從明白屬上帝之事的，但是如果我們從內心悔改成聖了，就必發現聖言中神聖的能力。我們的心思意念，只有被聖靈潔淨，才能明白屬天的事物。

屬肉體的父親無法使他的兒女有成聖的品格。他也不能使他們的品格發生變化，只有上帝能使我們改變。基督向祂的門徒吹了一口氣，說：「你們受聖靈！」（約 20：22）這乃是上天偉大的恩賜。基督藉著聖靈就將祂自己的聖潔分賜給門徒們。祂使他們充滿了能力，可以參與拯救人接受上帝的工作。從此以後，基督要藉著他們的才幹工作，藉著他們的言語說話。他們必須培養祂的精神，受祂聖靈的管轄。他們不能再隨自己的道路，或說自己的話。他們所要講的話，必須出於一顆成聖的心，發自一張成聖的嘴唇。

我們需要聖靈軟化、馴服、精煉的感化力，來陶冶我們的品格，並使我們的思念都歸服於基督。那使我們得勝的乃是聖靈，祂要引領我們坐在耶穌腳前，像馬利亞一樣，學習祂的柔和謙卑。我們要天天受聖靈的聖化，以免陷入仇敵的網羅，危害自己的靈命。

真理之光要照耀到地極。那從救贖主的臉上照到祂代表身上的屬天明光，要愈來愈大，照亮到黑夜已深之世界的暗處。我們既是與祂同工的，就當祈求祂聖靈的能力，使我們得以越照越明。

利未記

22：9

我是叫他們成聖的耶和華。

蒙陶冶得與上帝的形像相似

賜聖靈的應許並不限於任何時代或種族。基督宣稱祂的靈的神聖感化力要與跟從祂的人同在，直到世界的末了。從五旬節起直到現今，保惠師一直賜給所有完全獻身歸主並為祂服務的人。對於那些接受基督為個人救主的人，聖靈就要作他們的顧問、指導與見證，並使他們成聖。信徒越益密切地與上帝同行，他們就越能清楚而有力地為救贖主的愛和救恩作見證。在各時代中遭受逼迫與磨煉的男女，因為他們有聖靈大大的同在，就在世人面前做了見證。他們已經在天使和世人面前，彰顯了救贖之愛改變人心的能力。

那些在五旬節得到來自高天之能力的人，並不是後來不再遇見試探與磨難。當他們為真理及正義作見證時，還是屢次遭受真理之敵者的攻擊，因為他想要盡力掠奪他們基督徒的經驗。因此他們不得不竭盡上帝所賜的一切力量，以求達到滿有在基督耶穌裏長大成人的身量。他們天天祈求賜下新的恩典，使自己能努力朝向完美的境地。在聖靈的運行之下，最軟弱的人也能因操練對上帝的信心，學會善用上帝賜給的能力，成為聖潔、文雅與高尚的人。當他們本著謙虛的心順服聖靈的潛移默化時，他們就接受了上帝本性一切的豐盛，而能與上帝的形狀相似了。

聖靈……會使人不再喜愛地上的事，而在心中充滿對聖潔的渴望。人若甘願受陶冶，就必達到全然成聖的地步，聖靈能將屬上帝的事銘刻在人的心靈上。

約翰
一書

3：24

我們所以知道上帝住在我們裏面是因祂所賜給我們的聖靈。

帶來安舒

第三位天使的信息正在擴大成為大呼聲，你們不可有錯誤的觀念，以為自己有權忽略現今的義務，卻存心指望將來要領受偉大的福惠，甚至覺得自己不用怎麼努力就會有不可思議的靈性奮興出現。今日你們就要將自己獻給上帝，使祂可以使你們成為榮耀的器皿，合乎主用。今日你們就當將自己獻給上帝，使你們虛己，除去一切嫉妒、忌恨、惡念、紛爭，和羞辱上帝的事。今日要潔淨你們的器皿，預備妥當接受上天的甘露和晚雨的沛降，因為晚雨定然傾降，上帝的福惠必要充滿每一個已經潔除各種污穢的心靈。今日我們的工作，就是要使心靈順服基督，以便預備好等候那安舒的日子從主面前來到──接受聖靈的洗禮。

上帝並沒有向我們啟示這信息何時完結，或寬容的時期何時終止。我們的本分就是警醒工作而且等候，時時刻刻為那即將淪亡的人而勞碌。我們要不住地跟隨耶穌的腳蹤行，效法祂的工作方式，作上帝諸般恩惠的忠心管家，分發祂的恩賜。

主的聖言告訴我們：萬物的結局近了，同時也向我們確認，每一個人務須將真理栽培在心中，這樣它就必管束人生，並使品格聖化。主的聖靈正在運行著，將啟示聖言的真理銘刻在心靈之上，使所有跟從基督的人，都必有一種能與人分享的神聖喜樂。

我們唯一的安全，乃在於時時準備領受自天而來的安舒，將我們的燈剔淨並點著。我們要天天祈求上帝聖靈的啟迪，使祂能在我們的心靈與品格上成就祂的任務。🔔

使徒
行傳

3：19 — 20

所以，你們當悔改歸正，使你們的罪得以塗抹，這樣，那安舒的日子就必從主面前來到。

JUL
17
七月十七日

潔淨並賜予活力之能

詩篇

51：10

上帝啊，求你為我造清潔的心，使我裏面重新有正直的靈。

上帝潔淨人心的方法，很像室內的空氣清潔一樣。我們不能用清潔劑使屋子裏的空氣清潔，乃是要敞開門窗，使天上清潔的空氣吹進來。我們心中的動機和情緒的窗戶必須向天敞開，使自私屬世的塵埃被去除。上帝的恩典能掃淨心思的內室，使我們思念屬天的事，使人的本質都被上帝的聖靈潔淨，並得到新的活力。

凡照聖經原理而生活的人，在道德能力上必不軟弱。在聖靈使人高尚的感化之下，他的嗜好及傾向，都變成純淨與聖潔了。世上再沒有別的能力像基督的教導那樣約束人的性情，從根本上影響行為動機，在人生上發揮極大的感化力，並使品格堅強穩定。基督的教訓使有信仰的人時刻上進，激勵他有高尚的志向，教導他有端正的品行，並使他每一個行動都有適度的尊嚴。

教會是上帝最親切愛護與照顧的對象。教友們若容許，祂就會藉著他們彰顯祂的聖德。祂論到他們說：「你們是世上的光。」凡與上帝同行共話的人，會在行動中表現出基督的溫柔。在他們的人生中，寬容、柔和、自制，與殷勤及聖潔的熱誠相聯合。當他們向天邁進之時，品格上尖銳粗糙的稜角都被磨去，顯出敬虔來。那滿有恩典與能力的聖靈，會在他們心思意念上發揮作用。

內心有耶穌居住，就必變為活潑、清潔，為聖靈所管轄和引領的；而且要盡力使自己的品格與上帝和好，同時也要避免一切與上帝啟示的旨意相背的事物。🙏

憑著誠實無偽的信心獲得

我們有權利與義務運用信心，但許多人卻不運用，只是等待著感覺。感覺是從信心而來，但感覺並非信心，二者有明顯的區別。信心是我們要運用的，但喜悅的感覺與福惠卻是上帝賜予的。上帝的恩典藉著活潑信心的通道臨到我們，而我們都有權利使用這樣的信心。

真正的信心是在事情尚未實現或感覺之前，就把握著並要求所應許的福惠。我們務須憑著信心將我們的祈求送達第二層幔子內，並要把握著所應許的福惠，確信那是屬於我們的。然後我們要確信已得到這福惠，因為我們的信心已有把握，而且按照聖言它的確已是我們的了。「凡你們禱告祈求的，無論是什麼，只要信是得著了，就必得著。」（可11:24）這就是信心，是誠實無偽的信心，甚至在沒有感覺之前，就相信自己已享有那福惠了。可是有許多人卻認為……除非他們感覺到聖靈的能力，他們就沒有信心，這樣的人將信心和信心帶來的福惠混淆不清。須知應運用信心之時，正是我們感覺缺乏聖靈之際。在黑暗的密雲籠罩心思意念時，就正是可以讓活潑的信心穿透黑暗將密雲驅散之時，真正的信心乃以上帝聖言中的諸應許為基礎，而且唯有聽從這聖言的人，才能有權要求其中光榮的應許。

人怎可以羞辱上帝，以為上帝不會答應祂兒女的懇求呢？聖靈——就是祂自己的代表，乃是一切恩賜中最大的，一切的「好東西」都包含在其中了。即使是創造主自己，也不能給我們更大更好的恩賜了。當我們祈求主憐憫我們的困難，並藉祂的聖靈引導我們時，祂絕不會掩耳不聽我們的禱告。

我們領受聖靈的量度，必與我們所切望和所運用的信心相稱。如果我們親自體驗上帝的聖言，就有保證必定領受聖靈。

哈巴
谷書

2:4

惟義人因信得生。

為一切相信祂的人

這節經文顯示了促成救贖之工的兩種工具——神聖的感化力，以及凡跟從基督之人的堅強而活潑的信心。我們藉著聖靈的成聖之功和相信真道，才能與上帝同工。基督等待祂的教會與祂合作。耶穌基督的寶血、聖靈、聖言，全都是屬於我們的。上帝預備這一切的宗旨很明顯，就是要拯救基督替死之人，我們也要把握住上帝賜下的應許，成為祂的同工。人與上帝必須通力合作。

基督為我們的罪被釘在十字架上，基督從死裏復活，基督升上高天作我們的代求者，這是我們要學習並教導人的救恩科學。

上帝的旨意是要祂的子民成為一班成聖、純潔、而聖善的子民，將光傳給他們四圍的人。按照祂的旨意，他們要在自己的人生上表彰真理，而在地上成為可稱讚的。

一個人若能放下自己，讓聖靈在心中運作，並且完全獻身給上帝，他的造就是沒有限量的。凡肯將整個心靈、身體和精神獻給主，為主服務的人，必在智力、體力和靈力上常得新的輔助。他們可以隨時取得來自天上取之不盡的幫助。基督將自己靈的氣息，和自己生命中的生命賜給他們。聖靈也盡力在人心中活動，靠著主所賜的恩惠，我們就可以獲得勝利，而這是我們因為自身的錯誤成見和品格上的缺點，以及弱小的信心，而無法獲得的。

凡毫無保留奉獻自己身心為主服務的人，主就給他們能力，可以得到無盡的成果。

帖撒羅尼
迦後書

2：13

因為祂從起初揀選了你們，叫你們因信真道，又被聖靈感動，成為聖潔，能以得救。

超越常人的能力

上帝已預備好幫助我們，使我們能應付人無法面對的危機。祂賜聖靈解決每一次的困難，加強我們的盼望與確信，照亮我們的思想並潔淨我們的心。

你的責任是完全順服基督，當你服從了祂的旨意，你就立刻成為主的，祂就能在你裏面運行並成全祂的美意。你的性情就服從祂聖靈的支配，連你的思想也受了祂的約束。如果你不能控制情慾和衝動，你可以控制意志，藉此使你人生有根本的變化。當你歸服了基督，你的生命就與基督一同藏在上帝裏面，也能與超越一切執政掌權者聯盟。從上帝那裏有一種力量，保持你不離開祂的大能，使你度一種信心的新生活。

除非你的意志歸於基督，與上帝的聖靈合作，你就永不會將自己提拔起來。不要認為不可能這樣作；乃要說：「我可以，我會做！」上帝已經應許要賜聖靈來幫助你每次出於決心的努力。

那交託我們的終身事業，乃是為永生作預備的。假使我們能遵照上帝為我們所定旨意而完成這項事工，則每次的試探都會幫助我們長進，因為當我們抗拒試探引誘時，就會在神聖的人生方面長進。在劇烈的鬥爭中，必有看不見的力量在我們身邊，奉上天命令來幫助我們，而且在危機之中必有力量、決心與能力賜給我們，使我們得着超乎常人的能力。

凡想要作得勝者的人，必與那看不見的勢力作戰。聖靈時常在工作，力求鍛煉世人的心靈，使之潔淨、高雅，以便他們配與聖徒和天使交往。 🔊

以賽亞書

59：19

因為仇敵好像急流的河水沖來，是耶和華之氣所驅逐的。

促進和諧

門徒在聖靈沛降之後，就出去宣揚復活的救主，他們唯一的心願就是拯救人。他們在與聖徒甜蜜的交往中歡喜快樂。他們都是溫和、體貼、克己，甘願為真理作任何犧牲的。他們日常在彼此交往的事上，常常表現基督吩咐他們要顯示的愛。

各種性情互異的人能和諧與團結，這就是一種最強有力的見證，足以證明上帝曾經差祂的兒子到世上來拯救罪人。我們有權利作這樣的見證。可是，為要這樣做，我們必須完全順從基督的管轄。我們的品格必須與祂的品格和諧，而我們的意志也須降服於祂的旨意之下。

我們都有同一信仰，屬於同一個大家庭，是同一位天父的兒女，也享有同一永生的洪福之望。我們這樣相連合一是何等的緊密親切啊！世人正注視著我們，要看看信仰是否在我們心上發揮了成聖的感化力。我們生活上的每一缺點，行為上的每一矛盾，別人都能看得見，但願我們不給他們任何指責我們信仰的機會。

微小的歧見都能破壞基督徒的交誼，惟願我們不容仇敵在我們身上占便宜。惟願我們愈來愈親近上帝並且彼此親近。救主的心切望所有跟從祂的人，能在各方面成全上帝崇高的旨意。他們縱然散居在全世界，仍須在祂裏面合而為一。當人們完全相信基督的祈禱時，我們就必顯示出合一的行動來。弟兄之間就必以基督之愛的金繩索彼此聯合。這種合而為一的情形唯有上帝的聖靈才能促成。那位使自己為聖的主，也能使祂的門徒成聖。他們既已與祂聯合，就必在這至聖的信仰上彼此聯合起來了。

約翰
福音

17：20－21

我不但為這些人祈求，也為那些因他們的話信我的人祈求，使他們都合而為一。正如你父在我裏面，我在你裏面，使他們也在我們裏面，叫世人可以信你差了我來。

在互異之中造成團結

保羅力勸以弗所人保持團結與親愛。教會中的分裂使基督的宗教在世人面前蒙羞，也給真理的仇敵機會給他們的行動找藉口。

信徒們與基督的聯繫，自然會加強信徒彼此之間的聯繫，而且是世上最持久的聯繫。我們在基督裏合而為一，正如基督與天父原為一。我們唯有藉著個人與基督的聯合，藉著每日每時與祂交往，才能結出聖靈的果子來。我們在恩典中的長進，我們的喜樂、我們的效能，全都在乎我們與基督的聯合，以及我們向祂運用信心的量度。

聖言和真理的靈若住在我們的心中，就必使我們與世人有別。真理與愛的不變原則必使人心心相印，而這種團結的強度也和所享受之恩典與真理的量度成正比。

葡萄樹有許多枝子，這些枝子雖各不相同，但它們卻不爭論。在互異之中有團結。所有的枝子都從同一根源獲得滋養。這是所有跟從基督之人中所應有的團結例證。他們工作的方式雖各不相同，但只有一位首領。同一聖靈，以各別的方式在他們心中運行。恩賜雖不同，但行動卻和諧無間。上帝號召每一個人……按賜予他的才幹去完成任務。

我們要有一種品格，那就是基督的品德。有了基督的品德，我們就可一同進行上帝的聖工。在我們與弟兄裏面的基督是一樣的，而聖靈必賜予我們在心意和行動上的合一，向世人證明我們是上帝的兒女。

世人需要看到使上帝子民的心在基督的愛裏合而為一的神蹟。

以弗所書

4：1－3

我……勸你們，既然蒙召，行事為人就當與蒙召的恩相稱。凡事謙虛、溫柔、忍耐，用愛心互相寬容，用和平彼此聯絡，竭力保守聖靈所賜合而為一的心。

有條件的賜予

基督曾應許賜聖靈給祂的教會，這應許不但是對早期的門徒，也是對我們說的。然而這應許也和別的應許一樣，是附有條件的。有許多自稱相信並向主求應許的人，也常談論基督和聖靈，然而他們卻毫不得益，因為他們沒有使自己的心順服聖靈能力的指導和約束。

我們不能使用聖靈，乃是聖靈要使用我們。上帝藉著聖靈在祂子民的心裏運行，「為要成就祂的美意」（腓2：13）。有許多人不肯順從領導，反要自己管自己，這就是他們不能得到天上恩賜的原因。唯有那謙卑等候上帝，並警醒要得祂的領導和恩典的人，才能得著聖靈。藉著信心求得了這應許的福氣，其他一切的福惠也就隨之滿載而來。這是按著基督豐盛的恩典而賜的，並且祂已經準備照各人的接受能力而供給。

得著聖靈就是得著基督的生命。那些受上帝教導，心中有聖靈運行，並在生活上顯出基督化生活的人，才能當救主的真代表。

基督曾應許，聖靈必與所有奮鬥戰勝罪惡的人同在，藉著給人超自然的力量，以及教導愚昧無知的人明白上帝國度的奧祕，上帝神聖的能力就得到了顯明。

何時人完全棄絕自私，從心中除盡一切虛假，基督的靈就會充滿內心。這樣的人就有能除去內心的污穢。他依從聖靈，並體貼聖靈的事，不依靠自己。基督就是人生的一切。

羅馬書

8：5

因為，隨從肉體的人體貼肉體的事；隨從聖靈的人體貼聖靈的事。

論施與受

耶穌說：「我所賜的水要在他裏面成為泉源，直湧到永生。」（約4：14）當聖靈向你啟明真理時，你必珍視這些最寶貴的經驗，並渴望向別人述說那向你啟示使你充滿慰藉的信息。當你與他們交往之時，就會向他們傳述基督聖德或工作的新思想。你也必將一些有關袻憐憫之愛的新啟示，分贈給愛袻或不愛袻的人。

馬太
福音

10：8

那曾嘗過基督之愛的人，必不斷地想更深入汲取。當你贈予人時，你從主得到的就更豐盈更充實。每一項給我們的有關上帝的啟示，都會使我們的認識與愛的容量增加。於是心裏的不斷呼求便是：「更需要你，」而聖靈的回答永遠是：「賜你更多。」聖靈已無限量地賜予那為拯救失喪之人類而虛己的耶穌。聖靈也必同樣地賜予凡將全心獻上，作為基督之居所的袻的門徒。我們的主曾親自囑咐說：「要被聖靈充滿」（弗5：18），這個命令也是一個必能實現的應許。按照天父的美意，「一切的豐盛在袻裏面居住」，而且「你們在袻裏面也得了豐盛。」（西1：19；2：10）

越有上帝的聖靈，越有袻的恩典交織於我們日常的經驗中，就必越少有衝突磨擦，而我們也必越享受福樂，越將福樂分贈他人。

基督乃是偉大的核心，一切力量的源頭。最聰明最有屬靈修養的人，也只有在充足領受之後才能分贈別人。他們靠自己絕不能供給別人的需要。我們只能把從基督那裏所領受的分給別人。而且只有分給別人，我們才能繼續領受。我們不斷地給人，就不斷地領受；我們給人越多，自己領受的也越多。這樣，我們可以常常地相信，常常地倚靠；不斷地領受並分給別人。

你們白白地得來，也要白白地捨去。

JUL
25
七月二十五日

我們燈裏的油

等候新郎的兩等童女，代表確認在等候主的兩等人。她們被稱為童女，乃是因為她們聲稱具有純正的信仰。燈是代表上帝的話。……油是象徵聖靈。

馬太
福音

25：4

聰明的拿著燈，又預備油在器皿裏。

在比喻中，那十個童女都出去迎接新郎。大家都帶著燈和盛油的器皿。在她們之間一時看不出有什麼區別。在基督第二次降臨之前的教會也是如此。大家都有聖經的知識；都已聽到基督即將來臨的信息，而且滿懷信心期待祂的顯現。可是比喻中的情形如何，今日也如何。在等候的時期，信心就受到了考驗，及至聽見有聲音喊叫說：「新郎來了，你們出來迎接祂！」許多人還沒有預備好。他們缺少聖靈。僅有聖經知識而沒有上帝的聖靈是無用的。真理的理論若無聖靈相伴，便不能使靈甦醒或使人心成聖。缺少聖靈的光照，人就不能分辨真理與謬論，這樣，他們就必在撒但專橫的試探下跌倒了。

上帝恩典早已白白地賜給每一個人。可是人的品格是不能轉讓的，沒有人能替別人相信，沒有人能將聖靈運行的果實——即品格分予別人。

我們不能等到聽見「新郎來了」的呼聲才醒過來，然後拿起空空的燈就想臨時得到油。在比喻中，聰明童女的燈和器皿都裝著油。在夜間守候時，她們的燈光一直是點著的。照樣，凡跟從基督的人也當將光照亮世間的黑暗。當上帝的話藉著聖靈在接受它的人生活中成為一種改造能力時，它就是光。當聖靈將聖經的原則栽種在人心中時，祂就在人身上培育出上帝的德行來。祂榮耀的光——就是祂的品德——要在跟從祂的人身上發散出來。

當祈求上帝，將祂恩典的油大量賜予你。🕯

上帝所不能赦免的罪

人無論犯什麼罪，只要他悔改相信，他的罪就在基督的血中洗除了。但是那拒絕聖靈工作的人，就把自己放在無法悔改，無信仰的地步了。上帝差聖靈在人心中作工，當人故意拒絕聖靈，說聖靈是由撒但而來時，人就切斷了與上帝交通的渠道。人若拒絕聖靈到底，上帝就不能再為他作什麼了。

使人眼瞎或心中剛硬的不是上帝。上帝賜真光糾正人的錯誤，領他們走在安全的路上，人拒絕了這光，這才會瞎了眼睛、硬了心腸。這個過程往往不知不覺地逐漸而來。真光來到人的心內，有的是藉著上帝的僕人，有的是藉著上帝的話語（聖經），或者來自上帝直接的代表——聖靈。真光被人忽略時，人的屬靈知覺就會變得麻木；當真光再次顯現時，他就認不清楚了。黑暗就會逐漸增加，直至心靈成了黑夜。

受黑暗之國的管轄很容易，只要疏忽與光明之國的關係就夠了。干犯聖靈最通常的表現，就是不斷蔑視上帝喚人悔改的呼聲。每拒絕基督一步，就是走上拒絕救恩和干犯聖靈的一步。

當人投靠基督時，就有新的能力來支配他的心，帶來他自己無法成就的改變。這改變是超自然的工作，使人性也有了超自然的成分。人投靠基督，便成為基督在叛變的世界上的堡壘。除基督以外，祂不容許有別的權威存在。由上天權力所保守的人，撒但是攻擊不了的。🔅

馬太
福音

12：31

所以我告訴你們：「人一切的罪和褻瀆的話都可得赦免，惟獨褻瀆聖靈，總不得赦免。」

JUL
27
七月二十七日

因我們的懷疑而擔憂

當我們懷疑上帝的愛，不信靠他的應許時，便是羞辱了他，並使他的聖靈擔憂。我們的天父本於他的愛賜下獨生子使我們得生，我們若不信靠他的愛，他將要怎樣看待我們呢？使徒寫道：「上帝既不愛惜自己的兒子，為我們眾人捨了，豈不也把萬物和他一同白白地賜給我們嗎？」（羅8：32）然而，還有多少人，即使沒有在言語方面這麼說，但在行動上卻會如此說：「主不想讓我享受這一切，他也許愛別人，但他並不愛我。」

信心就是相信上帝的話，而不求明白臨到我們的艱苦經驗的意義。許多人信心很小。他們遇見的困難，不但不能使他們歸向上帝，反而使他心中不安，口出怨言，與上帝遠離。他們該不該這樣不信呢？耶穌是他們的朋友。天庭全體都關心他們的福利，但他們的畏懼及怨言卻使聖靈擔憂。我們相信上帝，並不是因為見到或感覺上帝垂聽了才相信。我們要信靠他的應許。

當我們求他賜福時，就應該相信會得到，並向他獻上感謝。然後我們要做該做之工，相信在需要的時候，上帝就會賜下福氣。

使聖靈擔憂實在是很嚴重的事，何時肉體自由活動，而因十字架過於沉重，克己犧牲太大，拒絕參加為主服務，就會使聖靈擔憂了。聖靈尋求居住在每個人的內心，我們若以貴賓的身分歡迎他，這樣，接受他的人都必在基督裏得以完全。

我們是否已經盡力以求得在基督裏長大的身量？我們是否在尋求他的豐盛，不斷向我們面前的標竿邁進——就是具有他那完美的品德呢？主的子民若達到這樣的標準，他們就會在額上受印記。他們既被聖靈充滿，便在基督裏得以完全，而掌管記錄的天使也必宣佈說：「成了！」

以弗所書

4：30

不要叫上帝的聖靈擔憂；你們原是受了他的印記，等候得贖的日子來到。

給予凡尋求的人

上帝將美德賜給祂的兒女，乃是祂的榮耀。祂願意看到男男女女達到最高的標準，當他們憑著信心握住基督的能力，懇求祂確實的應許，稱這些應許是屬於他們的，又竭力不斷懇請聖靈的能力時，他們就必在祂裏面成為完全。

信徒可以與基督相似，並順從律法的全部原則，但人靠自己絕對達不到這個要求。人在得救之前，必須得到聖經說的聖潔，這是在人順從真理聖靈的鍛鍊和作用之後，上帝的恩典作工的結果。人的順從唯有靠基督公義的馨香才得完全，這義以上帝的香氣充滿每一順從的行為。基督徒的本分是要制勝每一項缺點。他必須不住地祈求救主醫治他患罪病的心靈，他自己並沒有得勝的智慧或能力，這些都是屬於主的，凡以謙卑的心和痛悔的靈尋求祂幫助的人，祂都會賜福。

聖靈要賜給尋求祂能力和恩典的人，並在我們見上帝時補助我們的軟弱。天國要開放接納我們的祈求，而且邀請我們「坦然無懼地來到施恩的寶座前，為要得憐恤，蒙恩惠，作隨時的幫助。」（來4：16）我們也當憑著信心前來，相信我們必定得著所求於祂的事情。

你若感到心靈中有所缺乏，飢渴慕義，這就證明基督已在你心裏開始動工，為要使你尋求祂，藉著聖靈替你成就你自己所無法作成的事。

假使我們除去自我，祂就必供給我們一切的需用。

利未記

11：44

我是耶和華——你們的上帝；所以你們要成為聖潔，因為我是聖潔的。

JUL
29
七月二十九日

五旬節的能力

五旬節那一天聖靈的沛降，結果如何呢？復活之救主的喜信被帶到世界的地極了。門徒一傳揚救恩的信息，人們的心就順服了這信息的能力。教會眼見悔改的人從各方蜂湧而來，離道叛教的也悔改了。罪人與信徒聯合一致尋找重價的珠子。一些原來強烈反對福音的人，現在變成擁護者了。每位基督徒都從他弟兄的身上，看到神眷愛與慈悲的顯示。大家都有同樣的志趣，都有共同的心願。信徒們的志向就是要表現出基督的品格，並要為擴大祂的國度而努力。

「使徒大有能力，見證主耶穌復活。」在他們的努力之下，有許多蒙揀選的人加入了教會，這些人既接受了真理的道，便願意把內心充滿平安與喜樂的希望傳給他人。他們是無法被禁止，也不懼怕威嚇。主藉著他們說話，他們既周遊各處，於是貧窮的人就得到福音，上帝恩典的神蹟也行出來了。當然自願受聖靈管轄時，大能的上帝就可以動工了。

賜聖靈的應許，今日是屬於我們的，正如屬於早期的門徒一樣。上帝今日要將從上頭來的能力賦予我們，正如祂賦予五旬節聽見救恩之道的人。就在此時此刻，祂的聖靈和恩典要供給凡有需要並樂願聽信祂話的人。

為上帝而發的熱心，激勵了門徒們大有能力為真理作見證。試問這樣的熱心豈不也該使我們的心火熱起來，決心去傳講救贖之愛的故事，也就是有關基督和祂的被釘十字架嗎？上帝的聖靈豈不是今日也因誠懇迫切的祈禱而降下，使人充滿能力以從事服務嗎？

使徒
行傳

4：33

使徒大有能力，見證主耶穌復活；眾人也都蒙大恩。

當為此而祈求

我們的主有豐盛的恩典，強大的權能。祂必將這些恩賜充分地給予憑著信心到祂面前來的人。我們應當誠懇地祈求聖靈的沛降，正如門徒們在五旬節祈求一樣。如果那時他們需要聖靈，我們今日就更加需要了。道德的黑暗好像喪禮用的柩衣一般遮蓋大地，各種假道、邪說以及撒但的詭辯在引人的思想誤入歧途。沒有上帝的聖靈與權能，我們宣講真理的努力就必歸於徒然。

基督的恩典造就了門徒。真誠的獻身與謙卑懇切的祈禱，使他們與祂親近。他們與祂一同坐在天上，又意識到自己欠了祂巨大的債。憑著誠懇恆切的祈禱，他們獲得了聖靈，於是便出去，負起救人的重擔。我們能比使徒們更缺少熱誠嗎？

既然這是我們獲得能力的方法，我們為何不如饑似渴地追求聖靈的恩賜呢？我們為什麼不談論這事，為這事祈禱並傳講呢？每位職工應當每日受聖靈的洗而向上帝祈求。所有為基督工作的人都當聚集，祈求特別的幫助和屬天的智慧，就能知道如何明智地計劃與執行。

日復一日，光陰消逝，永不復回，我們愈來愈接近恩典期之日。我們應當空前熱心地祈求上帝更豐富的賜下聖靈，也必須期望聖靈使人成聖的能力降在傳道人身上。

凡置身於上帝聖靈感化力之下的人，必不會成為狂熱之流，乃是寧靜而堅定，在思想、言語或行為上，不放縱過分。在各種欺人的異端邪說中，上帝的靈要作沒有棄絕真理證據之人的領導和盾牌，消滅一切雜聲，使人只聽見從真理之主而來的聲音。

路加
福音

11：13

你們雖然不好，尚且知道拿好東西給兒女；何況天父，豈不更將聖靈給求祂的人嗎？

晚雨

撒迦利亞書

10：1

當春雨的時候，你們要向發閃電的耶和華求雨。祂必為眾人降下甘霖，使田園生長菜蔬。

希伯來的眾先知，曾藉用東方地帶在撒種及收割時所降的早雨和晚雨為表號，預言聖靈要格外大量降給上帝的教會。使徒時代聖靈的沛降乃是早雨或秋雨的開始，其結果是輝煌的。但是在地上莊稼臨近收割時，也有應許要賜下特別的靈恩，預備教會迎接人子的降臨。這種聖靈的沛降，正是晚雨的降下，因此，「當春雨的時候」，基督徒要為這增加的能力祈求莊稼的主。

基督在五旬節是怎樣得了榮耀，在福音工作將結束時，也必預備一班人經得起最後的試驗，在善惡大鬥爭的最後決戰時，祂要照樣再度地得到榮耀。

那時……必有許多人往來奔走，為上帝的聖靈所激勵，將真光傳給他人。真理，即是上帝的聖言，如同火在他們的骨中，使他們充滿熱望，要開導坐在黑暗中的人。有許多人，甚至連未受過教育的人，也要出去宣講主的聖言。兒童們也要受聖靈的激勵，出去宣揚自天而來的信息。聖靈沛降在順服祂的人身上，而且他們要憑聖靈的權柄，大有能力地宣傳真理。

除非今日教會中的教友與屬靈生長的源頭有活潑的聯絡，他們就不能為收割的時期作好準備。除非他們將自己的燈剔淨點燃，他們就不能在需要的時候接受更多的恩典。

上帝的恩典在起始時實屬必要，但在以後每邁進一步也需要神的恩典，而且唯有上帝的恩典才能完成這工作。我們實在不能疏忽大意而歇工，我們須藉著祈禱與信心不斷地尋求聖靈。

Transforming Grace

具有改造之能的恩典

耶和華,耶和華,是有憐憫
有恩典的上帝,不輕易發怒,
並有豐盛的慈愛和誠實。

神蹟

基督沒有因法利賽人的要求而行奇事。祂在曠野也沒有因撒但的巧言行神蹟。祂並不會給我們能力表揚自己，或是滿足不信和驕傲之人的要求。但福音出於上帝，並不是沒有憑據的。我們能掙脫撒但的捆綁，豈不是一件神蹟嗎？與撒但為仇並不是人的本性，而是上帝用恩典賦予我們的。當一個人從倔強放蕩的意志轄制下得到自由，全心全意地順從上帝能力的引領時，這就是一個神蹟；當一個人在強烈迷惑下能翻然覺悟，明白真道，這也是一個神蹟。每逢一個人悔改，敬愛上帝，並遵守祂的誡命，上帝以下的應許就必實現在他的身上：「我也要賜給你們一個新心，將新靈放在你們裏面。」（結36：26）人心的更新，品格的變化，都是神蹟，顯明永活的救主正在拯救人。在基督裏言行一致的人生，是一個偉大的神蹟。在人傳講上帝時，應當常常顯出的神蹟，就是因聖靈的同在，使上帝的道在聽眾身上發揮改變的能力。這是上帝為祂兒子的神聖使命向全世界所作的見證。

許多人已完全心灰氣喪。在人看來，他們似乎根本無法明白或接受基督的福音。然而藉著神聖恩典的神蹟，他們也可能改變。在聖靈感動之下，人本來的愚昧，使他們根本無法提昇的無望景況就消除了。惡習會消失，無知也必會克勝。

那從上帝寶座垂下來的鏈子，能夠救拔最深之處的人。基督能將罪魁從敗壞的深坑中救出來，將他們放在上帝兒女的地位，並與基督同享永遠基業。

驚人的變化

主耶穌正藉著祂的慈憐與豐盛的恩典，在世人心中從事各種試驗。祂改變人的驚人變化，使常常自誇的撒但，和反對上帝和祂政權之律法的邪惡聯盟，都看這班人是撒但的詭辯與欺騙所不能攻破的堡壘。他很不理解他們為何能這樣。上帝的天使，撒拉弗及基路伯，以及那些受到委託要與人合作的生靈，都以驚訝與喜樂的心情觀看著墮落的世人，他們曾經是忿怒之子，如今在基督的訓練培養下，有了與神形像相似的品德，成為上帝的兒女，而得以在天國的享受與快樂上佔有重要的一份。

基督已充分預備祂的教會，以便祂可以從祂救贖並買來的產業身上獲得大榮耀。教會既得了基督的義，就成為祂的貯藏所，使祂得慈憐、仁愛及恩典的財富，得到最後最完滿的表現。基督在為我們的代求禱告中說，天父對於我們的愛是和對祂自己獨生兒子的愛一樣宏大，而且我們也要長遠與祂同在，並與基督和天父合而為一，這對於天軍既是奇事，也是極大的喜樂。聖靈的恩賜是豐富、完滿，充足的，對祂的教會而言，就是圍繞四周的火牆，能防禦地獄的權勢。基督在人毫無玷污的純潔與毫無瑕疵的完全中，從祂的子民身上得到了祂受痛苦、羞辱和祂慈愛的報償，這就是祂的榮耀，因為基督是一切榮耀的中心。

全天庭都在觀望著人在地上如何成就上帝的旨意，也因此在天上成就了上帝的旨意。這樣的合作就將尊貴、榮耀與威嚴歸於上帝。哎！如果人人都有像基督那樣的愛心，要使行將淪亡的人得蒙救贖，那我們這個世界將有何等的改變啊！

哥林多
前書

4：9

因為我們成了一臺戲，給世人和天使觀看。

心志的更新

基督是一位忠實的訓誨者。在一切虛偽卑賤的事上，祂的出現便是一種譴責。在祂純潔的光明中，人們看出自己是污穢的，人生目的是卑鄙虛偽的。雖然如此，祂卻吸引他們。那位創造人類的主，明瞭人的價值。

祂在每一個人的身上看出無限的可能性。祂看出人們受了祂恩典的改造，便可將「主——我們上帝的榮美歸於我們身上。」（詩90：17）

一切品格的缺點都起源於內心。驕傲、虛榮、急躁、貪心，都來自未蒙基督恩惠所更新的內心。

上帝的恩典改造人生，乃是將人的心志改換一新。外表上的改變並不足以使我們與上帝和好。有許多人想改正一些惡習，就能成為基督徒，可惜他們的出發點錯了。我們先要從心著手。聖經是改造品格的偉大工具。基督禱告說：「求你用真理使他們成聖；你的道就是真理。」（約17：17）我們研究並順從上帝的聖言，就會在心裏發生作用，將每一個不聖潔的屬性都克服了。聖靈也降臨使人認罪，而心中所生發出來的信心也因愛基督而發生作用，使我們身、心、靈全都歸順祂的旨意。

但願我們不要寬容自己，要認真進行人生所必須的改革工作。但願我們將自我釘死。不聖潔的惡習肯定想要爭取主權，但奉耶穌的聖名並藉祂的權能，我們均可得勝。對於每日致力保守己心的人，有應許賜下說：「因為我深信無論是死，是生，是天使，是掌權的，是有能的，是現在的事，是將來的事，是高處的，是低處的，是別的受造之物，都不能使我們與上帝的愛隔絕；這愛是在我們的主基督耶穌裏的。」（羅8：38－39）

以弗所書

4：23－24

又要將你們的心志改換一新，並且穿上新人；這新人是照著上帝的形像造的，有真理的仁義和聖潔。

需要時間

男女內心從純淨聖潔墮落到敗德、腐化和犯罪的地步，絕不是頃刻間的事。使人性變化成為神性，或使原來按上帝的形像受造的人，逐步變成類似走獸或撒但，總是需要相當時間。我們因仰望而得以改變。人雖然按照創造主的形像受造，竟能改變心意，以致他原先恨惡的罪行倒成了他喜歡的。當他一停止警醒禱告，就停止看守城堡，也就是自己的心了。我們務須長期對抗屬肉體的心意，而且我們也必須有上帝恩典感化力的幫助，因為這樣的感化力必吸引心意向上，習慣默想純淨的事物。

品格並非偶然得來。它並不會因一次脾氣的爆發，或一步走錯方向就定下來。那造成習慣並形成或善或惡之品格的，乃是反覆出現的行為。良好品格的塑造，需要恆切不倦地努力，善用上帝賜給的才幹能力將榮耀歸給上帝，方可完成。

上帝期望我們按照那擺在我們面前的模範而建造品格。我們要磚上砌磚，恩上加恩，發現自己的弱點而按照主的指示加以改正。

上帝賜給我們體力、理解力和時間，以便我們建立祂悅納之印記的品格。祂希望祂的每個兒女都藉著多行純潔高尚的事，而樹立高貴的品德，以便最後成為一座均衡勻稱的建築物和美麗的宮殿，是神與人共同喜愛的。

凡有志為主建成美麗建築物的人，務須培養自己的每項才能。唯有善於運用才幹，方能培養均衡的品格。這樣，我們當使用最好的根基，就是聖言所說，由金、銀、寶石等材料所代表的，這樣的材料必經得起上帝潔淨之烈火的試驗。

以賽亞書

27：3

我——耶和華是看守葡萄園的；我必時刻澆灌，晝夜看守，免得有人損害。

AUG
05
八月五日

決志乃關鍵

許多人雖然被基督的優美和天國的榮耀所吸引，卻不願意履行得到這一切的必要條件。要棄絕自己的意志，以及自己的愛好或追求的目標，必須要作出犧牲，因此他們躊躇不前，猶豫不決，結果是徒勞無功。他們羨慕良善，也稍作努力以求得到，但他們卻不選擇良善，他們也沒有不惜任何代價務求獲得良善的決心。

我們若想得勝，唯一的希望乃是將自己的意志與上帝的旨意聯合，每日每時都與祂合作同工。我們要保留自我就不能進入上帝的國。如果要達到聖潔的地步，就必須放棄自我，接受基督的心。驕傲與自負必須釘在十字架上。我們肯不肯付出所必須付上的代價呢？我們願不願使自己的意志與上帝的旨意完全符合呢？除非我們甘心情願，上帝改造的恩典才能在我們身上彰顯出來。

我們藉著全然認識自己，並堅決立志配合上帝的救恩，我們就可以作得勝者，並得以凡事完全，毫無缺少。

逆境會使我們產生戰勝的堅毅決心。突破難關也會給人以更大的能力與勇氣向前邁進。當抱著決心朝正確的方向前進，這樣，環境將成為你的助益而不是你的障礙了。

真正基督化的品格是以專一的意志為標誌，拒絕降服於屬世的勢力，並要全然符合聖經的標準。跟從基督之人要全然獻身。他必須願意以忍耐、愉快和歡欣的心，忍受上帝定意要他所經歷的痛苦。他最後的報償，就是與基督一同坐在那永遠榮耀的寶座上。

哥林多
前書

2：2

因為我曾定了主意，在你們中間不知道別的，只知道耶穌基督並祂釘十字架。

在家庭中感受

應在家庭中推進傳道的工作。凡已接受基督的人，應在家中表現恩典對他們的影響。有神聖感化力約束的基督真實信徒，在他們的家中這種感化力應遍及於整個家中的人，如此便有利於促進家中成員品格達到完全。

教會需要盡可能地培養屬靈能力，使主家中的成員，尤其是年輕人，可以受到嚴密的保護。那在家庭中實踐的真理，也要在外履行出來。那在家中實踐基督教義的人，在任何地方都會是一盞光耀的明燈。

上帝希望所有的兒童與青年都加入主的軍隊。他們必須受訓練抗拒試探，並打那信心美好的仗。要用簡明易曉的話語，在他們年幼時將心思引到耶穌的身上。要教導他們自制。要教訓他們在年輕時就開始作得勝的工夫，這樣他們就必得到耶穌所能夠而且願意賜下的寶貴幫助，同時配合父母憑著祈禱所作的努力。當他們靠著耶穌基督的恩典，抗拒試探並且得勝時，要用鼓舞的話語獎勵他們。

家庭範圍中的和諧氣氛，往往會因急躁的話語和侮辱人的言詞被破壞。若不講這些話，那該多好呀！一次喜悅的微笑，一句用溫柔口氣說的安詳嘉許的話語，乃是一種安撫、慰藉和祝福的能力。有許多人為自己急躁的話語和激怒的脾氣辯白，說：「我過於敏感，我脾氣急躁。」可是這種說法並不能抹去急怒話語造成的傷害。屬肉體的人必須重生，變成新造的人，並由基督耶穌進入他們的心靈。你可以藉著自己的行事，顯明上帝的大能與恩典，又可使屬肉體的人，在基督耶穌裏變為屬靈的人。

使徒
行傳

16：31

當信主耶穌，你和你一家都必得救。

要使世人得知

活的基督徒就必定作活的見證。你若曾經緊緊地跟從耶穌，那你就必定知道祂是怎樣引導著你。你知道怎樣查驗祂的應許，發現應許是可靠的。你能指出自己經驗中活潑的過程，而毋須追述多年前的經歷。但願我們能時常聽見內心掙扎得勝的簡單而誠懇的見證。

每位真基督徒都有一場戰役要打，如此才能承認真理的諸般原則，並將其實踐出來。我們救恩的元帥要我們時常有從戰場來的見證。那班受真理之敵與眾生之敵猛烈攻擊，而效法耶穌受試煉時之榜樣的人，就必會作出動人心弦的見證。他們真正是耶穌的見證人。

我們常常覺察不出榜樣所發生的力量。我們時常與別人接觸。我們會遇見犯錯誤的，行壞事的人，這等人可能是令人憎厭，性情暴躁、易怒、專橫，而獨行其事的。在與他們交往時，我們必須忍耐、寬容、和諧和溫和。我們大家都會遭遇試煉與困惑，因為我們正處在一個充滿掛慮、焦急和失望的世界之中。但是，我們必須以基督的精神去應付這一切煩惱。靠著祂的恩典，我們可以超越逆境，並且在日常生活中，雖然遇見磨難與煩惱，仍能保持內心的平靜與安寧。這樣，我們在世人面前就能代表基督了。

基督力圖拯救這個世界，不是要順從這個世界，而是要向世界顯示上帝改變人心的恩典能力，要陶冶人的品格，愈來愈像基督的品格。

基督的恩典要在接受之人的生活和品格上造成不可思議的變化，而且我們若真是基督的門徒，世人就必發現神的能力在我們身上的作為，因為我們雖在世界，卻不是屬世界的。

以賽
亞書

43：12

耶和華說：「你們是我的見證，我也是上帝。」

持守屬靈的生活

AUG

08

八月八日

上帝藉著他的聖言向我們說話。祂的聖德，祂待人的方式，以及救贖的大工，都在其中清楚地向我們顯示了。這裏也向我們陳明了先祖與先知，以及其他古聖先賢的史實。他們「與我們是一樣性情的人。」（雅5：17）我們看到他們怎樣像我們一樣在失望中掙扎，一樣在試探下跌倒，卻仍然堅持靠著上帝的恩典而得勝；看到這一切，我們就必受到激勵要追求公義。當我們讀到他們的寶貴經驗，他們享受的真光、慈愛、福惠，以及他們藉著恩典而成就的偉業時，那激勵他們的靈也將在我們的心中燃起聖火，使我們切望在品格上與他們相似，像他們一樣與上帝同行。

耶穌論到舊約聖經曾如此說：「給我作見證的就是這經」（約5：39），這話對於新約聖經尤其確切。你若想認識救主，就當研讀聖經。要用上帝的聖言充滿你的心。聖言乃是活水，足以解除你焦灼的乾渴。聖言也是從天上降下來的生命之糧。我們的身體成長是因所吃的飲食，就如同自然的法則，屬靈的法則也是一樣的，使我們靈性強健有力的，乃是我們所經常默想的。

要藉著基督聖言而與祂交往來維持屬靈的生命。思想意念須專注在聖言上，心中也必須充滿聖言。將上帝的聖言藏於心中，看為寶貴並順從，藉著基督恩典的能力就可使人歸正，並保持正直。

當祂的訓言被接納，而且佔有我們時，耶穌就必與我們同在，管束我們的思想、見解與行為。耶穌基督就是我們的一切——凡事以祂為始、為終、為至上。

約翰福音

6：35

耶穌說：「我就是生命的糧。」

彰顯上帝的聖德

上帝聖言顯示的光，無論是照在過去、現在、或是將來，都是要賜給所有願意接受之人的。這光的榮耀就是基督聖德的榮耀，應在每個基督徒身上，在家庭中，在教會裏，在傳講聖言的工作上，和上帝子民所設立的每一個機構中彰顯出來。主所設計的一切，都表明了祂為世界所成就的，這也是福音真理拯救之能的例證。

世人藉著看見教會如何彰顯上帝的善良、憐憫、公正和仁愛，就看見了上帝的聖德。

我們為求彰顯上帝的聖德，務須親自認識祂。我們若與上帝有了交往，即使我們永沒有機會向聽眾講道，我們也是祂的傳道人。我們與上帝同工，要在人性中表揚祂聖德的完美。

上帝已將職責交給世人，要顯明上帝的品德，藉著祂純淨、溫慈，有憐憫的愛，為祂的恩典、智慧和仁慈作見證。

我們的工作就是藉著上帝在耶穌基督裏所賜給我們的豐盛恩典，在世人身上恢復上帝道德的形像。哎！我們是何等需要認識耶穌和我們的天父，好使我們在品格上可以代表祂啊！

凡被基督的恩典所改變的心靈，都敬慕祂神聖的品德。我們越發現自己毫無可取之處，就越重視救主的無限純潔與優美。我們看出自己的罪惡，就必樂意投奔那位能赦罪的主；當我們內心感悟到無助而嚮往基督時，祂就必在大能中彰顯祂自己。我們越因感覺缺乏而親近祂與上帝的聖言時，我們就對祂的聖德有越高超的認識，我們也就越能充分反映出祂的形像了。

出埃及記
34：6

耶和華，耶和華，是有憐憫有恩典的上帝，不輕易發怒，並有豐盛的慈愛和誠實。

現今可能達到完全嗎？

AUG
10
八月十日

上帝將祂兒子賜給這世界時，祂便使人能藉著運用自己的一切才幹來榮耀上帝，因而得以完全。在基督裏祂賜給他們豐盛的恩典和有關祂旨意的知識。世人若願虛己，學習凡事謙卑，靠賴上帝的指引，他們就必能成就上帝為他們所定的宗旨了。

品格的完全乃在乎基督與我們的關係。倘若我們時時依靠救主的功勞，並跟隨祂的腳蹤而行，我們就必像祂那樣清潔而毫無玷污，我們的救主絕對不向任何人要求不可能的事。也不指望祂的門徒去做任何祂所不願賜給他們恩典與力量去實踐的事。如果祂未曾備有各種全備恩惠，要賜給所有樂意得到如此高尚聖潔權利的人，祂就不會囑咐他們要完全。

我們的本分乃是要竭力在自己的活動範圍內，達到基督在世生活時所達到的品格各方面的完全。我們務須完全依靠祂應許要賜給我們的能力。

耶穌顯示的品德和所行使的權能，都是人因信祂而可以得著的。只要他們像祂那樣順從上帝，祂完全的人性就是所有跟從祂的人所能有的。

我們的救主要使整個人得以完全，祂並非人生某一部分的神。基督的恩惠要鍛鍊整個人。祂創造了一切，也救贖了一切。祂使心思、能力、身體，都和靈性一樣與上帝的性情有分，因此一切都是祂所贖買的產業。人心須盡心、盡性、盡意、盡力事奉祂。這樣，主就必在祂聖徒的身上，就是在與他們有關的平凡屬世的事物上得到榮耀。「歸耶和華為聖」的字樣要銘刻在他們的身上。

馬太
福音

5：48

所以，你們要完全，像你們的天父完全一樣。

愈益擴大的感化力

基督的生活是一種廣大無邊的感化力，這感化力將祂與上帝，也與全人類聯結在一起了。上帝已經藉著基督將感化力給人，使人不要專為自己而活。就個人而言，我們都與我們的同胞互相關連，也都是上帝大家庭的一部分，而且我們有相互幫助的義務。無論誰也不能只為自己生活，因為人和人是互相影響的。上帝的旨意是要人人都關心別人的福利，並且促進別人的快樂。

藉著我們四周的氣氛，凡與我們交接來往的人，都在有意無意中受了影響。我們的言語、舉動、服裝、行為，甚至臉上的表情，都帶有感化力。如果我們能因自己的榜樣而幫助別人在善良的原則上長進，那我們就給了他們行善的能力。然後他們再以同樣的感化力傳給別人，別人再傳給別人，這樣藉著我們無意中的感化力，千萬的人就得蒙福惠了。

人格就是力量。一個真誠、無私而敬虔的人生所作的無聲見證，帶有一種幾乎不可抗拒的感化力。我們若在自己的生活上表現基督的品格，那就是在救人的工作上與祂合作了。而且只有在生活上表現祂的品格，我們才能與祂合作。我們感化力的範圍越大，所能成就的善事也就越多。當那自稱事奉上帝的人效法基督的榜樣，在日常生活上實行律法的原則時，當他們的每一行動都證明，他們是以愛上帝為至上並愛鄰舍如同自己時，教會就必有能震撼世界的力量了。

但是千萬不要忘記：感化力在邪惡的事上，同樣是一種很大的力量。一個人喪失了靈命，已是一件可怕的事了，但是使別人喪失了靈命，則更可怕。只有藉著上帝的恩典，我們才能正確地運用這種天賦。

提多書

2：7－8

你自己凡事要顯出善行的榜樣；在教訓上要正直、端莊，言語純全，無可指責。

心志得以潔淨

人有一番工夫要作。他必須面對鏡子，就是上帝的律法，發現自己品格與道德上的缺點，去除他的罪，並將品格的衣袍在羔羊的血裏洗淨。凡領受基督的愛，並切望在見耶穌真體時蒙受改造像祂的人，就必從心中清除嫉妒、驕傲、惡意、欺騙、爭鬥等毛病。基督的宗教可使相信的人變為文雅而莊重，不拘他的交往或社會地位如何。得蒙啟迪的基督徒能超越自己先前品格的水準，而得到更大的智力與道德力。那些因犯罪作惡而敗壞墮落的人，能因救主的功德，升達較比天使略為低微的地位。

然而因福音而生之盼望的感化力，絕不會讓罪人認為基督的救恩是免費的恩典，以致人還繼續干犯上帝的律法。真理的光一旦照進他的心思，使他全然瞭解上帝的要求並感悟自己犯罪的程度，他就必改革自己的行為，並藉著從救主那裏來的能力而效忠上帝，並過一種更新而純潔的生活。

我們當作的工，就是按照神聖的模範塑造自己的品格。一切不良的習慣都必須放棄。不潔的心必須變為潔淨的；自私的人必須放棄自私自利；驕傲的人必須革除自高自大，自負自滿的人必須克服自信自恃，並承認人若離了基督便算不得什麼。我們務須與上帝有活潑的聯繫。

倔強而悖逆的心意可能關閉心門，拒絕接受上帝恩典諸般甘美的感化，以及聖靈所賜的一切喜樂，然而智慧的道卻總是安樂的，路也總是平安的。我們越與基督有親密的聯絡，則我們的言行就越顯明祂恩典的改造與馴服之能。

約翰
一書

3：3

凡向祂有這指望的，就潔淨自己，像祂潔淨一樣。

哥林多
後書

3：18

如同從主的靈變成的。
從鏡子裏返照，就變成主的形狀，榮上加榮，
我們眾人既然敞著臉得以看見主的榮光，好像

因瞻仰而得以變化

從不聖潔改變到聖潔，乃是一種繼續不斷的功夫。上帝天天在為人的成聖而操勞，而人必須與祂合作，孜孜不倦地努力養成正當的習慣。他必須恩上加恩，當他這樣不斷加上時，上帝也要加給他更多。我們的救主早已準備好，要垂聽並且應允痛悔之心的祈禱，又將恩惠與平安加給祂忠心的兒女。祂樂意將在與罪惡鬥爭中需要的恩惠賜給他們。

約翰與猶大代表那些是自稱跟從基督的人。這兩個門徒擁有同樣的機會，可以學習並效法神聖的模範，與耶穌有親密的來往，並有特權聆聽祂的教訓。二人也都有品格上嚴重的缺點，但也都能得到改變品格的神聖恩典。但一個門徒卻以謙卑的心效學耶穌的樣式，而另一個則顯明自己並不是「行道」的，而只是「單單聽道」。一個是天天治死自我，戰勝罪惡，因真理成聖，另一個則抗拒恩典的變化之能，放縱自私的慾望，終於受了撒但的捆綁。

約翰生活中品格上明顯的改變，乃是與基督相交的必然結果。一個人可能在品格上有顯著的缺點，但當祂成為基督的忠實門徒時，上帝恩典的能力就必使他改變，使他成聖。他即看見主的榮光，好像從鏡子裏返照，就必改變，榮上加榮，直至與他所崇敬的主相似。

那些承認自己相信上帝的人，唯有與祂的形像相似，並受祂聖靈的管束，才能歸榮耀與祂。然後，他們作救主的見證人，才可以宣揚上帝的恩典為他們成就的事。

救助最無希望的人

基督降世為要把救恩賜給世人。祂在髑髏地的十架上，為淪亡的世界付上了無限的贖價。祂的使命是對罪人，對各等各色罪人，各方各族罪人的，甚至錯誤最大、罪惡最重的人，祂都不放棄；祂的服務原是特別為那班最需要祂救恩的人。他們越需要改革，就越蒙祂的關心、祂的同情、祂誠懇的服務。祂的內心已被那些情境最無望並最需要祂改變之恩典的人所打動。

我們應當培養基督拯救犯錯之人的精神。這等人在祂看來與我們同樣可愛。他們同樣可能成為祂恩典的勝利品並承受祂的國度，可是他們卻暴露在敵人的網羅之下和危險與污染中，若無基督拯救之恩，結果必致滅亡。我們若以正確的眼光來觀察這事，就當怎樣大發熱心，更加懇切而自我犧牲，使我們親近那些需要我們幫助、祈禱、同情，及愛的人啊！我們的心若得到基督恩典的軟化與降服，並發出上帝的仁愛與善良，我們就能自然地向他人流露出仁愛、同情和親切之心了。

當存著滿有憐憫之愛的偉大善心，容許神聖慈悲的洪流流入你們的心，再從你們的心轉入他人的心。但願耶穌在祂自己寶貴生平中顯示的溫柔與慈憐作為我們的榜樣，使我們照樣去對待同胞，尤其是在基督裏的弟兄們。千萬不可心存殘忍、冷酷、無情，而好吹毛求疵。切莫錯過述說鼓勵與激發希望之話的機會。我們無法知道，一句親切仁慈的話語，或是為減輕他人重擔而作的基督化的努力，其影響是何等的遠大。要挽救犯錯誤的人，唯有本著謙卑、溫和與親愛的精神，除此之外別無他法。

彼得前書

3：8

總而言之，你們都要同心，彼此體恤，相愛如弟兄，存慈憐謙卑的心。

與基督的性情有分

基督的日常生活閃耀著何等優美的品德啊！祂是我們的典範。在依照神聖模樣塑造品格的事上，我們有一種偉大的工作要作。基督的恩惠必須塑造整個人，而它的勝利，就在於天庭全體都能看見上帝兒女在生活上顯示的親切，如基督般的愛，和聖潔的行為。

每個人都必須親自獲得這樣的經驗。沒有什麼人能依賴他人的經歷或行為得救。我們務須各自認識基督，使我們能向世人代表祂。「上帝的神能已將一切關乎生命和虔敬的事賜給我們，皆因我們認識那用自己榮耀和美德召我們的主。」（彼後1：3）我們中間無論誰都不可原諒自己急躁的脾氣、畸形的品行、自私、忌恨或心靈、身體或精神上的污點。

我們務須向基督學習，認清祂與救贖之人的關係，我們務須認識到，藉著信賴祂，我們有權得以與上帝的性情有分，並脫離世上從情慾來的敗壞。於是我們一切的罪孽，品格上的缺點都被清除了。任何犯罪的習性都沒有必要保留。

我們與上帝的性情有分，先天的與後天犯錯傾向就會從品格中除去，自然而然地我們就有一種活潑為善的能力了。我們時常向那位神聖的「教師」學習，日日分享祂的神性，便能與上帝合作戰勝撒但的試探。上帝在工作，人也在工作，這樣人就得以與基督合而為一，正如基督與上帝原為一，然後我們才能與基督一同坐在天上，而我們的心思意念就在耶穌裏得到安息和保證，因為在祂裏面有取之不盡的豐盛。

上帝曾經賜給我們各種的便利和恩典。祂已預備了天庭豐足的財寶，而我們有權從中不斷地享用。

彼得後書 1：4

因此，祂已將又寶貴又極大的應許賜給我們，叫我們既脫離世上從情慾來的敗壞，就得與上帝的性情有分。

陶冶品格

基督恩典的變化之能，要陶冶那獻身於上帝工作的人。他既已充滿救贖主的靈，就已經準備要捨己，背起十字架為主犧牲了。他再也不會不關心四周行將淪亡的人。他已不再專顧自己，在基督裏他是新造的人，他也不再專為自我服務。他認清身體的每一部分，都是屬於那位救他脫離罪惡奴役的主基督，他將來的每時每刻，也都是用上帝獨生子的寶血買來的。

基督是我們的典範，凡跟隨基督的人必不在黑暗裏行走，因為他們必不求自己的喜悅。他們終身致力的目的，乃是要榮耀上帝。基督已向世人顯示上帝的品德。主耶穌行事為人的方式，使世人不得不承認祂一切所行的都甚好。世界的救贖主原是世上的光，因為祂的品格是毫無瑕疵的。祂雖是上帝的獨生子，是承受天上地下萬有的，卻沒有留下懈怠與放任的榜樣。

基督從未諂媚過任何人，從未欺騙訛詐過任何人，也從未因為要獲得恩寵與讚美而偏離絕對正直的行徑。祂始終說實話，仁慈的法則從未離開祂的嘴唇，祂口中全無詭詐。但願屬肉體的器皿，將自己的人生與基督的人生相比，而藉著耶穌所賜予凡認祂為個人救主之人的恩典，他們就可達到仁義的標準。凡跟從基督的人都必時時仰望那使人自由的全備律法，並且藉著基督的恩典，按照神聖的要求來陶冶自己的品格。🙏

彼得
前書

1：14 － 15

你們既作順命的兒女，就不要效法從前蒙昧無知的時候那放縱私慾的樣子。那召你們的既是聖潔，你們在一切所行的事上也要聖潔。

藉著愛來表現

那在團結和友誼與愛的約束中，在與基督和上帝的合而為一中，將信徒的心都聯繫在一起的愛心金鏈，使這種聯合成為完全，並向世人作了一個不能反駁的基督能力的見證。

撒但明白這個見證的能力，因為恩典足有改變品格的能力。牠必設出各樣可以想像得到的奸計，以便打斷那使相信真理之人，在與聖父聖子的密切聯繫中心心相印的金鏈條。

那些從未體驗過基督溫柔與愛的人，絕不能引領別人到生命的泉源來。牠的愛在心中乃是一種激動人的能力，使人在言語上，在溫柔、慈憐的精神上，在提高與他們接觸之人的生活上，都將牠表現出來。

一顆因上帝的恩典而更新的心，愛乃是行動的主要原則。它陶冶品格，管轄衝動，控制慾念，並提高感情。這種愛若懷存在心中，就使人生快樂，並在四周的眾人身上發揮高尚的感化力。

那以愛上帝為至上，並愛鄰舍如同自己的人，必時常感到自己好像是一台戲，演給世界、天使和眾人觀看。他既以上帝的旨意為他自己的意願，就必在他的人生上顯揚基督恩典的變化之能。在任何生活環境中，他總是以基督的榜樣為他的嚮導。

每一位真誠捨己為上帝工作的人，都會樂意促進他人的福利。真誠的基督徒要藉著誠懇的關懷，在別人需要時幫助人，表現他愛上帝和同胞的心。他或許在服務中要犧牲自己的生命。然而在基督來要收聚牠的珍寶時，他必重得生命。

約翰
福音

13：34－35

我賜給你們一條新命令，乃是叫你們彼此相愛；我怎樣愛你們，你們也要怎樣相愛。你們若有彼此相愛的心，眾人因此就認出你們是我的門徒了。

賜生命的氣氛

上帝賜下祂兒子這無比的禮物，就是用恩惠的氣氛環繞整個世界，如同遮蓋地球的大氣層一樣。凡願呼吸這生命氣息的人，就必在基督耶穌裏存活長進，並長大成人。

那些作基督代表之人所表現的性情與品格的美，是一切藝術的美所不能比擬的。唯有那縈繞著信徒心靈的恩惠氣氛，以及聖靈在人心中的運行，才能使他成為活的香氣叫人活，並使上帝能賜福與他的工作。

品格的變化是向世人證明有基督之愛住在心中。主期望祂的子民能向人顯明，救贖的恩典可以改變品格上的缺點，並使之有勻稱的發展，而多結善果。

當上帝的恩典在心中作主時，心靈就必被一種信心與勇敢以及基督愛的氣氛包圍著，這種氣氛能使所有領受的人充滿生氣與活力。主要使用存心謙卑的人去接近牧師所無法接觸的人。他們要受感說出表現基督救人恩典的話來。

他們在造福他人時自己也要蒙福。上帝給我們分賜恩典的機會，祂會再賜給我們更大的恩典。人運用上帝賜予的才能與設備時，希望與信心就必加強。他也必有神聖的能力與他合作同工。

有一種聖潔的感化力，要從那些因真理而成聖的人向世界發出。大地要被恩典的氣氛所環繞。聖靈要在人心中運行，將屬於上帝事物啟示與人。

哥林多
後書

2：14 － 15

感謝上帝！常率領我們在基督裏誇勝，並藉著我們在各處顯揚那因認識基督而有的香氣。因為我們在上帝面前，無論在得救的人身上或滅亡的人身上，都有基督馨香之氣。

AUG
19
八月十九日

待我們取用

約翰
福音

16：24

你們求，就必得著，叫你們的喜樂可以滿足。

禱告是上帝命定與罪惡鬥爭的方法，使基督徒品格得到發展。那應答信心禱告的神聖感化力，必在祈求者的心靈中成就他一切所要求的。無論是為了赦罪，為了聖靈，為了基督化的性情，為了智慧和力量以從事祂的工作，或是為了任何祂所應許的恩賜，我們都可以要求；而且應許乃是：「你們求，就必得著。」

耶穌是我們的幫助者，我們住在祂裏面並倚靠祂就必獲全勝。基督的恩惠現在正等待著你去取用。你若求祂，祂必照你的需要賜給你。基督的教導必扼制約束各樣不聖潔的情慾，激發精力、自制力和勤勞，教導我們在日常生活中學習節儉、機智和自我犧牲，毫無怨言地忍受各樣艱難。基督的靈在心中居住，必在品格上顯示出來，培養高超的才智和能力。基督說：「我的恩典是夠你用的。」（林後 12：9）

總要保持你的心靈與耶穌之間的交往。我們應當常與家中的人一同禱告，尤其重要的是：我們切不可忽略暗中的祈禱，因為這乃是靈性的生命。若疏於禱告，靈性就不可能興盛。僅有家庭或公眾的禱告還是不夠。應當在幽靜之處，將心靈放在上帝慧眼的鑒察之下。暗中的祈禱是只需要垂聽祈禱的上帝聽見，沒有任何人來竊聽這種由衷的祈求。在暗中的祈禱裏，心靈不受環境的影響和觸動。心靈藉著安靜而單純的信心，就能與上帝經常保持交往，並得到神聖的真光，使我們在與撒但爭戰時可以加強能力，獲得支援。

要在你的密室中祈禱，在你從事日常操作時，你的心也當不住地仰望上帝。以諾就是如此與上帝同行的。這些默默無聲的禱告就如寶貴的馨香之氣，升達施恩寶座之前。凡心靈如此倚賴上帝的人，撒但必不能勝過他。

鍛鍊與精練

艱難和困苦，是上帝特選訓練人的方法，是祂使我們成功的條件。祂看出某些人的力量和易受感動之處，若加以正當的指示，就能用於推進祂的工作。所以祂就按著祂的旨意，將這些人放在不同的位置和情形之下，使他們發覺自己品格方面未知的弱點。祂又給他們機會矯正這些缺點，建立為祂服務的資格。

主耶穌基督鍛鍊我們，正是因為祂看出我們裏面有些貴重的潛質，要加以造就並提煉。如果祂發現我們身上沒有什麼足以榮耀祂名的地方，祂就不會用光陰來雕琢我們。祂絕不會把無用的石頭丟進祂的爐中，唯有貴重的礦石，祂才加以提煉。鐵匠把鋼鐵丟在火中，為要知道材料的性質和成分如何。主容祂的選民被放入苦難的爐中，也是要試驗他們的性情和質地，看他們能否被造就成為祂的工具。

有人以為只要檢點自己，照著自己所立的標準去改變自己就好了，其實不然，這樣作，不但不能改正錯誤，反而要更加敗壞了。改革的工作必須從內心作起，然後才能在精神、言語、面容和行為上顯出革新來。藉著基督豐盛的恩典，我們就認識祂而得以變化。我們要謙卑地改正一切錯誤，修正品格上的每一個缺點，而因為有基督居住在心內，我們就可以準備好加入天上的家庭了。

基督徒不可保留犯罪的惡習，或懷藏品格的缺點。不論你的瑕疵缺點是什麼，上帝的聖靈必使你發現它們，並要賜恩典給你，使你能勝過這一切。

約伯記

5：17

上帝所懲治的人是有福的！所以你不可輕看全能者的管教。

永遠向上

歌羅
西書

2：6

你們既然接受了主基督耶穌，就當遵祂而行。

這經文的意思是：你當研究基督的生平。你當以較比研究世俗知識更高的熱誠去研究，因為永恆的事物比屬世的事物更加重要。你若重視永恆事物的價值與神聖性，你就必以最敏慧的思想與上好的精力，來解決有關你永恆福利的問題，因為一切其他事物若與之相較，就成為毫無價值的了。你既有一個模範基督耶穌，就當跟從祂的腳蹤行。

「有了信心，又要加上德行。」（彼後1：5）後退的人得不到任何應許。使徒在他的見證中，有意要鼓勵信徒們在恩典和聖潔上每天長進。他們自稱是照著真理生活的人，也是認識了寶貴的真理，與上帝的性情有分的人。可是，他們若到此為止，就必失去已領受的恩典。

真理是一種活潑工作的原則，陶冶心志與人生不住地向上長進。每往上攀登一步，人的意志就必獲得新的動機。道德的品質也必越久越和基督的旨意與聖德相似。進步的基督徒必享有意外的恩典和慈愛，因為基督的聖德已深深感服了他的心。在梯的頂端顯現出的上帝榮耀，只有繼續攀登的人才能賞識，他必不住地被吸引去追求基督向他顯示的更高尚的目標。

那朝向天庭的階梯，必須一次一步地行走；每上進一步，就有能力再往上走一步。上帝恩典的變化之能在人心中所作的工，只有少數的人瞭解。因為他們過於懶惰，不肯作必要的努力。

人若肯將自己的努力配合智慧與能力之源上帝的恩典，所能達成的高尚偉大的造就，就是人想像不到的，況且還有那極重無比永遠的榮耀。

足夠的恩典

「從前你雖然以自己為小，豈不是被立為以色列支派的元首嗎？」（撒上 15：17）撒母耳在此指明掃羅被選登上以色列國寶座的原因。他並不看高自己的才能，並願意受教。當上帝揀選他時，他在知識和經驗方面都感缺乏，他雖然有不少優點，但仍有一些品格上的嚴重缺點。然而他若保持謙卑的心，力求時時得蒙神聖智慧的引導，他就必足能成功而光榮的執行這高貴的職責。在神聖恩典的感化之下，每一良好的品質都必繼續加強，而不良的癖性也必逐漸消失其能力。

這是主定意要為將自己獻給祂的人所要作成的工夫。祂必將恩典與智慧分賜給願意受教的人。祂要指出他們品格上的缺點，並賜力量給凡尋求祂幫助糾正錯誤的人。不論人怎樣容易犯罪，或是有什麼痛苦難堪的情慾在掙扎，只要他肯奉以色列的「幫助者」的聖名，並倚賴祂的能力時常警醒而作戰，他就能得勝。上帝的兒女應培養一種對罪的敏感。撒但最成功的狡計之一，就是誘人去犯所謂之小罪，將心眼弄瞎，使人看不出小小放縱，和稍微偏離上帝明白要求的危險。有許多人因恐懼而畏縮不敢犯大罪，但所謂小罪就認為是不足介意的。可是這些小罪卻能將心靈中虔敬的生命蝕盡。殊不知踏上偏離正路的腳步，正是走向引至死亡的大道呢！

無論上帝將我們安置在哪裡，無論我們的職責是什麼或遇到什麼危險，我們總應記著，祂曾親自保證要將需要的恩典賜給誠懇尋求的人。凡感覺自己無力勝任所負的職責，卻因上帝的囑咐，靠賴祂的權能與智慧接受這樣職責的人，必要力上加力。

哥林多
後書

12：9

祂對我說：「我的恩典夠你用的，因為我的能力是在人的軟弱上顯得完全。」

AUG
23
八月二十三日

寬容時期仍然延續中

人所享受的一切好處，都是出自上帝的慈憐。祂是偉大而仁厚的「賜予者」。祂的慈愛也顯示在為人類所作的豐厚供備上。祂已賜給我們寬容的時日，使我們預備好適宜於天庭的品德。

我們毫無疑問地相信基督即將復臨。這事對我們而言並非無稽之談，而是確鑿的事實。祂來並非要潔淨我們的罪孽，消除我們品格上的缺點，或醫治我們性格脾氣方面的毛病。這種工作若真要作成，必定是在耶穌來之前。主來的時候，聖潔的必仍舊聖潔。哪些保守自己身體靈魂聖潔、成聖而有尊榮的人，那時要接受永生。但那班不義、不潔而污穢的人，卻會永遠保持原樣。那時再沒有為他們潔除瑕疵或賦予聖潔品格的功夫可作了。那時那位「煉淨者」也不再從事煉淨的工作，除掉他們的罪孽與敗壞。這種工夫都要在上帝寬容的時期中完成，現今就是為我們作成這工的時候。

在恩典時期中，上帝的恩典是賜給每一個人的。但人若因自私享樂而浪費了機會，便與永生隔絕了，以後再沒有恩典時期給他們了。他們自願在上帝與自己之間留下了一道無法逾越的鴻溝。

許多人正在自欺，以為當基督復臨之時，他們的品格就會改變，但是在祂顯現的時候，絕不會有什麼內心悔改的事發生。我們必須現今改變品格上所有的瑕疵，趁著寬容的日子尚未過去，靠賴基督的恩典，克服這一切缺點。此世乃是人們預備進入天上的家庭的地方。

寬容時期即將終止。務要預備！務要預備！應當趁著白日作工，因為黑夜將到，就沒有人能作工了。

啟示錄

22：11

不義的，叫他仍舊不義；污穢的，叫他仍舊污穢；為義的，叫他仍舊為義；聖潔的，叫他仍舊聖潔。

論獎賞

按照祂神聖的安排，藉著祂賜給為世人不配享受的恩典，上帝已命定善行必蒙報償。唯有藉著基督的功勞，我們才能得蒙接納；而我們施與他人的憐恤之舉和慈善之行，都是信心的果效，同時也成了我們自己的福惠，因為世人將來都要照著自己的行為受報應。使我們的善行在上帝那裏蒙悅納的，乃是基督功勞的馨香之氣，而使我們有能力行善承受報償的，乃是主的恩典。至於我們的善行，就其本身而論，是毫無價值可言的。我們不配受上帝的感謝。我們所行的，無非是分所當行的，也不是憑著我們罪惡的本性成就的。

我們需要……將基督的亮光和恩典放入一切行為之中。我們需要緊緊握住基督而不放手，直到祂使人發生變化恩典的能力顯明在我們身上。我們若要反照神聖的品德，就必須對於基督有信心。相信上帝的聖言和基督改變人生的能力，就必使相信的人有能力從事祂的工作。

基督把祂的「家產」──就是一些要為祂使用的東西──委託給祂的僕人們。祂「分派各人當作的工。」上帝在地上指定我們工作的地點，和在天上為我們預備的住處是同樣重要的。

基督已經付給我們的工價，就是祂的寶血和苦難，為要取得我們甘心樂意的服務。祂到世界上來為我們樹立榜樣，說明我們應當怎樣工作，並用什麼精神來工作。祂要我們研究怎樣有效地推進祂的工作，並在世上榮耀祂的聖名。

心靈因聖靈的運行而成聖的真義，乃是使基督的本性深入人心。福音的宗教乃是基督表現在生活中，也就是一種活潑積極的原則。它是在品格上顯示基督的恩典，並藉著善行而實施出來的。

啟示錄

22：12

看哪，我必快來！賞罰在我，要照各人所行的報應他。

AUG
25
八月二十五日

帖撒羅尼
迦前書

5：23

願賜平安的上帝親自使你們全然成聖！又願你們的靈與魂與身子得蒙保守，在我們主耶穌基督降臨的時候，完全無可指摘！

為整個人

聖經所提出的成聖，乃包括整個人——靈、魂和身子。保羅囑咐基督徒獻上他們的身體，「當作活祭，是聖潔的，是上帝所喜悅的。」（羅 12：1）為要作到這一點，他們身體必須盡可能地保持著最健全的狀態。任何足以減弱體力或智力的事，都會降低為創造主服務的資格。基督說：「你要盡心、盡性、盡意愛主——你的上帝。」（太 22：37）凡是真正盡心愛上帝的人，都渴望把一生最好的服務獻給祂，他們必不斷地追求使自己所有的力量，都符合那些增進他們的能力以遵行上帝旨意的定律。他們必不會因放縱食慾或情慾，減弱或污損他們獻給天父的祭物。

上帝甚願我們承認祂掌管著我們的心智、靈魂、身體、精神和生命中所有的一切。我們因創造並因救贖而屬於主。祂以創造者的身分，要求我們全然的服務。祂以救贖者的身分，也要求我們理所當然並無可比擬的愛祂。我們的身體、靈魂和生命，都是屬於祂的，不單是因為這一切原是祂白白賜予的，更因為祂不斷地供給我們諸般的福惠，也賦予我們能力運用自己的天資。

既然如此，我們豈不應當將基督受死所救贖的奉獻給祂嗎？你若肯如此行，祂就必激發你的良知，更新你的心意，聖化你的感情，潔淨你的思想，並利用你一切的能力為祂而工作。每一項動機，以及每一心思都必降服於耶穌基督。

凡為上帝兒子的人，就必在品格上代表基督。他們的服務必帶有上帝聖子無限溫慈、憐憫、仁慈和純潔的香氣，而且身心越完全地歸順聖靈，則我們所奉獻給祂之祭物的香氣就必越大。

按照上帝的形像

亞當在創造主的手中被造時，其身體、心智和靈性各方面的本性，都與造他的主相似。

因為有了罪，神聖的形像被損毀，並幾乎被消滅了。人的體力變弱，智力減低，屬靈的眼光也模糊了。從此他便成為必死的人了。雖然如此，人類卻並未到絕望的地步。由於主無窮的仁愛與慈憐，救贖計劃的產生，給人有重新選擇的機會。救贖的工作就是要在人類身上恢復創造主的形像，使人回到被造時完全的地步，促進身心靈各方面的發展，以便實現創造主的神旨。

上帝道德的形像雖因亞當的罪而幾乎消滅了，但藉著耶穌的功德與權能，仍有恢復的可能。人可能在品格上符合上帝道德的形像，因為耶穌必將這形像賜給他。

上帝創造人類，使人有心思意念，原是一件不可思議的事。上帝的榮耀要在按照自己的形像造人，並在救贖人的事上顯明出來。一個人較比一個世界更有價值。主耶穌是我們生存的創始者，也是我們救贖的創始者，每一個要進入天國的人，都要培植一種與上帝品格相似的品格。

藉著賜給末世的直入人心的真理，主正從世界選出一批百姓，潔淨他們歸屬於自己。驕傲及不健全的樣式，愛炫耀的心，愛稱讚的心，都必須留在世界上，我們才會在學習創造主樣式的知識上更新。

由於基督恩典改變人心的能力，上帝的形像就在祂的門徒身上得到恢復，他就成了一個新造的人。那使我們的品格變化成基督之形像的，乃是耶穌所說祂要差遣到世上的保惠師聖靈。此工完成時，我們就會像鏡子一般，返照主的榮耀。

歌羅西書

3：10

穿上了新人。這新人在知識上漸漸更新，正如造他主的形像。

基督的代表

無論男女，若靠著基督的能力，遵照祂的教訓，就能度祂在世上
所度的生活。在與撒但爭戰之時，他們也能得到祂所得到的一切
幫助。

以賽
亞書

43：10

你們是我的見證，我所揀選的僕人。

凡名為基督徒，而不度基督所度之生活的人，就是侮辱了他的信
仰。凡名錄在教會名冊上的人，都有責任要做基督的代表，顯出
內心溫柔安靜的精神。他們要作祂的見證人，使人知道照著基督
榜樣行事為人所有的益處。現代真理要在相信之人的行為上顯出
能力，而且要從他們的身上傳給世人。信徒應在自己的行為上顯
示真理使人成聖和提高人格的能力。要顯出基督因死而賜予人恩
典的能力。他們的為人品格，須有信心，須有膽量、誠心、誠意、
毫不遲疑地信靠上帝和祂的應許。

我們既已蒙召，有這樣神聖嚴肅的信息要傳揚，我們在生活上就
絕不可有虛偽的做作。世人正在注視著基督復臨安息日會的人，
因為他們知道本會信徒自詡的信仰和高尚的標準，假設他們不照
所講所說的去行，那麼世人就要嘲笑他們了。

凡愛耶穌的人就必使自己的生活都符合祂的旨意。他們靠著上帝
的恩典，就能夠保持原則上純潔，毫無玷污。聖天使不離他們的
身旁，而他們堅持真理就表明了基督。他們是基督常備的義勇兵，
作真實的見證人，為真理作確切的見證。他們的生命向人顯示，
確有一種屬靈的力量，能使人，無論男女，絕不因貪戀世人的賞
賜，而分毫轉離公義和真理。這種人無論在哪裏，都必受天上的
敬重，因為他們要順從上帝的旨意，無論要他們做出什麼犧牲，
他們都願意。🦋

每一日，每一處

聖經的信仰並不是一件可隨意或穿或脫的衣服。它乃是到處瀰漫的感化力，使我們忍耐克己跟從基督，行事為人效法他的榜樣。

如果從來沒有任何人需要你的同情，或是你的憐憫或體恤，那麼你在上帝面前忽略運用這些珍貴的恩賜，就算為無辜。可是每一個跟從基督的人都可找到表現基督化的親切與仁愛的機會，而且他也必藉此證實他是具有耶穌基督之宗教信仰的人。

這種信仰教導我們每逢遭受苛刻與不公平的待遇，就常忍耐與忍受。「不以惡報惡，以辱罵還辱罵，倒要祝福；因你們是為此蒙召，好叫你們承受福氣。」（彼前3：9）基督在遭受辱罵時，祂並沒有辱罵人。祂的信仰帶有一種溫柔安靜的精神。

要實踐聖經的信仰，就經常需存有忍耐、溫和、克己和自我犧牲的精神。然而上帝的聖言若成了我們生活中長存的原則，則我們所必須作的每一件事，每一句話，每一件微小的行為，都必顯示我們是屬於耶穌基督的。我們若從心中接受上帝的聖言，心靈中自負自恃的意念就會被去除。我們的人生必成為一種為善的能力，因為聖靈必使我們心思中充滿有關上帝的事物。

我們絕不能靠自己享有或實踐基督的信仰，因為我們的心比萬物都詭詐，然而耶穌……已指示我們如何清除罪惡。祂說：「我的恩典是夠你用的。」（林後12：9）仰望那為我們信心創始成終的耶穌，我們就必感受祂聖顏的光彩，反照祂的形像，長大成人滿有基督耶穌長成的身量。我們的宗教就必具有吸引力，因為它具有基督公義的芳香。我們也要歡喜快樂，因屬靈的飲食對於我們必是公義、平安和喜樂。 🔔

一種改革的工作

約翰在此所指明的清潔心懷意念與靈性的改善工作，是許多現今自稱有基督信仰之人所極需的一種工作。以往放任的不良習慣必須革除，彎曲的道路需要修直，不平之處也要改為平坦。自尊自大與驕傲的大小山岡也都需要削平。你們需要「結出果子來，與悔改的心相稱。」（太 3：8）這種工作一旦在信仰上帝子民的經驗上成了事實，則「凡有血氣的，都要見上帝的救恩！」（路 3：6）

我們名錄於教會名冊上的事實，並不保證我們能進入天國。上帝要問：「你曾否利用你的機會服務，並培養基督化的品格嗎？你曾否忠誠地經營你主的資財嗎？你既曉得上帝有關你的旨意，你曾否順服祂的旨意嗎？你曾否致力於濟助並加惠凡需要幫助與鼓舞的人嗎？」

每個人都會結出或善或惡的果子，而基督已經使每一個人都有可能結出極其寶貴的果子來。遵守上帝的命令，順服基督的旨意，就必在人生中結出平安公義的果實來。世上的居民在上帝的家看來，乃是珍貴的。祂賜下上天所能給予的最寶貴的禮物，使男男女女都可放棄違犯祂律法的行為，並在心思與生活上承認天國的原則。世人若願承認祂的禮物，接受祂的犧牲，他們的過犯就必得蒙赦免，上帝的恩典也必賜予他們，幫助他們在人生上結出珍貴的聖潔果實來。

「凡好樹都結好果子。」我們要向世人表揚純正的原則，聖善的大志，和高貴的企望，好使我們與他人全然有別，成為特選的國度與子民。

預備主的道，修直祂的路！一切山窪都要填滿；大小山岡都要削平！彎彎曲曲的地方要改為正直；高高低低的道路要改為平坦！

為天國而作準備

上帝能用祂的恩典將可憐、有罪而憂愁的人，改變成為上帝的後嗣，並與耶穌同作後嗣，這幾乎是超越我們理解力的範圍了。基督將罪人的過犯都放在祂自己身上，卻將自己的義歸給人，並用祂有改造之能的恩典使他與天使來往，與上帝交通。

上帝恩典煉淨人的能力，足能改變人的本性。具有屬肉體思想的人原本就不會羨慕天國，他們生來不聖潔的心，覺得那個純潔聖善的地方沒有動人喜愛之處，所以即或他們能進去，他們在那裏也找不到什麼喜歡的事。因此，屬血氣之心的性格必須先被基督的恩典所臣服，墮落的人類才有資格進入天國，並與聖潔的天使交往。當一個人向罪死了，並在基督裏復甦得著新生命時，他的心就充滿了上帝的愛，他的悟性就成為聖潔的，他要暢飲那取之不盡，用之不竭的喜樂與知識之泉源，永恆白晝的光輝要照耀在他的道路之上，因為他常有「生命之光」與他同在。

上帝希望能實施天上的計劃，使天國神聖的秩序與和諧充滿於每一個家庭、教會和機構。當這種愛融入社會中時，我們就會看見基督化的文雅與禮貌，以及對基督寶血的感恩之情。在我們的家庭、機構和教會中，也必看到屬靈的變化。一旦這樣的變化實現，這種媒介就必成為工具，使上帝藉此將天國的明光普照世界，這樣也會使男女藉著神聖的管教與訓練，配進入天國。

耶穌已去預備住處，就是那些藉祂慈愛與恩典而準備好要享受之人的永樂居所。🔔

路加
福音

12：8

凡在人面前認我的，人子在上帝的使者面前也必認他。

AUG
31
八月三十一日

渴望天國與家鄉

啊！但願人們能賞識將來天國為人所預備的！為什麼人對救恩如此漠不關心呢？要知道，靈命的得救是上帝的兒子用如此重價買來的。

人的內心可以成為聖靈的住所。基督所賜出人意外的平安也可以居住在你的心靈中，祂那恩典的變化之能也會在你的人生中運行，使你配進榮耀的院宇。然而人的大腦以及神經與筋肉若全都用來服事自己，那就表明在你人生中，上帝和天國並不是你人生首要考慮的問題。

眼目若專一，向上朝天觀看，則上天的明光必充滿心靈，而屬世事物就必顯得無關緊要而毫無吸引力了。改變的心志更願意聽耶穌的勸告，你的思想必集中於永恆的大報償，你一切的計劃都必以未來永遠的生命為依歸。聖經的信仰也必交織於你日常的生活中。

有些自稱具有真宗教信仰的人，卻可悲地忽略了上帝所賜指明天路的旅行指南。他們或許會讀聖經，但表面閱讀上帝的聖言，像讀世人所寫的文字一樣，結果只是得到膚淺的知識而已。

我們若不以上帝的聖言為糧食而接受基督的宗教，就無權得進上帝的聖城。我們既用世上的食物養生，又嗜好喜愛屬世的事物，就絕不配居住於上天的院宇，也無從欣賞那漫布於天庭的純潔屬天氣氛。天使的聲音和他們的琴音，也不會使我們心滿意足。上天的科學對於我們的心思，必是一種難解之謎。我們需要如饑似渴地仰慕基督的義，要受祂恩典改造之能的塑造，使我們配與天上的使者交往。

如果我們期望進入天國，我們必須先在此世將天國銘記於心。

詩篇

84：2

我羨慕渴想耶和華的院宇；我的心腸，我的肉體向永生上帝呼籲。

The Power of Grace

恩典的能力

我已經給你們權柄可以踐踏
蛇和蠍子，又勝過仇敵一切
的能力，斷沒有什麼能害你
們。

所見所聞

約翰身為基督的見證人，既不從事爭論，也不參加令人厭煩的辯論。他只將自己所明白，曾經看見和聽到的講述出來。他曾與基督有親密的交往，也曾聆聽祂的教訓，目睹祂大能的神蹟。很少人能像約翰一樣看到基督聖德的優美。在他，黑暗已經過去，真光正在照耀著他。他為救主的生和死所作的見證乃是清楚而有力的。他所講的話乃是出自一顆對救主之愛的心，因此任何勢力都不能堵住他的口。

他可以作如下的見證：「論到從起初原有的生命之道，就是我們所聽見、所看見、親眼看過、親手摸過的。（這生命已經顯現出來，我們也看見過，現在又作見證，將原與父同在、且顯現與我們那永遠的生命傳給你們。）我們將所看見、所聽見的傳給你們，使你們與我們相交。我們乃是與父並祂兒子耶穌基督相交的。」（約壹1：1－3）

照樣，每一個人憑著他自己的經驗，也可以「見證的，就印上印，證明上帝是真的。」（約3：33）他可以為他所見所聞以及體驗到的基督能力作見證。他可以作證說：「我原來需要幫助，在耶穌裏我找到了這樣的幫助。所有的缺乏都獲得供給，我心靈上的饑餓也得蒙飽足，聖經對於我乃是基督的啟示。我相信耶穌，因為祂是我神聖的救主。我相信聖經，因為我已經發現它乃是上帝的聲音向我的心靈說話。」

我們怎能得知上帝的善良與仁愛呢？詩人告訴我們，我們並不是聽見而得知，念讀而得知，或相信而得知，乃是「要嘗嘗主恩的滋味，便知道祂是美善。」（詩34：8）與其信賴他人的話語，還不如自己嘗試。經驗乃是由實驗而獲得的知識。現今所需要的乃是根據經驗的宗教。「嘗嘗主恩的滋味，便知道祂是美善。」

順從的能力

在基督裏的上帝的恩典乃是基督徒盼望的基礎，而且這種恩典必要在順從上顯明出來。

基督是滿懷同情而慈悲的救贖主。我們靠賴祂支援的能力，就成為剛強以抗拒罪惡的人。悔改的罪人一看見罪惡，罪惡就更顯為極其邪惡了。他看出自己要克服的缺點，自己的食慾和情慾都必須降服於上帝的旨意。他既已悔恨干犯上帝律法的罪行，便認真地致力於戰勝罪孽。他力求顯示基督恩典的能力，而且他也能親自與救主接觸。他時時將基督擺在面前。本著禱告，相信，並接受所需要的福惠，他便愈來愈接近上帝所定的標準了。

他既捨己背起十字架，跟從基督引領的路，他的品格便顯出新的德行來。他全心全意地愛主耶穌，於是基督便成了他的智慧、公義、聖潔和救贖。

基督恩典施行神蹟的能力顯示在上帝為人造一顆新心，一種更高尚的人生，一番更聖潔的熱望。上帝說：「我也要賜給你們一個新心。」（結36：26）這種使人再造的工作豈不是神蹟嗎？屬肉體的器皿既因信握住了神聖的權能，那還有什麼不可能成就的大事呢？

沒有屬神的能力，人力一定徒勞無功；沒有人的努力，神能也會歸於無效。我們若要承受上帝的恩典，就必須克盡這方面的本分。祂賜恩典給我們，要使我們立志行事，但絕不能代替我們的努力。凡行在順從之道上的人，必遭遇許多障礙。強烈而狡猾的權勢或許要把他們困於世俗的事上，但主足能破壞一切企圖擊敗祂揀選之人的工具，他們憑祂的力量可以戰勝每一試探，克服任何困難。

腓立比書

2：13

因為你們立志行事都是上帝在你們心裏運行，為要成就祂的美意。

抗拒撒但

人是否願意照著基督在曠野受試探與仇敵交戰時所賜下的榜樣，而握住神聖的能力，並且堅毅不屈地抗拒撒但呢？上帝不能在人不願意的情況下而救他脫離撒但詭計的權勢，人必須憑著自己的力量，加上基督神力的援助來抗拒，並不惜任何代價以求獲勝。簡單說，人必須得勝像基督得勝一樣。這樣，他靠賴耶穌之名得到勝利後，就可成為上帝的後嗣，並與耶穌基督同作後嗣。假若只有基督得勝，而我們自己不得勝，上述情形便是不可能的了。人必須盡自己的本分，他必須靠賴基督的力量與恩典而為自己得勝。人在得勝的功夫上必須與基督同工合作才行。

被惡癮所管轄的人，必須覺悟他們自己也當努力。別人雖能盡心竭力地設法救拔他們，上帝雖能大大地賜下恩惠，基督雖能勸化，天使雖能從中服務，然而若不是罪人自己打定主意與罪惡作戰，其他幫助都是枉然的。

凡信靠基督的人，就絕不會成為任何先天後天的習慣或遺傳的奴隸。不要受劣性的管束，而要制服一切食慾與情慾。上帝並沒有讓我們用有限的力量與罪惡作戰。無論遺傳與習慣的勢力有多大，我們都可以靠著主所願意賜給的能力制勝。

不論我們所忍受的壓力多麼重，犯罪畢竟是我們自己的行動。地上或陰間所有的勢力，都不能勉強任何人作惡。撒但固然要找出向我們進攻的弱點，但我們仍然沒有必要屈服。不管我們遭遇的襲擊是多麼強烈或兇猛，上帝已經準備援助我們，使我們靠祂的力量得勝。

哥林多
前書

10：13

你們所遇見的試探，無非是人所能受的。上帝是信實的，必不叫你們受試探過於所能受的；在受試探的時候，總要給你們開一條出路，叫你們能忍受得住。

使我們成為得勝者

基督並不灰心，也不喪膽，身為祂的門徒也要顯示同樣恆久忍耐的信心。他們要像祂一樣生活和工作，因為他們倚靠祂為偉大的工程師。

他們必須有勇敢、毅力、堅忍的美德，雖然有許多不可能的事攔阻他們，但他們要靠著基督的恩典前進。他們要以克服困難而不是對著困難悲歎。他們對任何事都不灰心，充滿希望。基督已用祂無比之愛的金鏈把他們聯結到上帝的寶座上。祂的旨意是要他們得到從能力的泉源發出來的宇宙最高權力。他們必須得著抵抗邪惡的能力，這能力不是世界、死亡或陰間所能勝過的，這能力必使他們得勝如同基督得勝一樣。

聖經忠實地記載了那些蒙上帝特別恩眷的古聖先賢的過錯，而且他們的過錯比德行記載得更為詳盡。

上帝所喜愛，並交給重任的人，有時也不免被試探所勝而犯罪，正如我們有時奮鬥，有時躊躇不前，而常在錯誤之中一般。他們的生活，連同他們的過錯和愚妄，都擺在我們的面前，作為我們的鼓勵和警戒。如果聖經描寫他們是沒有罪過的，則生來就有罪的我們，可能就會因自己的過錯和失敗而灰心絕望了。但當我們看到別人一樣在逆境中奮力掙扎，在試探之下一樣跌倒而又怎樣重新壯膽，並靠著上帝的恩典而得了勝，我們就必在追求公義的努力上得到鼓勵了。雖然他們有時打了敗仗，但後來仍舊恢復了他們的陣地，得蒙上帝的賜福，照樣我們也可以靠耶穌的力量作得勝的人。

基督門徒的人生要像基督的人生一樣，是一連串不斷的勝利，雖在現今看來並不是如此，但將來卻必定會是如此。

約翰
福音

16：33

我將這些事告訴你們，是要叫你們在我裏面有平安。在世上，你們有苦難；但你們可以放心，我已經勝了世界。

自我作主

基督徒最高貴之品格的證據就是自制。那能夠在辱罵的暴風雨中屹立不搖的人，乃是上帝的俊傑之一。治服己心，就是要將自己放在紀律之下，抗拒罪惡，依據上帝偉大公義的標準管制一言一行。凡學習制服己心的，必超越於每日經歷的侮蔑、拒斥、煩惱之上，這一切都不能使他的心靈被幽黯所籠罩。

上帝定意具有王威的成聖理解力，在神聖的恩典管理之下，在世人生活中作主。凡制服己心的人都能獲得這種能力。

身體乃是發展心智與靈性建立品格最重要的媒介。因此眾生之敵常用試探來削弱並敗壞人的體力。要使身體順服更高的能力。情感必須受意志的約束，而意志本身則必須置於上帝的管理之下。那因神恩而成聖的尊貴的理解力，乃要負責支配人生。智力、體質和壽命，都有賴於不變的定律。人藉著順服這些定律，就可以制勝自己，制勝自己的癖性，制勝「執政的、掌權的、管轄這幽暗世界的，以及天空屬靈氣的惡魔」(弗6：12)。

今日的青年也可具有但以理所有的精神，他們也可從同樣的源頭汲取力量，具有同樣的自制力，甚至在同樣不利的環境中在生活上表顯同樣的美德。他們雖被各種放縱自我的試探包圍，尤其是大城市中，那裏各種滿足情慾的方式都顯得安逸而迷人，然而靠著上帝的恩典，他們所有尊榮上帝的意志仍可以保持堅定不移。他們可以藉著堅強的決心和不倦的警戒，抵擋那攻擊心靈的每一試探。

天使的增援

墮落的人是撒但合法的俘虜。基督的使命就是要拯救人脫離大敵的權勢。人的天性是傾向於聽從撒但暗示的，除非大能的戰勝者基督住在他裏面，疏導他的慾望，並賜給他力量，否則他就不能抗拒一個如此可怕的仇敵。唯有上帝能限制撒但的權力。撒但比人更清楚，上帝子民若在基督裏，他們控制撒但的能力有多麼大。當他們謙卑地懇求那位大能的戰勝者予以救援時，那信從真理最軟弱的，若堅心的依賴基督，便可成功擊退撒但和他全部的爪牙。

撒但為了阻擋一個人的前進，也會命成軍的惡使者來協助，而且如果可能，就要將這人從基督手中強奪過去。可是那陷入危險的人，如果恆久掙扎，並在無助無依時投靠基督寶血的功勞，我們的救主就要垂聽那出於信心的懇切祈禱，並要差遣那班力量超卓的天使來解救他。撒但無法忍受人向他強有力的對手求援，因為他在上帝的全能與威嚴之前會恐懼戰兢。撒但全軍一聽見懇切祈禱的聲音，便都顫慄不已。

唯有基督仁慈的憐憫，祂神聖的恩典和無限的權力，才能使我們挫敗殘忍的仇敵，並克服我們自己內心罪惡的念頭。什麼是我們的力量呢？就是主的喜樂！但願基督的愛充滿我們的心，這樣我們就必準備妥當接受祂要賜給我們的能力。

真理的尋求者因瞻仰基督而與祂相似，發現上帝律法原則的全備，而且除了「完全」之外任何事都不能使他心滿意足。我們必須與撒但作戰，特別在撒但想要利用的品性方面。他曉得在救贖主那裏有救拔之能，必定使他在鬥爭中獲勝。當他來祈求恩典與能力時，救主就必加給他能力並且幫助他。

路加
福音

10：19

我已經給你們權柄可以踐踏蛇和蠍子，又勝過仇敵一切的能力，斷沒有什麼能害你們。

SEP

07

九月七日

用以訓練心思

上帝所造的人，其心智時常被善或惡的思想所佔據。若思想居於低劣的水準，通常是因為容許它停留在平凡的事物上。人有權管束並調節心思的活動，指導思潮的方向。可是這卻需要比我們自己更大的能力。我們若想要有正當的思想和適當的默想對象，就非將心思集中於上帝不可。

很少有人感悟到有必要管理自己思想與幻想。要使沒有受過訓練的心思專注在有益的題旨，實在頗不容易。可是思念若不加以正當地運用，在心靈中培養宗教便難以成功。心思必須先充滿神聖與永恆的事物，否則它就會專注於瑣碎與虛浮的思念。智力與道德力都必須得到約束，而且二者經過訓練就必得到加強與提高。

我們若想正確的瞭解這個問題，就必須記著我們的心是自然趨向敗壞的，因而人靠自己是不能行在正當的道途上的。唯有靠賴上帝的恩典，配合著最誠懇的努力，我們才能獲得勝利。智力與心思都必須奉獻於上帝的服務，因為我們全都是屬於祂的。

尋歡取樂、輕浮以及智力和道德力的放縱，正在影響著世界。每一位基督徒都應致力挽回這種邪惡的狂潮，拯救青年脫離那要將他們沖至敗亡地步的勢力。但願上帝幫助我們逆流而進。

若沒有上帝的恩典和聖靈的能力，我們就不能達到祂擺在我們面前的崇高標準。我們務須養成一種神聖優美的品格，而在致力達到天國標準的事上，必有神聖的動機激勵我們向前邁進，思想必成為均衡的，而心靈的不安也必在基督裏消除了。🜚

歷代
志上

29：12

豐富尊榮都從你而來，你也治理萬物。在你手裏有大能大力，使人尊大強盛都出於你。

我們的能力與安全

許多人因注意自我而不仰望基督以致靈性軟弱。基督乃是偉大的泉源，在任何時候，我們均可從其中取得力量與喜樂。既然如此，我們為什麼不注視祂的全備，反而觀看並歎息自己的軟弱呢？我們為什麼忘記祂已準備好要在急需時幫助我們呢？我們談論自己的無能便是羞辱了祂。我們不應看自己，乃應當時時仰望耶穌，每天愈來愈像祂，愈來愈有力量講論祂，自己作好準備接受祂的仁慈與援助，並接受供給我的福惠。當我們這樣與祂交往，就能靠著祂的能力剛強起來，而成為周圍之人的幫助與福惠了。

基督已作了全面的準備，要使我們剛強有力。祂已賜給我們聖靈，使我們回想起基督賜下的一切應許，使我們得到平安和得蒙饒赦的甜蜜感覺。只要我們始終定睛仰望救主，信賴祂的大能大力，我們就滿有安全感；因基督的義成為我們的義。

試探必定攻擊你，掛慮和困惑也會包圍著你，使你感到煩惱沮喪，幾乎要向絕望降服時，務要以信心的慧眼注視你最後看見亮光的地方；那包圍著你的黑暗，就會因祂榮耀輝煌的光照而消散了。當罪惡在你心靈裏爭勝，使良心負擔加重，當不信蒙蔽心思之時，要往救主那裏去。祂的恩典足能戰勝罪惡。祂必饒赦我們，使我們在上帝裏有喜樂。

上帝願意我們的心思得到發展。祂也樂願將恩惠加在我們身上。我們要與基督合而為一，正如祂與天父原為一，而天父也要像祂愛祂的兒子那樣愛我們。我們可以獲得和基督一樣援助，也有力量應付每一個緊急事故，因為上帝要作為我們的前衛與後盾。祂必在四面圍護我們。

馬太
福音

弗 6：10

我還有未了的話：你們要靠著主，倚賴祂的大能大力作剛強的人。

全備的恩典

保羅向提摩太所講話語中包含的教訓，對於現今的人極為重要。他囑咐他要「剛強起來」——是靠賴他自己的智慧嗎？不！乃是「要在基督耶穌的恩典上」。凡有志作基督門徒的人，不可倚仗自己的才能，或相信自己。他也不可在信仰方面不盡力，逃避責任，在上帝的聖工上始終毫無效果。基督徒若感悟到自己的軟弱無能，就要完全信靠上帝，他就必發現基督的恩典足夠應付每一次的危機。

基督的精兵必須在遇見不同樣式的試探時，力求抗拒並戰勝。戰爭越猛烈，恩典的供給也越大，足夠我們的需要。真實的基督徒必定理解經歷嚴厲鬥爭和困擾的真意義，然而他必須在基督的恩典上不住的長進，才能有效地應付心靈的仇敵。幽暗有時會壓傷他的心靈，但真光卻仍在照耀，公義日頭輝煌的光線必驅散幽暗，而且……靠賴基督的恩典，他必得著能力，要忠心地見證，從上帝蒙啟示的使者那裏聽到的一切。藉著這樣將真理傳與他人，為基督工作的人就能充分理解上帝為眾人所作豐盛的預備，曉得基督的恩典足夠應付每次的鬥爭、憂傷和試煉。藉著那奧祕的救贖計劃，恩典早已準備好，使人所做不完美的工作，靠著我們的「辯護者」耶穌的聖名得蒙悅納。

人的能力渺小，他最大的努力也只能成就微小的工作。上帝乃是無所不能的，而且在我們所有需要神聖幫助之處，只要本著誠意尋求，就必蒙賜予。上帝曾以祂的聖言為保證，應許祂的恩典足夠使你在最痛苦的危難中應付至大的需要。基督必作隨時的幫助，只要你肯接受祂的恩典。

提摩太
後書

2：1

我兒啊，你要在基督耶穌的恩典上剛強起來。

應付今日的需要

主的應許並不是說，今天要賜給我們應付未來的危機力量，或是事先解決那可能有的未來困難。我們若憑著信心行事，就可以有力量隨時做準備，在需要的時候能立即應付。我們要憑著信心生活，而不是眼見生活。主要我們在我們所需要的任何事上都向祂求。明日所需要的恩惠，不會在今天給我們。人的需要乃是上帝的機會。上帝所賜的恩惠，絕不是供人浪費，妄用，或被廢棄而朽壞。

當你日復一日地懷著敬畏上帝之心，好像謙遜順命的兒女般去肩負責任時，就必得到上帝賜下的力量和智慧，能應付任何難堪的境遇。

我們必須日日靠近能力的源頭，當仇敵好像急流的河水沖來之時，耶和華的靈必將他們驅逐。上帝的應許絕對可靠：我們的日子如何，我們的力量也必如何。我們只有藉著應付目前需要而賜下的力量，才能對將來充滿信心。不要為將來過度憂慮。我們只需為今天的需要操心即可。

許多人被未來的苦難壓倒了。他們經常將明日的重擔移到今日，故此他們有許多想像的磨難。在這方面，耶穌並沒有提供什麼幫助，祂所應許的恩典只為今日之用。祂吩咐我們不要為明日的掛慮和困難而擔憂。

主要我們履行今日的任務，忍受今日的試煉。我們今日要謹慎，免得在言行犯罪。我們今日要讚美並尊榮上帝，要藉著運用活潑的信心戰勝仇敵。我們今日要尋求上帝，若沒有祂的臨格就絕不罷休滿足。我們應當警醒、作工、祈禱，將這一天當作是上帝賜予的最後一天，這樣我們該如何懇切認真地面對人生！我們在一切言行上，又該如何緊緊地跟隨耶穌啊！

申命記

33：25

你的日子如何，你的力量也必如何。

賜予無限的能力

我們並不知道，當我們與一切能力的源頭聯繫時，所享有的能力多大。我們一再地陷入罪中，以為人生就是如此。我們抱殘守缺，好像這些弱點是值得矜誇的。基督告訴我們，我們若想得勝，就必須硬著臉面好像堅石。祂已經被掛在木頭上為我們擔負了罪債，而藉著祂賜給我們的能力可以抵抗世界、肉體的情慾和魔鬼。讓我們不要提說自己的軟弱無能，卻是要談論基督和祂的權能。我們談論撒但的能力時，仇敵就必在我們的身上加強他的勢力。當我們談論全能者的大能時，仇敵就必敗退。我們親近上帝，祂也必親近我們。

撒母耳
記下

22：33

路。上帝是我堅固的保障，祂引導完全人行祂的

永生上帝的聖言是我們的嚮導。我們藉著這聖言已經獲得救恩的智慧。這聖言要時常存在我們的心中，掛在我們的嘴唇上。「經上記著說」要成為我們的靈錨。那些看重上帝聖言的人，都感悟到人心的軟弱，以及上帝恩典制服不聖潔之邪惡動機的能力。他們的心不住地祈禱，而且他們也有聖天使的護衛。當仇敵好像急流的河水沖來時，上帝的聖靈必驅逐他們。這是心中的和諧；因真理的寶貴感化力在那裏作主了。

我們必須更加熟悉聖經，我們若將經文存記在心，就能為許多試探關閉了門路。惟願我們以「經上記著說」這句話，來杜絕通往撒但試探的途徑。我們將遇到考驗信心和勇氣的爭戰，但我們如果能靠著耶穌給我們的恩賜去克服，就會加強我們的力量。但我們必須有信心，毫無疑惑地持定應許。

要勸勉受試探的人，不要看環境的惡劣，自己的軟弱，或是試探的猛烈，只要看上帝的話之能力，也就是我們的能力。

愛人又可愛的基督徒

許多人只因他們贊同某些教義，就想當然爾的認為自己是基督徒，但他們沒有在生活上實踐真理。他們不信真理、不熱愛真理，所以就沒有得到真理使人成聖而來的能力和恩典。人盡可以承認真理、相信真理，但是真理若不能使他們成為誠實、仁慈、忍耐、忠厚，以及有屬天的思想，真理對於他們反成了一種咒詛，並由於他們的影響，對於世界也是一種咒詛。

世界需要真實基督教信仰的證據。自詡的基督教信仰到處可見，然而一旦上帝恩典的能力在各教會中出現，教友們就必行基督所行的事了。先天與後天品格的特性都會變化。有聖靈居於內心，就必使他們顯示基督的模樣，而且他們工作的實效，也必與他們虔敬成正比例。

惟願我們都以信仰的表白為榮，讓我們都以美好的品格妝飾人生。苛刻的言語和行為並非出自基督，而是出自撒但。我們還要眷戀自己的不完全和不健全，因而使基督為我們蒙羞嗎？祂的恩典是已經應許要賜給我們，我們若願意接受，它就必美化我們的人生。不健全之處由良善和完美取代。我們的人生就必以恩典為裝飾，這樣的基督人生是非常優美的。

一個真誠可愛的基督徒，乃是擁護聖經真理最強有力的論證。這樣的人的確是基督的代表。他的人生是最有說服力的憑據，顯示神聖恩典的能力。

每日的生活都滿載著我們必須擔負的責任。我們的言行每日都在我們交往之人的心中留下印象。一個真正跟隨基督的人能增強所有和他接觸之人的善良意志。他要在一個不信而喜愛罪惡的世界面前，彰顯上帝恩典的能力和聖德的完美。

以弗所書

6：24

並願所有誠心愛我們主耶穌基督的人都蒙恩惠！

指點道路

思念耶穌的優美、良善、憐憫和仁愛，能加強智力與道德力。當心思時常得到訓練從事基督的聖工，作順命的兒女，你必自然而然的詢問，這是不是主的道路？耶穌是不是喜悅我做的事呢？若有人想得蒙耶穌的喜悅，就需要在思想和行為方面有斷然的改變。我們很少人會像上帝那樣看出自己罪惡的嚴重性。許多人已經習慣行惡犯罪，在撒但權勢的影響之下已經心地剛硬了。

但當他們憑著上帝的大能和恩典，決意拒絕撒但的試探時，他們的思想便會變得清晰，他們的心懷與良知因受上帝聖靈的感化而變得靈敏，於是罪惡就顯露出罪大惡極的本質來。

每一次順從基督的行為，每一次為祂而作的克己，每一項忍受的試煉，每一回克服試探的勝利，都是朝向最後勝利的光榮邁進一步。我們若以基督為我們嚮導，祂就必安全的引領我們。罪大惡極的人也不會迷失道路。任何戰戰兢兢尋求祂的人，都要行在純潔神聖的光明中。那路雖然如此狹窄和聖潔，不容許任何罪惡的存在，並已經為我們預備好了。因此，任何懷疑戰慄的人都不用說：「上帝毫不顧念我。」

況且這引到永生的險峻道途上，一路都有喜樂的泉源，振奮疲憊的人。凡行走智慧道路的人，即使在患難中也是極其快樂的，因為他們心中敬愛的主，雖然眼不能見，確在他們的身旁一同行走。他們每向上邁進一步，就清楚地辨明祂聖手的撫觸，每行走一步，就有眼不能見之主在那裏發出更輝煌的榮光，照在他們的路上，他們讚美的歌聲也愈來愈宏亮，與寶座前的天使共同歌頌。「義人的路好像黎明的光，越照越明，直到日午。」（箴4：18）

耶利米書

42：3

願耶和華──你的上帝指示我們所當走的路，所當做的事。

為那相信的人

罪人若沒有基督的恩典，就會陷於絕望的境地，無作為可言；但人藉著神聖的恩典能得到超自然的能力。藉著這基督的恩典，人可以看明罪惡的可憎性質，並將罪驅逐出心靈的殿宇。我們因著恩典才得與基督交誼，並在救人的聖工上與祂合作。上帝定意使罪人有得蒙饒恕的應許，而其條件乃是本乎信心，這並非因為我們的信心能換取救恩，而是信心能把握住基督的功勞，而祂是罪病的良藥。

「『亞伯拉罕信上帝，這就算為他的義。』做工的得工價，不算恩典，乃是該得的；唯有不做工的，只信稱罪人為義的上帝，他的信就算為義。」（羅4：3－5）順從律法便是義。律法所要求的乃是義，這也就是罪人虧欠律法的；可是罪人自己沒有義，他唯一得義的方法乃是憑著信。憑著信，他可以將基督的功德帶到上帝面前，而主就將祂兒子的順從當成是我們的。基督的義得蒙悅納來替代世人的失敗，於是上帝就接納、饒恕悔改的人，使他稱義，待他像個義人，愛他如愛祂自己的兒子一樣。這是信心得算為義的方法，而蒙饒恕的人就繼續得到更大的恩典和亮光。

信心的觸摸為我們敞開了能力和智慧的神聖寶庫，上帝藉著泥製的瓦器也能成全祂恩典的奇妙作為。這活潑的信心是今日最大的需要。我們必須確實知道耶穌是屬於我們的，而祂的聖靈也會洗清並煉淨我們的心。倘若基督的門徒們都有真實的信心、溫柔和愛心，他們將成就何等的大工！也將有何等的成果，歸榮耀給上帝啊！

羅馬書

4：16

所以人得為後嗣是本乎信，因此就屬乎恩。

應許所含的能力

我們務須親近上帝的聖言。我們需要它的警戒與鼓勵，它的忠告與應許。

我們接受聖經，要如同親自接受上帝的話一樣，不只是文字，也是祂親口說的話。受苦的人到祂面前來時，祂所看見的不只是一兩個求幫助的人，而是歷代以來有同樣困難帶著同樣信心求祂幫助的人。祂對癱子說：「孩子，放心吧！你的罪赦了。」（太9:2）這話也是對所有願來求祂濟助被罪壓害的人說的。聖言的一切應許，也是這樣直接對我們說的，好像主親口對我們說的一樣。基督藉這些應許的話把恩典和能力澆灌我們，因為這些話就如生命樹上的葉子，能「醫治萬民」（啟22:2）。人將這些話存放在心中，就能健全品格，感動並維持生命，此外再沒有什麼有如此的醫治之功了。

上帝對祂所創造眾生的愛是剛柔並濟的。祂雖定了自然界的諸定律，但祂的定律卻不是獨斷苛求的。無論在自然律或道德律之中，每一句「不可」的話，都包含或暗示有應許在內。若我們願意順從，福惠就必隨著腳步來到；若是違犯，結果便是危險與不幸，上帝律法的用意乃是吸引祂子民更加靠近祂。只要他們依從祂的引導，祂就必救他們脫離兇惡，歸向良善，但祂從不勉強他們。

我們太缺少信心了！我是多希望自己能勸導教友們要有信靠上帝的心啊！運用信心並不代表要有高度興奮的狀態。其實他們需要作的，只是相信上帝的聖言，正如他們相信彼此的話一樣。祂既已說了，就必定履行祂的話。要鎮靜地依賴祂的應許，因為祂絕不講任何無意義的話。當告訴自己，祂既已在聖言中向保證我們，祂就必定成全祂所賜的每一個應許，不可性急，務要信賴。上帝的聖言是真實的，要真誠信任你的天父。🜚

希伯
來書

6：12

並且不懈怠，總要效法那些憑信心和忍耐承受應許的人。

不在乎屬世的誇耀

耶穌的工作也未嘗不是這樣的。祂不用耀武揚威的外表來吸引人，卻以自己一生的犧牲和慈愛向人的心說話。

凡跟從基督的人，須作世上的光，可是上帝並不吩咐他們盡力自己發光。祂不讚許人用滿足個人慾望的觀念去彰顯自身的好處。祂要人性被天上的規律所充滿，這樣他們與世人接觸時，就能夠把內裏的光發射出來了。他們在生活的各方面都足以發出光輝，世俗的榮耀，無論如何威武，在上帝的眼中都是沒有價值的。上帝看那永遠和看不見的事，要比看得見和暫時的事可貴得多。暫時和看得見的事，如果是用來表現那永久和看不見的事，才可算是可貴的。世上最精緻的美術品也不足與品格的美——聖靈在人心中作工的結果——相比擬。

人在上帝工作上的效率，關乎他的熱忱和犧牲的精神，以及他如何彰顯基督恩惠改化人生的能力。我們須與世俗分別，因為上帝已將祂的印記放在我們身上；因為祂在我們身上顯出祂自己愛的品格，我們的救贖者用祂自己的義遮蓋我們。

上帝揀選男女為祂作工的時候，並不考慮他們是否有世上的財產、學識、或口才。祂所問的是：「他們是否走在謙虛的路上，好讓我可以把我的道教導他們呢？我能否把我的話放在他們口中呢？他們能代表我嗎？」人心的殿能接受上帝的靈多少，上帝所能使用他的也就是多少。上帝悅納的工作，就是反照祂形像的工作。跟從祂的人，需要用帶著主給他們的證明，向世人表明上帝永存原則之不變的特性。耶穌曉得屬世的誇耀沒有任何價值，所以祂絲毫不在意。在祂超卓的心靈中，祂的崇高聖德和尊貴的原則，原是遠遠超脫世俗的。

哥林多
前書

2：5

叫你們的信不在乎人的智慧，只在乎上帝的大能。

多重的福惠

在〈彼得後書〉第一章中，你可以看到有應許說，恩惠平安就必多多地加給你們：只要你「有了信心，又要加上德行；有了德行，又要加上知識；有了知識，又要加上節制；有了節制，又要加上忍耐；有了忍耐，又要加上虔敬；有了虔敬，又要加上愛弟兄的心；有了愛弟兄的心，又要加上愛眾人的心。」（彼後 1：5－7）。這些德行都是非常寶貴的。

我們豈不應盡力利用今生所餘下的光陰，恩上加恩，力上加力地顯明我們在天上有能力之源嗎？基督說：「天上地下所有的權柄都賜給我了。」（太 28：18）試問，這種權柄為什麼要賜給祂呢？原來是為了我們。祂甚願我們明白，祂以長兄的身分回到天上去了，而那賜給祂的無限權柄也都要供給我們使用。

我們在一切言行上都要代表基督。我們要度祂的生活，那指導祂的諸原則，也當左右我們對於所交往之人的行為。我們既能在基督裏牢固穩定了，就會擁有一種無人能奪取的能力。那聖潔生活所有的自然而然、不知不覺的感化力，乃是對基督教最令人折服的見證。雖然我們有充足駁倒人的論據，還可能惹起人的反對，但一個敬虔的榜樣卻具有一種不可抗拒的能力。

在祂愛子的身上，上帝已經啟明人類所能達到的美善之境。而上帝也正在世人的面前，培養我們作活的見證，使人看明，靠賴基督的恩典所可能成就的一切。

祂敦促我們要在盡可能的範圍內力求聖潔，像天父在祂的範圍內聖潔一樣，這是何等的尊榮啊！而且我們靠著祂的能力，也是可能做得到的，因為祂曾經宣稱：「天上地下所有的權柄都賜給我了。」（太 28：18）這無窮的權柄，你我都有特權得到。🔅

青少年也需要

我們中間有許多青年男女，並非不知道我們的信仰，然而他們的心，卻始終沒有受過神恩大能的感化。我們這些上帝僕人的，豈能日復一日，週復一週，不注意他們的境況呢？他們若是未得警告而死於罪惡之中，上帝必要向那不警戒他們的守望者，追討他們的罪。

我們為何不向青年人作工，並且看這是一種最高尚的佈道工作呢？這種工作需要最詳盡的方法，最有責任的關心，以及最切心祈求天上智慧的禱告。青年人是撒但特別攻擊的目標，但人心若充滿了基督的愛，洋溢出仁慈、禮讓及同情來，就必博得他們的信任，並拯救他們脫離仇敵的許多網羅。

青年人所需要的，不單是有人偶然注意他們一下，或不時的向他們説幾句鼓勵的話；他們需要辛苦、祈禱、謹慎的工作。我們往往因為用外貌論斷人就漠然忽視了一些人，其實他們中間也有可以擔任傳道人的好材料，而我們這樣努力一定會得到好報償。

教會中的父母，應當充分的感悟到自己所負建立品格的責任。上帝希望藉著他們的兒女獻身與服務，加強袖的聖工。袖希望有一大群青年從信徒的家庭被召選出來，而這班青年因家庭中敬虔的感化力，已將他們的心獻給袖，要去為袖終身作最高貴的服務。他們在家庭中受到虔敬的指導與教練，藉由早晚的家庭禮拜，和敬畏上帝父母言行一致的榜樣，已經學習順服上帝，認袖為教師，並準備好以忠信兒女的身分向袖奉獻蒙悦納的服務。這樣的青少年都已準備好，要向世人顯明基督的能力與恩典。

詩篇

71：5

主——耶和華啊，你是我所盼望的；從我年幼，你是我所倚靠的。

為謙遜的人

所謂「謙遜」並不是要我們智力萎縮，熱心缺乏，或在生活上意志薄弱，害怕不能成功而時常推卸責任。真正的謙遜是倚靠上帝的能力並成全祂的旨意。

上帝要按祂的旨意行事。祂有時要選擇最卑微的工具來從事最偉大的工作，因為祂的權能要藉著人的軟弱彰顯出來。我們有自己的標準，並根據這種標準來斷定某件事的大小，但上帝並不按照我們的尺度進行估計。我們不要以為人看為大的事情，上帝也看為大；人看為小的事情，祂也認為小。

一切以功德自誇的行為，都是不相宜的。報償並不是根據功勞，而是完全出於恩典，免得有人自誇。自我作主的作風絕無任何道理，凡以尊榮自己為目標的人，終必發覺自己缺乏那唯一能使他為基督作有效服務的恩典。不論何時，驕傲自滿的意念若被縱容，工作就必遭受虧損。

一個基督徒若能在自己的生活中，在每日的獻身上、在心意的誠實和思想的純潔方面上、在受刺激時所表現的溫和上、在信心與敬虔上，以及在對小事的忠貞上，都達到基督徒的標準，又能在家庭中代表基督的品格，那麼，在上帝看來，他要比一個舉世聞名的佈道士或殉道者更為寶貴呢！

成功的祕訣不在於我們的學問和地位，不在於我們的人數和天賦的才能，也不在於人的意志。我們既認識到自己的無能，就必仰望基督；凡樂意聽命的人都能靠著能力與思想的主，勝了又勝。憑著單純的信心和愛心為上帝工作的人是有恩典之福的。

我們可能領先

主期望祂的僕人們在生活與品格上超越他人。祂已為事奉祂的人作了種種的預備。全宇宙都看基督徒為努力爭勝者，他們奔走那擺在他面前的路程，以便獲得獎賞，就是永存不朽的冠冕；然而自稱基督徒的人，若不顯明他在這場決定人生得失的大競賽上的動機，是超越屬世之輩的，他就絕不能作得勝者。他務要利用所賜給他的一切才能，藉著充足的恩典，勝過世俗、肉體和魔鬼。

凡想作得勝者的人，理應考慮並計算救恩的代價。屬肉體強烈的情慾須被克服，自我作主的意志必須歸服於基督。基督徒須認明他並不是屬自我的人。祂必須抗拒試探，也要對抗自我的傾向；因為主絕不悅納心懷二意的服務。假冒為善是祂所憎惡的。跟從基督的人必須憑著信心行事為人，好像眼見那不能看見的主一樣。基督必成為他最珍視的寶物，他生命中的一切。

這種經驗對於凡自稱在基督名下的人是必須的。因為它能感化整個人生，使基督徒在他人身上發揮神聖的感化力。基督徒與屬世之人的交易來往必因基督的恩典而聖化，而他們無論在哪裡，都能營造美好道德的氣氛，因為這氣氛乃是要表揚主的精神。

凡以基督的心為心的人，都知道他唯一安全之策，乃在乎貼近耶穌的身旁，跟隨生命之光。他絕不至參與任何攔阻他達成基督化品格的工作或交易。「凡在軍中當兵的，不將世務纏身，好使那招他當兵的人喜悅。」（提後2：4）

箴言

12：26

義人引導他的鄰舍；惡人的道叫人迷失。

感化力的根源

主為我們每一個人有一番特別的工要作。當我們看到世界上的犯罪慘案暴露於法庭，公佈於報端時；我們就要更加親近上帝，並憑著活潑的信心把握祂諸般的應許，使基督的恩典在我們身上彰顯出來。我們可以在世上發揮一種強大的感化力。我們必須單單追求上帝的榮耀。我們必須用上帝所賜的一切智能作工，並且將自己放在亮光的通渠之中，使上帝的恩惠降在我們身上，將我們照著祂神聖的樣式塑造成形。上天正等待著要將最豐富的恩惠，賜給那些肯在世界歷史最後的時刻獻身從事上帝聖工的人。

我們自己原沒有什麼能感化別人為善的。我們如果能感覺到自己的無能並需要神力的幫助，就不會只信賴自己了。我們真不知道在一天，一時，一刻之內，將有什麼事情發生，因此我們就要在每天開始時，把前途交給天父。祂的使者乃是奉命來照顧我們的，故此我們若置身於天使的護衛之下，那麼在每次遇見危險的時候，他們就來到我們的右邊。當我們在無意中可能發生出錯誤的影響時，天使就必在我們旁邊提醒我們轉入妥善的道路，為我們選擇當說的話語，並引導我們的行動。這樣我們的感化力就可能在不知不覺中，成為吸引人轉向基督與天國的強大力量了。

個人的感化力是一股力量。它要與基督的感化合作，要提拔基督所提拔的，傳授正確的原則，並遏制世界腐化的蔓延。它要傳播惟基督才能賜予的恩典。它也要藉著純潔榜樣的力量與熱切的信心，提高他人的生活及品格，使之變得更加可愛。🔊

這樣，你的光就必發現如早晨的光；你所得的醫治要速速發明。你的公義必在你前面行；耶和華的榮光必作你的後盾。

人生的賽跑

嫉妒、惡毒、猜忌、誹謗、貪婪——這些就是基督徒要想圓滿地跑完永生競賽所必須放下的重擔。每一足以導致罪惡並且羞辱基督的習慣或作風，不論要做出怎樣的犧牲，都必須放棄。上天的恩惠絕不能賜給任何違犯正義永恆原則的人。

參加古代競技的人在受過克己與嚴格訓練之後，仍不能確保勝利。不論賽跑的人怎樣認真努力，獎賞卻只能頒發給一個人。只有一個人能領受那人人垂涎的桂冠。縱然有人作拼命的努力爭取獎賞，但正當他們伸手去取時，另一個人竟在他們之前頃刻間攫取了那令人欣羨的寶物。

基督徒的戰鬥卻不是如此。凡遵守條件的人在競賽結束時，一個都不至於失望。所有認真持守到底的人都必成功。快跑的未必能贏，力戰的未必得勝。最軟弱的和最強壯的聖徒，都可以戴上那不朽壞的榮耀冠冕。凡靠上帝恩典的能力，使自己生活符合基督旨意的人，都可以獲勝。人生中的每一項行動都有相當的力量，足以決定戰鬥的勝利或失敗。而且勝利者所得的賞賜，也必與他們在努力奮鬥中所表現的堅毅及誠懇相稱。

保羅知道只要他能存活，他與罪惡的鬥爭就必不停止。他始終體認到自己需要嚴格自守，不容屬世的慾望勝過屬靈的熱忱。他以全副的精力與肉體的嗜好相爭。他常將所要達到的理想放在面前，並本著樂意順從上帝律法的精神去努力達到這個理想。他的言語、行動和感情——全都是降服於上帝聖靈控制之下。

希伯
來書

12：1－2

我們既有這許多的見證人，如同雲彩圍著我們，就當放下各樣的重擔，脫去容易纏累我們的罪，存心忍耐，奔那擺在我們前頭的路程，仰望為我們信心創始成終的耶穌。

談論祂的大能

詩篇

145：11

傳說你國的榮耀，談論你的大能。

基督徒若願彼此交往，互相述說上帝的愛和寶貴的救贖真理，他們自己的心就會復甦，也必彼此互相振奮了。我們可以與日俱增地學到更多有關天父的知識，獲得關乎祂恩典的新經驗，於是我們就願意述說祂的大愛，而且當我們如此作的時候，我們的心懷，也必因而溫暖奮興了。我們若多思想多談論耶穌，而少想念少講說自己，我們就必更常享有祂的臨格了。

我們如能在每次獲得上帝眷顧的憑據時就想到祂，我們就會時刻將祂保持在自己思念之中，也會樂於談論祂讚美祂了。我們談論屬世的事物，因為我們對此有興趣。我們講說自己的朋友，因為我們愛他們，我們的喜樂和憂傷都與他們有關。然而我們有無數多的理由要愛上帝過於愛世上的朋友，世上最自然的一件事，就是讓祂在我們一切思想中居首，述說祂的良善並傳揚祂的權能。

凡研究上帝聖言並不斷領受從基督而來的教訓的人，就在身上蓋上了天上原則的印記。從他們身上發出崇高聖潔的感化力，有良好的氣氛環繞著他們。他們遵循的純全、聖潔、高尚的原則，能使他們為神聖恩典的權能作活生生的見證。

基督要凡跟從祂的人都像祂，因為祂渴望在家庭和教會之中，在世人面前，都能正確地表現祂。我們要接受基督為我們的效能和力量，能使我們將祂的聖德向世人顯明出來。這是加在我們基督徒身上的工作，我們要為這天恩的能力作見證。

上帝要祂的兒女在撒但的跟從者面前，在全宇宙的面前，在世人的面前，彰顯祂恩典的權能，使世人和天使都明白，基督的死並不是枉然的。讓我們都向世人顯明，我們有從上頭來的能力。

震動世界的能力

基督所交給門徒的使命，他們完成了。當這些十字架的信使出去宣講福音時，上帝榮耀的顯現乃是血肉之體的人類以前從來沒有見過的。使徒們靠著上帝的聖靈，成就了一番震動全世界的工作。在一個世代之內，福音竟傳遍了各國。

基督揀選之使徒的傳道工作帶來的成效是光榮的。在開始工作時，他們中間有一些原是沒有學問的小民，但他們卻是毫無保留的獻身於夫子的事業，因此在祂的指導之下，他們預備好了去從事那分派給他們的偉大工作。有恩惠與真理在他們的心中作主，激勵他們並影響他們的行動。他們的生命與基督一同藏在上帝裏面，以致自我被埋沒在無限慈愛的深淵裏，不再受人注意了。上帝的智慧與能力——耶穌基督，乃是他們每一次講道的主題。當他們宣講這位復活救主基督的完全美德時，他們的話打動人心，男男女女都因此接受福音了。許多曾經辱救主聖名並藐視祂權能的人，這時都承認自己是釘在十字架上之主的門徒了。

使徒之所以能完成他們的使命，並不是靠自己的能力，而是倚靠永生上帝的大能。他們對所負使命的責任感，淨化並豐富了他們的經驗，上天的恩典也在他們為基督所得的勝利上顯明了。無所不能的上帝藉著他們而使福音得勝了。

基督從前怎樣差遣祂的門徒，祂今日也照樣差遣教會中的信徒。使徒所賦有的能力也是為他們預備的。只要他們願意以上帝為他們的力量，祂就必和他們同工，而他們也絕不至於徒勞無功。他們務要認識到：他們所參加的工作是耶和華所印證的。祂也吩咐我們出去宣講祂傳給我們的話，並用祂聖手按在我們的口上。

基督徒的標記

主正在等候藉著祂的子民顯明祂的恩典與權能，但祂卻要求凡參與祂聖工的人，要將他們的心思時時集中於祂。他們每日須有時間念讀上帝的聖言並祈禱。

我們都要與上帝同行共話；這樣基督福音的寶貴感化力，就必表現在我們的人生中。一個真正的基督徒，他安靜而言行一致的純潔生活，有一種感動人的能力，比言語的能力強大得多。人本性的表現比他所説的話，有更大的影響力。

祭司長和法利賽人差去捉拿耶穌的差役回來報告説：「從來沒有人像祂這樣説話的。」原因就是因為從來沒有人像祂這樣為人。要是耶穌不是那樣為人，就絕不能那樣説話。祂所説的話，來自一顆清潔、神聖、仁愛、憐憫、公平、正直的心，所以就有服人之力。

我們在別人身上有多少感化力，全在乎我們的品格和為人。我們要使別人信服基督之恩，當先從自己的心裏和生活上明白基督之恩。我們所傳救人之福音，也是那使我們自己靈性得救的福音。在今日懷疑責難的世界上，我們要想感化別人，一定先要在自己的行為上表示信仰基督為世人的救主。如果要從時代的狂流中撈救罪人，我們的腳就必須站穩在磐石上，那就是耶穌基督。

基督徒的徽章，並不是什麼外表的記號，或是佩戴十字架或冠冕等，而是人神相通的顯示。我們品格的變化顯出上帝恩惠的權能，就能使世人相信上帝曾差遣祂的兒子來做世人的救主。沒有什麼比不自私的生活所發出的感化力更能影響周圍的人。使人信服福音最強最充足的理由，就是一個愛人又可愛的基督徒。

以弗
所書

3：20

上帝能照著運行在我們心裏的大力充充足足地成就一切，超過我們所求所想的。

無從抵禦

上帝叫我們承認祂的仁德。我們承認基督的信實是向世人彰顯基督的最好方法。我們固然要承認古代聖賢所表明的上帝恩典，但是最有效的，卻是我們親身經歷的見證。我們能在自己身上顯出基督能力的運行，就是為上帝作見證了。每一個人都有與眾不同的生活和各異的經驗，上帝要我們帶著自己的特點來頌讚祂。這些寶貴的見證，就是頌讚上帝的恩典榮耀的見證，再加上基督化的品格，就有無可抵禦的能力，能做成拯救眾人的工作。

若要承認基督，我們先必須有基督在我們裏面。除非內裏有基督的心思意念，否則我們就絕不可能真正地承認祂。我們務須瞭解什麼是承認基督，什麼是否認祂。人生上所顯示的聖靈果實就是承認祂。我們若為基督而捨棄一切，我們的人生就必是謙卑的，言語必是屬天的，行為必是無可指責的。心靈中真理強大純淨的感化力，以及生活中表揚基督化的聖德，就是承認祂。

正直、堅定和持守，都是人人應力求培養的品質，因為這能給擁有之人不可抗拒的能力，就是一種使他有力行善，有力抗拒邪惡，有力忍受惡運的能力。凡毫無保留而自願投身於基督的人，必為理智與天良所指為正義之事堅立不移。

真實信徒的人生顯揚住在內心的救主。那跟從耶穌的人在精神與性情上都與基督相似。他好像基督一樣，是柔和謙卑的。他的信心以愛為基礎，也能潔淨心靈，他整個的人生都見證基督恩典的大能。🔔

詩篇

31：19

敬畏你、投靠你的人，你為他們所積存的，在世人面前所施行的恩惠是何等大呢！

承受永生的後嗣

每次祈求恩典和力量的誠懇禱告都必蒙垂聽。凡是你自己無法成就的事，都要求上帝為你作。將每件事都告訴耶穌，將心中的隱祕放在主前，因為祂的慧眼能看到你心靈的最深處，祂也洞悉你的一切思想，猶如敞開的書卷一般。當你祈求的，是與你心靈有益的，你要相信已經得著，就必得著。你要全心誠懇接受祂的恩賜，因為耶穌的死，要使你獲得天上的珍寶。

青少年們，萬不可以為自己能繼續度無憂無慮任性放縱的人生，毫不為上帝的國作準備，而仍能在受試煉時為真理站立得穩。他們需致力使自己的人生中顯示救主人生上的完全，以便在基督復臨時準備妥當從門進入上帝的聖城。上帝豐厚的仁愛與在心中的臨格會給人自制的能力，塑造並陶冶心思與品格。那在人生中基督的恩典，必指導各項宗旨與才能，使之專門供給人道德與屬靈能力，這種能力是青年們不用遺留在這世上，而能隨身帶到永生去的，而且還要保留到永遠。

全天庭都在關懷上帝所視為極有價值的男女，就是祂賜下獨生子要救贖的人。上帝所造的生物沒有一種能像人類這樣的力求進步，趨向文雅，成為高貴。故此人若因自己低劣的情慾而智力遲鈍，沉淪在罪孽中，這在上帝看來該是多奇怪啊！人已無從理解自己的可能性和有望的前途。但藉著基督的恩典，他在心智方面能有不住的進步。但願真理的光照亮他的心思，上帝的愛流布於他的心懷，使他藉著基督受死所分授給他的恩典，可成為大有能力的人物，雖是屬地的苗裔，卻成為永生不朽的後嗣。

提多書

3：7

好叫我們因祂的恩得稱為義，可以憑著永生的盼望成為後嗣。

不可征服的

當雅各在憂苦之中抓住天使流淚懇求時，天上的使者為要試驗他的信心，也曾使他想起自己的罪來，並想要掙脫他的手。但雅各總不肯鬆手，他深知上帝是慈愛的，他就要倚靠上帝的慈憐。他向天使說明他已經痛悔自己的罪，所以懇求上帝的拯救。當他回顧他一生時，就幾乎陷於絕望之中了，但他緊緊抓住那天使，用懇切慘痛的哭聲力陳他的請求，直到得了勝利。

上帝的子民在與邪惡的勢力作最後掙扎的時候，也必有這樣的閱歷。上帝必要試驗他們的信心和堅忍，以及他們對於祂拯救能力的信賴。撒但必要企圖恐嚇他們，叫他們以為自己已經失敗是沒有什麼希望了；他們要深深認識自己的缺點，當他們回顧自己的生活時，似乎一切的希望都會喪失了。但是他們想起上帝恩典的偉大和自己真誠的悔改，就提出祂藉基督向軟弱而痛悔的罪人所發的應許。雖然他們的禱告沒有立時蒙垂聽，他們也不喪失信心。他們必要抓住上帝的能力，像雅各抓住天使一樣，從心靈中發出呼求說：「你不給我祝福，我就不容你去。」（創 32：26）

雅各的歷史保證上帝絕不會丟棄那些陷在罪中，但後來真誠悔改歸向祂的人。雅各因獻誠並篤信上帝，得到了他原想靠自己的力量所不能得到的勝利。上帝這樣教訓祂的僕人，使他知道唯有藉著神聖的權能和恩典，才能得到所渴望的福分。那些住在末世代的人也要如此，當危險環繞著他們，絕望壓在他們心靈上的時候，他們必須單單倚靠救贖的大功。我們靠自己不能作什麼。在我們軟弱不配的景況中，我們必須倚靠被釘和復活救主的功勞，當人這樣行的時候就絕不至滅亡。

箴言

10：22

耶和華所賜的福使人富足，並不加上憂慮。

「得勝有餘」

羅馬書

8：35 — 37

上帝的僕人從世人得不到尊敬和認可。司提反因為傳揚基督和祂被釘十字架的道，被人用石頭打死。保羅因為忠心傳上帝的福音給外邦人，被人監禁、鞭打、石擊，終至於被殺死。使徒約翰「為上帝的道，並為給耶穌作的見證」（啟1：9），被流放到拔摩島上。這些人靠上帝的權能，立下了信心堅固的榜樣，乃是向世人證明上帝應許的確實，以及祂時常的同在和施恩。

耶穌並沒有向跟從祂的人提供獲得地上榮華富貴的希望，或是一個免受苦難的生活。反之，祂呼召他們在克己和屈辱的路上跟從祂。那來救贖世人的主，也曾受邪惡勢力的聯合反對。

歷代以來，撒但經常逼迫上帝的子民。他曾折磨他們，置他們於死地，但他們卻在臨終時成了勝利者。他們為那位比撒但更有能力的主作了見證。惡人固然可以折磨殺害身體，但他們卻不能傷害到與基督一同藏在上帝裏面的生命。他們能監禁男女在監獄內，但卻無法束縛他們的心靈。

上帝的榮耀，就是祂的聖德，藉著試煉和逼迫，在祂所揀選的人身上彰顯出來了。那些被世人所恨惡並逼迫的基督信徒，乃是在基督的門下受教育受訓練的。他們在地上行在窄路上；他們是在苦難的熔爐中煉淨的。他們在痛苦的鬥爭中跟從基督；他們過克己的生活，並經歷痛苦的失望；這樣他們就認識了罪的本質及禍害，並視罪為可憎恨的了。他們既與基督一同受苦，就能透過幽暗看到那將來的榮耀，說：「我想，現在的苦楚若比起將來要顯於我們的榮耀就不足介意了。」（羅8：18）

誰能使我們與基督的愛隔絕呢？難道是患難嗎？是困苦嗎？是逼迫嗎？是飢餓嗎？是赤身露體嗎？是危險嗎？是刀劍嗎？如經上所記：我們為你的緣故終日被殺；人看我們如將宰的羊。然而，靠著愛我們的主，在這一切的事上已經得勝有餘了。

「祂能」

使徒（保羅）仰望著那偉大的將來，沒有一點猶疑或畏懼，只有喜樂盼望和熱切的期待。當他殉道時，他沒有看劊子手的刀，也沒有看那即被他鮮血染紅的地；他卻……瞻望到永生上帝的寶座。

這個信心的英雄看到雅各異象中代表基督的梯子，祂已將地和天，將有限的人和無限的上帝聯接起來了。他回想到先祖和先知如何依靠那位支持和安慰的主，也就是即將為之殉身的主，他的信心就越加堅強了。他從這些古聖先賢歷代以來為信仰所作的見證中得到上帝是信實的保證。那些與他同作使徒的人曾經為了傳講基督的福音，要應付宗教的偏見與異教的迷信、逼迫和藐視；他們不以性命為念，也不看為寶貴，只在不信基督教的黑暗迷惑中高舉十字架的火炬，他聽見這些人作見證，證明耶穌是上帝的兒子，為世界的救主。從拷問台、火刑柱和牢獄，從山洞和地穴中，有殉道者勝利的呼聲傳入他的耳中。這時，他聽見那些堅貞之人的見證，他們雖然遭受窮困、苦難、折磨，但仍為信仰作無畏而嚴肅的見證說：「因為知道我所信的是誰。」

保羅既因基督的犧牲而得蒙救贖，在祂的寶血裏得蒙洗淨，並披上祂的義，他本人就有把握知道，救贖主看他的生命為寶貴。他的生命與基督一同藏在上帝裏面，他深信那已經勝過死亡的主必能保全所交付祂的。

我非常高興，因為我們能憑著信心和謙卑到上帝面前祈求，直到我們的心靈與耶穌有親密的聯繫，以致我們能將重擔放在祂的腳前說：「我知道我所信的是誰，也深信祂能保守我所交付祂的，直到那日。」

提摩太後書

1：12

因為知道我所信的是誰，也深信祂能保全我所交付祂的，直到那日。

Growth of Grace | OCT 10

在恩典中長進

我將國賜給你們，正如我父
賜給我一樣，叫你們在我國
裏，坐在我的席上吃喝，並
且坐在寶座上。

像耶穌一樣成長

祂貴為天庭之君，榮耀的王，竟在伯利恆暫時成為在母親照護下屠弱無力的嬰兒。祂在幼年說話行事都像小孩，孝順祂的父母，順從他們的心意幫助他們。但自從祂的心智啟發之後，祂就不斷地在恩典和真理的知識上有長進。

父母與教師也要這樣培養少年的意向，使他們在人生的每一階段，都可表現所應有的優美特性，正如園中的植物一般，自然而然的發展。

耶穌在幼年時就顯出一種特別可愛的性情。祂那樂意幫助人的雙手，隨時準備為人服務，祂的忍耐是任何事都不能干擾的，祂的信實是絕不犧牲正直的。祂堅守原則猶如穩固的磐石，祂的生活隨時都表現出大公無私和有禮貌的風度。

耶穌的母親很關心祂的成長，並注意到祂品格上完美的特徵。她很高興地設法鼓勵祂那伶俐而易於受教的心。她從聖靈得到智慧與天上能力合作，幫助這以上帝為父的孩子發育。從她口中和先知的書卷中，祂學到了有關天上的事。這時祂在母親膝前所學的，正是祂從前藉著摩西所傳給以色列人的話。展開在祂面前的，是上帝創造之工的大圖書館。造萬物的主，這時卻要研究祂起初親手在大地、海洋和太空中所寫的教訓。天上的使者是祂的侍從，祂也有聖潔的思想和屬靈的交通。祂從知識初開之時起，就在屬靈的美德與真理的知識上不斷長進。

每一個兒童都可以像耶穌那樣獲得知識。當我們想藉著聖經認識天父的時候，天使就必接近我們，我們的心志就必堅強起來。我們的品格也被提高了並得到陶冶，我們就愈來愈像救主。 ♎

孩子漸漸長大，強健起來，充滿智慧，又有上帝的恩在祂身上。

神聖的發展程序

那位講述這比喻的主，創造了微小的種子，給它生命，並制定了控制它生長的定律，而這比喻所闡揚的真理也活生生地表現在祂自己的生活中。祂在肉體和屬靈的本性方面，都遵循了那藉著植物闡明的神聖發展程序。正如祂希望每個青年應作的一樣。在童年時代，祂作了一個孝順父母的兒童所應作的事。但在祂發育的每個階段中，祂總是完全的，並有一種無罪人生的純樸而自然的美德。

種子的比喻表明上帝是在自然界中工作著。種子含有生命，土壤含有能力，但若沒有一種無限的能力晝夜地運行，種子就絕不能有何收成。每一子粒的生長和發育，均須靠賴上帝的大能。

種子的萌芽代表屬靈生命的開始。植物的發育生長也是基督徒長進的美妙象徵。在自然界如何，在德行上也必如何；既有生命，就有生長，植物不長則死。它的生長沒有聲音，不易覺察，但又繼續不斷。基督徒人生的發展也是如此，在發育的每一階段，我們的人生都可以完全；然而上帝如果要成就對我們的旨意，則我們就要繼續不斷地長進。成聖乃是終身的工作。我們的機會既已增多，我們的經驗就必擴大，我們的知識也必增長。我們要變得強壯，方能擔負責任；而我們的成熟，也必與我們的權利成正比。

植物在上帝的維持下生長，植物在土地內扎根，吸收陽光和雨露，從空氣中接受賜生命的元素。基督徒也須照樣要與神聖的媒介合作而生長。植物怎樣在土壤中生根，我們也須照樣在基督裏生根。植物接受陽光和雨露，我們也當向聖靈敞開自己的心門。藉著恆切依賴基督為我們個人的救主，我們就必凡事長進，連於元首基督。

馬可福音

4：28

地生五穀是出於自然的：先發苗，後長穗，再後穗上結成飽滿的子粒。

OCT
03
十月三日

如何長進

青年人有特權,當他們在耶穌裏生長的時候,也在屬靈的恩典與知識上長進。我們可以藉著殷勤地查考聖經,知道更多關於耶穌的事,然後要遵循其中所顯示的真理與公義的道路。凡在恩典上有長進的,必能在信心上堅固而勇往直前。

每一個決心作耶穌基督門徒的青年,心中應該熱切地希望達到基督徒最崇高的標準而與基督同工。如果他要列身於那些無瑕無疵、站在上帝寶座之前的人群當中,他就必須繼續不斷地向前邁進。那唯一使自己穩固的方法,乃是每天在屬靈的生活上有長進。當信心與懷疑和障礙相爭戰時,信心得勝後就必增強。真正成聖的經驗是逐步進展的。如果你在主耶穌基督的恩典和知識上有長進,你就必善用每一個特權與機會,來獲得更多有關基督的生活及聖德的知識。

當研究你救贖主無瑕疵的生活和祂無限量的慈愛,對祂認識更深時,你對於耶穌的信心也會隨之增長。一面自稱是祂的門徒,而同時又與祂相離甚遠,又不受聖靈的培育,就是最污辱上帝的。當你在恩典上長進的時候,你一定會喜歡參加教會的聚會,也必定樂於在眾人面前為基督的愛作見證。上帝藉著祂的恩典能使青年有聰慧,並使兒童得到知識與經驗,能在恩典上天天長進。

只要我們定睛仰望那為我們信心創始成終的主,我們便安全了。但我們必須思念上面的事,不要思念地上的事。我們必須憑著信心在追求基督美德的經驗上越升越高。我們因天天渴慕祂無比的美德,就愈來愈與祂那榮耀的形像相似。當我們這樣與上帝經常保持交往時,撒但為我們所佈下的網羅就歸於徒然了。

彼得
後書

3:18

你們卻要在我們主——救主耶穌基督的恩典和知識上有長進。

基督徒長進的條件

何處有生命，何處就會生長與結實，然而我們若不在恩典上長進，我們的靈性就必是發育不全，多病，而毫不結實的。唯有藉著生長並結出果實來，我們才能完成上帝為我們定的旨意。基督說：「你們多結果子，我父就因此得榮耀。」（約 15：8）為求多結善果起見，我們必須儘量利用上帝賜予的特權，也必須利用祂給我們獲得能力的每一次機會。

一種純潔、高貴的品格，及其偉大的可能性，都已提供給每個人了。可惜有許多人竟根本不渴望這樣的品格，他們不願棄惡從善。他們疏忽握住那使他們與上帝和諧的福惠，這等人不可能成長。

上帝的長進計劃之一就是施予。基督徒要因使他人得力而自己得力。「滋潤人的，必得滋潤。」（箴 11：25）這不僅是一個應許，乃是一種神的定律，是上帝定意要使慈善的河流，如同深淵的水一般，川流不息，時時流歸到發源地，屬靈生長的祕訣就在乎遵守這一個定律。

我們若憑著信心到上帝面前來，祂就必接納我們，賜給我們能力向上攀，直到完全的地步。我們若注意自己的一言一行，不作出任何令信任我們之主蒙羞的事；我們若善用所給我們的每一機會，就必長大成人，滿有在基督裏長成的身量。

基督徒啊！試問，基督是否已經彰顯在我們身上？我們是否已盡力鍛鍊強健的身體，建立能超越自我並能應付難題而制勝的心意，和堅決抗拒罪惡而擁護正義的志願？我們是否在將自我釘在十字架上？我們是否正逐漸長大成人，滿有基督長成的身量，並準備作十字架的精兵而忍受苦難呢？🙍

腓立比書

1：9 — 11

我所禱告的，就是要你們的愛心在知識和各樣見識上多而又多，……並靠著耶穌基督結滿了仁義的果子，叫榮耀稱讚歸與上帝。

神奇的權能

在救贖計劃中，有人心測不透的深奧。也有許多是人的智慧無法解說的事，然而自然界卻能教導我們許多有關敬虔的奧祕。每一種灌木，每一種果樹，所有的植物，都能讓我們研究。在種子的發芽生長上能觀測到上帝之國的奧祕。日月星辰，樹木花草，都蒙上帝恩典的軟化，並講述勸告的話語。

上帝所定的自然律都被自然界遵守。雲與暴風雨，陽光與陣雨，甘露與時雨，都在上帝的督導之下，並遵循他的命令。五穀的嫩芽順從上帝的命令突破土壤，「先發苗，後長穗，然後穗上結成飽滿的子粒。」（可4：28）果實先出現在花蕾上，然後結果，並按照主的定期結成，因它順從主的作為。

按照上帝的形像受造，有理智與語言的人，不應該感戴他的恩賜，遵守他的律法嗎？

上帝甚願我們從大自然界學習順從的教訓。大自然的課本與書寫的聖言彼此互相輝映，二者都教導我們有關上帝的聖德和他行事的諸般法律，使我們更加認識上帝。

當向你們的兒女敍述上帝施行神蹟的權能。他們在研究自然界的偉大課本時，上帝必感動他們的心思。農夫雖然耕地撒種，但他卻不能使種子發芽生長。他必須仗賴上帝做成人所無能為力的工作，主將活力賦予種子，使其迸發生命。那具有生命的胚芽，闖破包圍著它的硬殼，茁長而且結實。兒童明白了有關上帝在子粒上的作為，就學會了在恩典中長進的祕訣。

以賽
亞書

61：9

凡看見他們的必認他們是耶和華賜福的後裔。

自童年起

耶穌在那些被領來與祂接觸的兒童身上，看到一群將來承受祂恩典，並作祂國中子民的兒女。耶穌在祂的教訓中，常把自己降到小孩子的地位，這位天上的主宰並沒有輕看小孩子的問題而不答覆他們。祂簡化自己重要的教訓來適應他們幼稚的理解力，祂將真理的種子撒在他們心中，這些種子日後一定要發芽生長，結出永生的果子來。

兒童最容易受福音的影響，古往今來都是這樣；他們的心易受上帝的感化，能牢記所領受的教訓。兒童也可能作基督徒，而隨著他們年齡的大小有不同的經驗。他們在屬靈的事上須要受教；所以作父母的，應當給他們各樣的機會，使他們可以照著基督品德的模範來造就自己的品格。

基督的工人可以作祂的代表，來吸引小孩子歸向救主。他們用聰明和機智贏得兒童的心，……靠著基督的恩惠，使他們品格上起變化，以致耶穌可以指著他們說：「在天國的，正是這樣的人。」

上帝要每位年幼的兒童都作祂的孩子，被接納在祂的大家庭中。青少年雖然年輕，但仍可以成為信徒的一員，並得到寶貴的屬靈經驗。他們的心可能被吸引去愛耶穌，並為救主而生活。基督要使他們成為「小傳道人」。他們的思想可能發生根本的轉變，以致罪不再是可喜樂的，而是要避開與痛恨的。

救主切望拯救青年。祂看見他們穿著祂那無玷污的義袍，圍著祂的寶座，就必極其歡喜。祂也等待著要將生命的冠冕戴在他們的頭上，聽見他們快樂的聲音參與從天庭響應附和的勝利凱歌，將尊貴，榮耀，頌讚歸與上帝和羔羊。

馬可福音

10：14

讓小孩子到我這裏來，不要禁止他們；因為在上帝國的，正是這樣的人。

在家庭中

詩篇

127：1

若不是耶和華建造房屋，建造的人就枉然勞力。

上帝計劃使地上的家庭作為天上家庭的象徵。遵照上帝計劃所設立並管理的基督化家庭，便是祂培養基督化品德並推進祂聖工最有效的媒介之一。

家庭生活的重要和提供的機會，在耶穌的身上顯得很明白。祂從天上來是作我們的模範和師傅，卻在拿撒勒的家裏住了三十年。

祂的母親乃是祂頭一位人間的教師。祂從她的口中，並從先知的書卷中，學習了屬天的事物。祂在平民的家中度過，忠誠樂意地履行自己分擔家庭責任的本分。祂本是天軍的元帥，天使也樂願聽從祂的話；但祂卻甘心做僕人和親愛順命的兒子。

祂既有如此的準備，就負起祂的使命，在與世人交接的每時每刻，都在人們身上發揮出一種從未見過的賜福的感化力，和一種有改造性的權能。

但願你的家庭成為基督可以進來常住的地方。要使你家庭成為別人認明你是跟過耶穌，曾在祂門下受過教的人。

天上的使者常常拜訪，以上帝的旨意作主的家庭。在神恩典的能力之下，這樣的家庭就成了疲勞客旅恢復心力之處。自我受了軛制，正當的習慣養成了，別人的權利也得到你審慎的尊重，那有仁愛及潔淨心靈的信心就能掌舵並管理著整個家庭。

你家庭生活的品質是由基督徒經驗的價值來衡量的。人有了基督的恩典就可以使家庭成為一個快樂的地方，充滿了平靜安穩。你要讓天庭恩惠之光照亮你的品格，使你的家也蒙恩普照。

每日祈禱的必要

我們若要養成上帝悅納的品格，必須在宗教生活上培養正當的習慣。每日的祈禱是在恩典中長進所必須的，也是維持屬靈的生命不可缺少的，正如同身體的健康需要世上的食物一般。我們應該常常在心靈中祈禱上帝，如果思想任意遊蕩了，就要把它收回來；經過一番恆切的努力，習慣變成為自然了。我們片刻都不能與基督分離，要盡可能地步步有祂與我們同在，只要我們遵從祂所親自定的條件。

宗教信仰必須成為人生的大前提，一切其他事物都應是次要的。我們身體和靈魂的全部精力必須投入基督徒的戰鬥中。我們必須向基督領取力量和恩典，這樣，我們必定得勝，如同耶穌曾為我們受死一樣。

親愛的青年，不可忽略每天開始向耶穌誠懇的祈禱，使祂賜你能力與恩典去抵抗仇敵的試探，不論這些試探以什麼姿態出現；你若憑著信心和痛悔的心靈誠懇祈禱，主必垂聽。不但要禱告，也要警醒。

兒童和青年都可以把他們的重擔和困惑帶到耶穌面前，知道祂一定會重視他們向祂提出的要求，並賜給他們所需要的。要懇切，要堅定，先提出上帝的應許，然後毫不懷疑地相信。不要等到自己有了感覺，才認為主已經垂聽了。不可在主按照你的方式為你行事之後，你才相信祂，只要相信祂的話，並把一切都交託在主的手中，且篤信你的祈禱必在天父看為最有利的時候和條件下應允你，然後要在生活上實踐你的禱告。要謙卑地向前邁進。

路加
福音

9：23

若有人要跟從我，就當捨己，天天背起他的十字架來跟從我。

私下禱告不可少

當耶穌在世之時，祂曾指教門徒如何禱告。祂囑咐他們要將自己日常的需要稟告上帝，並將一切的憂慮卸給祂，而祂給他們祈求必蒙垂聽的保證，也是賜給我們的。

要有一個私下禱告的地方。耶穌曾有祂所選擇與上帝相交之處，我們也當如此。我們需要時常退到一個能獨自與上帝同在的地方去，不論這地方是怎樣的簡陋都可以。

在那唯有上帝的眼能看到，唯有祂的耳能聽見的隱祕處禱告，我們可向無窮慈憐的天父傾吐心中最隱祕的願望和冀求；而在心靈寂靜之餘，那在世人呼籲時必應答的聲音，就必向我們的心靈說話了。

當我們以基督為日常的友伴時，就能感覺到周圍那不可見之世界的權能，而我們因仰望耶穌就變得與祂的形像相似。藉著仰望，我們得到改變，品格也因而柔和，文雅，高貴與天上的國度相稱了。我們與主相交的必然結果，就是是敬虔，聖潔和熱心的增加。在祈禱中我們會不斷獲得智慧，我們正在領受一種神聖的教育，並在勤懇熱誠的人生中表現出來。

那藉著每天誠懇的祈禱向上帝乞求幫助、扶持和能力的人，必有崇高的抱負，對真理與義務有清楚的理解，有超卓的行為以及不斷飢渴慕義的心。我們因與上帝保持連繫，就能在和別人交往時，將管理自己心靈的亮光、平安和安寧散佈給他們。由祈求上帝而得的能力，配合訓練心智的深思熟慮的恆切努力，就能使人準備好勝任每天的職責，且在任何情形之下都能保持心靈上的平安。宗教必須從騰空並清潔內心著手，同時與每日的祈禱相配合。

歷代
志上

16：11

要尋求耶和華與祂的能力，時常尋求祂的面。

一種繼續不斷的工作

成聖並非一刻、一時、一日的工作，乃是在恩典中不斷地長進。我們今日不曉得來日的戰爭是如何的猛烈。撒但仍然活著，而且甚為活躍，因此我們每日需要向上帝懇求幫助和能力以抵抗他。只要撒但仍在掌權，就需要克制自我，勝過易犯的罪，而且不能停止改變，因為任何時候我們都不能說自己已經全備了。

基督徒的人生是不住向前邁進的。耶穌坐下要操練並潔淨祂的子民，一旦他們完全反照祂的形像，他們就能完全而聖潔的，已經準備妥當可以變化升天了。基督徒有一番偉大的工作要作。我們受勸要潔淨自己，除去身體靈魂一切的污穢，敬畏上帝，得以成聖。這就是這番偉大工作的園地，基督徒的工作是不停息的。

我們如果沒有在屬上帝的事上有每天的經驗，並且每天捨己，欣然背起十字架來跟從基督，就不算是活潑的基督徒。每一位活潑的基督徒必定在神聖的人生上天天進步，當他每日向著完全前進時，就能得到向上帝悔改的經驗，而這樣的悔改等到他擁有全備之基督化的品格時才算完成，這也是承受永生的充分準備。

信仰並不僅是一種情操或感覺。它乃是一種原則，交織於日常事務和人生諸事之中。要養成適合於天國的品格，乃在乎恆久行善。

我們務須每一分鐘，每一小時，和每一天為基督而生活，這樣基督就必住在我們裏面，而且我們一同聚集之時，祂的愛就必在我們心中，像荒漠中的甘泉湧流，甦醒眾人，使行將滅亡的人渴望喝生命的水。🔔

帖撒羅尼迦前書

4：3

上帝的旨意就是要你們成為聖潔，遠避淫行。

藉賴單純倚靠的信心

你有權在恩典中不住地長進，在認識並愛上帝的事上向前邁進，只要你維持與基督之間那種甘美的交往，這本是你可享受的特權。要以單純謙卑的信心求主啟迪你的悟性，使你能辨識並鑒賞祂聖言中的珍寶。這樣，你就可以在恩典中長進，有單純和倚靠的信心。

要注意自己靈性的生命，不要使它變得軟弱，多病，或無效。許多人都需要基督徒的勸勉和榜樣。怯懦和猶豫必引起仇敵的攻擊，而在靈性上，和在真理和公義的知識上沒有長進的人，就會被仇敵所勝。

真正的信心往往使人生發仁愛。當你注視髑髏地時，其目的並非因疏忽應盡的義務而安撫自己的心靈，也並非要安靜使自己入睡，乃要生發對於耶穌的信心，就是從心靈中清除自私自利的信心。當我們因信心握住基督時，我們的工作方才開始，每個人的腐敗犯罪惡習，都必須藉著鬥爭去克勝。每個人都必須從事信心的戰爭。人若跟從基督，就不可在交易中施狡計，也不可心地剛硬，全無同情。他不可作威作福，也不可用刻薄的話語非難及譴責人。

但願你們的信心，如同棕樹一般，將它的根穿透表面易見的事物，從上帝恩典與慈憐的活水泉源那裏汲取屬靈的經驗。有一口湧流到永生的井，你們要從這隱藏的泉源汲取生命。你們若除去自私，並藉著常與上帝交往而加強自己的心靈，你們就可增進與你們交接之人的幸福。你們會關注到那被忽略的，開導那無知的，鼓勵那被欺壓而意志消沉的，並盡可能解救那身受痛苦的。這樣你們就會向人指出往天國的途徑，自己也會行在其間。

提摩太前書

1：14

並且我主的恩是格外豐盛，使我在基督耶穌裏有信心和愛心。

常在基督裏面

OCT

12

十月十二日

有許多人以為總有一部分工作是必須自己單獨去作的。他們信靠基督得蒙赦罪，但如今卻想靠著自己努力而度正直的生活，可是這樣的努力都必失敗。耶穌說：「離了我，你們就不能做什麼。」我們在恩典中的長進，我們的喜樂和成就，都在乎我們與基督的聯合。我們要藉著每日每時與祂交往，藉著常在祂裏面，才能在恩典中長進。祂不但是我們信心的創始者，也是成終者。基督是首先的，是末後的，也是亙古常在的。祂不但在我們行程的開始和結束時與我們同在，更要在路上步步與我們偕行。大衛說：「我將耶和華常擺在我面前，因祂在我右邊，我便不致搖動。」（詩16：8）

你要問：「我怎能在基督裏面呢？」就像你當初接受了祂一樣。「你們既然接受了主基督耶穌，就當遵祂而行。」（西2：6）你已將自己獻給上帝，要完全屬於祂，要事奉並順從祂，而且你也接受了基督為你個人的救主。你自己無力彌補自己的罪或改換自己的心；但你既將自己獻給上帝，就表示你相信祂必因基督的緣故為你成就這一切。你因著信已歸於基督，也要因著信，藉著奉獻與領受在祂裏面成長茁壯。你當奉獻一切，將你的心靈、意志和服務，並你自己獻給祂，遵行祂所吩咐的一切；你也要領受一切，使滿有豐盛恩典的基督，住在你的心中，作你的能力、公義和永遠的幫助者，並賜你力量可以順從。

你的軟弱已與祂的大能聯合，你的愚昧已與祂的智慧聯合，而你的怯懦也已與祂永存的權能聯合。因此，你不要再仗賴自己，也不要專顧自己，乃要仰望基督。要多多思念祂的愛，以及祂聖德的優美與純全。基督的克己、謙卑、純潔、聖善，和無比慈愛，都是你的心靈所當默想的題旨。藉著愛祂，效法祂，全心倚靠祂，你就能改變與祂相似。

約翰
福音

15：5

我就是葡萄樹，你們是枝子。常在我裏面的，我也常在他裏面，這人就多結果子；因為離了我，你們就不能做什麼。

屬肉體的與屬靈的

上帝對祂兒女的旨意，乃是要他們長大成人，滿有基督長成的身量。為要成全這事，他們必須善用身心靈各方面的能力，他們不能浪費任何智力或體力。

如何保持健康乃是一個首要問題。我們若存著敬畏上帝的心來研究這個問題，就會知道為求促進身體與靈性兩方面的生長，最好是在飲食上保持簡樸。讓我們耐心地研究這個問題。

凡已明白肉食、茶和咖啡，以及肥膩不合衛生食品之害，而決心與上帝立約的人，就絕不會繼續放縱自己的食慾，吃那些明知不合衛生的食物了。上帝要我們有清潔的食慾，而對那些不良的食品實行克己自制。這是上帝子民所必須完成的工作，然後才能以完全的身分站立在祂的面前。

上帝要祂的子民繼續不斷地進步。我們需要明白放縱食慾是智力增進和心靈聖化的最大障礙。雖然許多人常常提說衛生改良，卻還是吃得很不健康。放縱食慾是使體力與智力衰退的最大原因，也是身體軟弱，過早死亡的根由。但願凡力求心靈潔淨的人要記著：在基督裏有控制食慾的能力。

身體的健康是在恩典中長進和培養溫和性情的必要條件。不正當的食慾，就會導致不正當的思想和行為。每個人現今都在經受試驗和驗證。我們既已受洗歸入基督，如果能盡到本分與凡拖累我們之事隔絕，就必有能力賜給我們，使我們在基督裏長成，祂是我們永活的元首，我們也必眼見上帝的救恩。

約翰
三書

3：2

親愛的兄弟啊，我願你凡事興盛，身體健壯，正如你的靈魂與盛一樣。

保守己心

殷勤保守己心對於在恩典中健全的長進是不可少的。人心本來原
是邪念與惡慾的居所。在將心降服於基督之時，必須由聖靈潔除
各樣的玷污，而這是我們要主動去做的事。

心靈得潔淨之後，基督徒有義務要保守它不受沾染。有許多人似
乎認為基督信仰並不一定要人放棄日常的罪，或掙脫那捆綁心靈
的惡習。他們或許會丟開一些良心所譴責的事，然而他們在日常
生活上卻沒有代表基督。他們不將基督化的人生帶進家庭中，他
們在言語上也不慎重。他們經常說些急躁不耐煩的話語，就是激
發人心最惡劣情緒的話語。這樣的人需要基督經常居於心靈之
中，他們唯有倚賴祂的能力才能謹慎自己的言語行為。

有許多人似乎捨不得用時間在默想，查經與禱告上，彷彿這樣占
去的時間乃是枉費了。我希望大家要用上帝切望你們擁有的眼光
來看這些事，這樣你們就必定以天國為首了。保守你的心專注於
天上，就必給你的德行加上活力，也使你的義務有活潑的表現。
運動怎樣增加胃口，並使身體強健有力；靈修的活動也必照樣增
加德行與靈性的活力。

但願下面的禱告升達於上帝：「求你為我造清潔的心。」（詩51：
10）因為純淨清潔的心靈有基督居住其中，而且一生的果效都是
由心發出。人的意志須降服於基督，切不可像以往因自私自利而
將心關閉，卻要敞開心門接受上帝聖靈優美的感化。實際的信仰
能將其芬芳散佈各處，它乃是活的香氣使人活。

先要虛心

有道德之人的全部利害關係與義務，全在於這兩條誡命。凡對他人克盡義務，並用別人願意的方式對待他人的，就把自己放在上帝能顯示祂的位置了。他們必得蒙祂的嘉許，在愛裏得以完全，他們的工作與祈禱也都必不致歸於徒然。他們要不住地從「源頭」那裏領受恩典與真理，而且也要白白地將他們領受的神聖光亮與救恩傳與他人。

自私自利在上帝與聖天使看來是可憎的。許多人由於犯了這種罪，就不能享受原來所能享受的好處。他們以自私自利的眼光注視自己的財物，既不愛惜也不謀求他人的福利，只是單單愛自己。他們將上帝作事的順序顛倒了，他們不但不用別人願意的方式對待他人，卻要別人按他們的意思去行，而且他們向別人所作的，乃是自己所極不願意承受的。

我們要怎樣在恩典中長進呢？唯一可能的辦法，就是將自我從心中全然取出獻給上帝，並照著神聖的楷模重新塑造。我們可能與亮光的通道有活潑的聯繫；我們可能得蒙上天的甘露的復甦，並有上天的甘霖降在我們的身上。當我們接受上帝所賜之福惠時，我們也必領受祂更大的恩典。我們既學習忍耐好像眼見那不能看見的主，就要變化與基督的形像相似。基督的恩典絕不致使我們驕傲，使我們自高自大，乃要使我們成為心裏柔和謙卑的。

在恩典中長進不會使你驕傲、自恃和自負，乃要使你更加體會到自己的無用而全然的依靠主。

馬可
福音

12：30 — 31

你要盡心、盡性、盡意、盡力愛主——你的上帝。其次就是說：「要愛人如己」。再沒有比這兩條誡命更大的了。

躲避網羅

驕傲和愛世界乃是阻礙屬靈生活和在恩典中長進的大網羅。

這個世界並非基督徒的天國，只是上帝的工作場所，要使我們作好準備，配在聖潔的天國與無罪天使為伴。我們應不住地訓練自己，注重高貴無私的思想。這種教育乃是必不可少的，激發我們運用上帝所賦予的能力，使祂的聖名在地上得榮耀。我們必定要為上帝賜給我們一切高尚的品質交帳，而妄用這些天賦在不合上帝旨意的事上，便是向祂表現最卑劣的忘恩負義。事奉上帝需要我們盡全部的精力，而且我們若不培養這些天賦達到高雅的程度，訓練心思喜愛並默念屬天的事物，並用正當的行為加強心靈的能力，使榮耀歸與上帝，我們就不能達到上帝所定的計劃。

心思若不受教注重信仰的題旨，就必在這一方面變得軟弱和不健全。但若注重屬世的事，它必顯出強壯的勢力；因為它在這一方面得到支持，並因運用而加強了。一般男女之所以難度信仰生活，就是因為他們不注重敬虔的事。心思反而受訓走向相反的方向。除非我們的心思經常致力於獲得屬靈的知識，並尋求明白敬虔的奧祕，就無從賞識永恆的事物。當我們心懷二意，單單注重屬世的事物，很少注意屬上帝的事物時，我們的屬靈能力就無法增加。

屬世的人當然熱切地追求屬世的財物，然而上帝的子民卻不依從世界，但以他們誠懇、警醒、等候的立場，顯明自己是已經改變過了；也顯明他們的家鄉並非此世，他們乃在尋求一個更美的家鄉，就是天國。

約翰
一書

2：16

因為，凡世界上的事，就像肉體的情慾、眼目的情慾，並今生的驕傲，都不是從父來的，乃是從世界來的。

存心謙卑

約翰在品格和生活上表現的信賴的愛心與無私的獻身，給基督教會提供了莫大的教訓。約翰並非生來就賦有他晚年表現出的可愛性格。他的天性有嚴重的缺點。他不但驕傲自逞，貪圖虛榮，而且性情急躁，一受虧損就心存怨恨。但在這一切之下，那位神聖的教師看出了一顆熱誠、真摯、仁愛的心。耶穌譴責了他的自私自利，挫折了他的野心奢望，並試驗了他的信心。但祂也向他啟示了他心靈所渴慕的，就是聖潔的榮美，愛的變化之能。

基督的教訓，說明了柔和、謙卑與慈愛在恩典上的長進，以及配合為祂作工之各方面，都是不可缺少的；這教訓對於約翰具有非常的價值。他已將每個教訓都珍藏在心，並經常地盡力使自己的生活符合那神聖的模範。約翰已經開始辨識基督的榮耀，不是他曾經盼望的屬世榮華與權力，而「正是父獨生子的榮光」，「充充滿滿地有恩典有真理」（約1：14）。約翰渴望與耶穌相似；他在基督之愛的氣質感化力下，果然成了一個柔和謙卑的人，將自我已隱藏在耶穌裏面了。

主耶穌要尋找與祂同工的，就是那些願意充分傳述祂恩惠的人。我們首先要學的教訓就是不自恃，然後才可接受基督的品格。這種品格不是科學化的學校所能造就的；乃是上天智慧所結的果子，這智慧唯有那神聖的教師才能賜給我們。

文藝界、科學界中受過高深教育的人，都能從卑微無學問的基督徒口中學得寶貴的教訓。但這些無名的門徒，已在最高學府裏獲得教育。他們已經在那位「從來沒有像祂這樣說話的！」教師門下受過訓練了。（約7：46）

恩慈親切

但願恩慈的律法常在你口中,並有恩典的油存在你心內。如此就必產生不可思議的效果。你為人也必親切,同情,有禮貌了。你也需要這種德行,務要接受聖靈,納入品格中,這樣祂就必如同聖火,放出升達於上帝的香氣,並非出自有罪的嘴唇,而是來自心靈的醫治者。你的容顏也必表現出神的形像來。由於時常注視基督的聖德,你就會逐漸變成祂的樣式。唯有基督的恩典能改變你的心,然後你就必反照主耶穌的樣式了。上帝命令我們要像祂那樣純潔、聖善而毫無玷污。我們身上要帶著神的形像。

主耶穌是我們唯一的幫助者。我們靠賴祂的恩典,就學會如何培養仁愛,教導自己說親切溫慈的話語。靠賴祂的恩典,冷漠苛刻的態度就必改變過來。恩慈的律法必常在我們的口中,而且凡置身於聖靈珍貴感化力之下的人,必不會認為,與哀哭的人同哭,與歡樂的人同樂乃是懦弱的表現。我們須培養屬天的優美品格,也要學習怎樣對眾人心懷善意,就是一種誠懇的熱望,要在他人生活中成為陽光而非暗影。

要把握所有能進你周圍之人幸福的機會,與他們表示關懷。親切的話語,同情的面容,以及賞識的表情,對於那許多在孤獨中掙扎的人,正如將一杯涼水給口渴的人一般。

要生活在救主之愛的陽光中,這樣你的感化力就必造福世界。讓基督的聖靈管束你,讓恩慈的律法常在你的口中。那些已經重生,並在基督裏度新生活的人,他們言行的特徵乃是寬容與無私。

歌羅西書

3:12

所以,你們既是上帝的選民,聖潔蒙愛的人,就要存憐憫、恩慈、謙虛、溫柔、忍耐的心。

追求認識祂

基督來將救恩之道教導人類，祂已將這道明白的顯示出來，甚至連小孩子也能行在其中。祂囑咐門徒務要追求認識耶和華，當他們每天順從祂引導時，就必看明祂的出現確如晨光。

你曾看過旭日初升，清晨破曉的光景嗎？看那黎明的曙色漸漸增強，直至紅日湧現；陽光愈來愈強烈而明亮，直到輝煌的日午。這是一個美妙的例證，說明上帝為祂的兒女在完成基督徒的經驗上所切望成就的。當我們每天行在祂所賜的光明中，樂意順從祂的要求時，我們的經驗就必日益增加，直到我們在基督耶穌裏長大成人。

基督並沒有以君王的身分到世上來統治列國。祂以一個卑微的人而來，忍受並戰勝了試探，祂和我們一樣，必須追求認識耶和華。我們研究祂的生平，就可以明白，上帝要藉著祂為自己的兒女作成何等大的事。並且我們也會發現，不論我們所遭受的試煉有多大，總不能超過基督為要使我們認識那道路、真理和生命所忍受的試煉。藉著終身效學祂的榜樣，我們就能感激祂作出的犧牲。

花朵怎樣轉向日頭，使明光助長它的美麗與勻稱，照樣，我們也當轉向那「公義的日頭」，使天上的光照在我們身上，以致我們的品格更像基督的樣式。

你必須倚靠基督才能度聖潔的生活，正如枝子必須靠著樹幹才能生長結實一般。離了祂，你就不能生存。你自己無力抵禦試探，也不能在恩典和聖潔中長進。在祂裏面，你就可以昌盛繁茂。你若從祂那裏汲取生命，就必不至枯乾或不結果子，你就必像一棵樹栽在溪水旁了。

何西
阿書

6：3

我們務要認識耶和華，竭力追求認識祂。祂出現確如晨光。

反映基督

我時時切望基督在我心裏成形，顯為有榮耀的盼望。我也切望日日蒙基督的柔和與溫順所美化，在耶穌基督的恩典和知識上得以長大成人，滿有基督耶穌長成的身量。我必須靠著耶穌基督賜給我的恩惠，維持自己靈性的健康，作為神聖的導管，使他的恩典、慈愛、忍耐和他的柔和流布全世界。這是我的本分，也是每一位自稱為上帝兒女之教友的本分。

主耶穌已使他的教會成為神聖真理的貯存所。他已將一項大工託付她，要她完成他的旨意和他的計劃，拯救他曾如此關切並愛護的人。猶如太陽照亮這個世界，他就是那這公義的日頭，在道德的黑暗中出現。他曾論到自己說：「我是世界的光。」（約8：12）他向他的門徒說：「你們是世上的光。」（太5：14）藉著反映耶穌基督的形像，藉著品格的優美與聖潔，藉著經常克己和離棄一切大小的偶像，他們便證實自己已在基督的門下受教了。

聖經上論到基督說，在他的嘴裏滿有恩惠，所以他「知道怎樣用言語扶助疲乏的人」（賽50：4）。主也命令我們：「你們的言談要常常帶著和氣」（西4：6），「叫聽見的人得益處」（弗4：29）。

在我們設法矯正或改良別人的時候，必須謹慎自己的言語，因為言語將成為活的香氣叫人活，或死的香氣叫人死。凡要宣揚真理原則的人必須接受上天仁愛的膏油。在任何情況之下，責備人的話必須出自愛心。只有這樣，我們的言語才能改正而不至激怒人，基督必藉著他的聖靈供給力量和權柄，這乃是他的工作。

以弗所書

4：29

污穢的言語一句不可出口，只要隨事說造就人的好話，叫聽見的人得益處。

當我們失敗時

唯有上帝的能力能使人心復甦，並使人充滿基督的愛，這愛也必時常表現在祂如何愛那些祂代為受死之人。聖靈所結的果子乃是仁愛、喜樂、和平、忍耐、恩慈、良善、信實、溫柔、節制。世人一旦悔改歸向上帝，他便開始喜歡新的道德事物了，他能得到新的動力，他也愛上帝所愛的。仁愛、喜樂、和平，與莫可言喻的感恩之念充滿心靈，而他這蒙福之人口裏的話必是「你的溫和使我為大。」（詩 18：35）

可是那班在等待自己品格有奇異變化，卻不下決心努力戰勝罪惡的，就必定大失所望。我們看著耶穌時就沒有畏懼的理由，也沒有理由懷疑祂能否將凡來到祂面前的人拯救到底。但我們應當時常注意，不要讓自己本來的性情再度佔優勢，或使仇敵發明什麼網羅，使我們再度成為他的俘虜。我們務須恐懼戰兢作成自己得救的工夫，因為有上帝在我們心裏運行，為要成全祂的美意。

我們要天天在靈性方面有長進，我們自己努力效法神聖的模範的努力，有時難免會遭失敗。我們或要不住地跪在耶穌腳前，為自己的短處與錯誤而哭泣；但我們卻不用灰心，而要更熱切地祈禱，更充分地篤信，並以更大的決心試圖長成像我們主的樣式。我們既不信賴自己的能力，就必靠賴救贖主的權能，將頌讚歸與上帝，因為祂是我們臉上的光榮，是我們的上帝。

我們因著仰望主就要得以改變，而且當我們默念這位神聖模範者的全善全美時，就必渴望自己也全然變化，並依照著祂純潔的模樣更新。藉著信靠上帝的兒子，品格得到改變，而原為忿怒之子便成為上帝的兒子。

彌迦書

7：8

我的仇敵啊，不要向我誇耀。我雖跌倒，卻要起來；我雖坐在黑暗裏，耶和華卻作我的光。

以祂的聖言為食物

那偉大而必不少的知識，乃是有關上帝和祂聖言的知識。我們每天都應在屬靈的理解力上長進；而基督徒在恩典中的長進，正與他靠賴並賞識上帝聖言中的教訓，並使自己慣於默念上帝的事成正比。

主賜給我們權利研究祂的聖言，並將豐富的筵席擺在我們面前。以祂的聖言為美食的益處甚多，祂自己也聲稱祂的道乃是祂的肉和血，也是祂的靈與生命。由於分享這聖言，我們屬靈的能力會增加，我們在恩典和真理的知識上也有長進，自制的習慣也得以加強。幼時的種種毛病如急躁、任性、自私、輕率的話語，激烈的行動，全都消失不見了，取而代之的，乃是經過修養的成年基督徒的種種美德。

主憑祂至大的憐愛，在聖經中向我們闡明了聖潔人生的原則。古代的先賢蒙祂的靈感動，為我們寫下教訓，講到那阻攔我們前程的許多危險，以及躲避這些危險的方法。凡聽從祂並查考聖經訓諭的人，總不會對這些事茫然無所知。在末日的危險中，教會的每一分子都應明瞭自己的指望和信仰的緣由，何況這些緣由並不是難理解的。如果我們真要在恩典和認識我們主耶穌基督的知識上有長進，就有許多可以讓我們去充分思想和學習的材料。

無論何時，上帝的子民若在恩典中有長進，就必愈久愈瞭解聖經。他們要從神聖的真理中看出新的亮光和美妙。這在以往各時代教會的歷史上是這樣，在將來也是如此。

使徒
行傳

20：32

如今我把你們交託上帝和祂恩惠的道；這道能建立你們，叫你們和一切成聖的人同得基業。

OCT
23
十月二十三日

唯一的來源

你的力量與在恩典上的長進，都是從一個「源頭」來的。你若在遭受試探及試驗時毅然為正義而立，你就能勝利了，這樣你便更近一步的趨向基督化品格的完美。自天而來的聖潔光亮會充滿你的心靈，而且你也會被純潔而芳香的氣氛所圍繞了。

我們有特權站立在上天亮光能照在我們身上的地方。以諾便是這樣與上帝同行，以諾度公義的人生並不比現今更容易，他那時的世界，也不比現今更容易在恩典和聖潔上長進。

以諾能逃避世上因情慾來的敗壞，就是靠著祈禱和上帝交往。我們正生活在世界末日的危險中，因此我們也必須用同樣的方法領受能力。我們必須與上帝同行。我們也必須與世俗分離，因為我們若不向忠信的以諾學習，就很容易沾染上世俗的污穢。

有許多如水一般軟弱的人，都可以從取之不盡用之不竭的能力之源取得力量。上帝隨時已經準備好供應我們，使我們在上帝裏大有能力，得以長大成人滿有基督耶穌長成的身量。過去這一年，你的屬靈的能力增加了多少呢？在我們中間有誰繼續不斷地把握機會，以致嫉妒、驕傲、惡意、妒恨，和自私自利的心念盡都一掃而空，只保存了出自聖靈的美德，就是溫柔、寬容、親切和愛眾人的心呢？只要我們把握住上帝，祂就必幫助我們。

上帝造的生物沒有一樣能像人這樣的力求進步，趨向文雅，成為高貴。人並不知道自己的潛力和所可能有的發展。但藉著基督的恩典，他在心智方面就有了進步。但願真理的光照亮他的心，上帝的愛充滿他的心懷，使他接受基督受死而分賜給他的恩典，成為大有能力的人物……一個地上的人，必得以承受永生。

約翰
福音

1：17

恩典和真理都是由耶穌基督來的。

幫助他人

基督向所有口渴的人提供生命水，使我們能隨意暢飲；而當我們這樣做時，就有基督在我們裏面，彷彿一口水井直湧到永生。我們的言語就成為溼潤的，使我們可以準備妥當滋潤他人了。

人一旦歸向基督，心中就會產生一種願望，要使別人知道，他找到的耶穌是一位何等可貴的良友。那使人得救與成聖的真理，是絕不能單單隱藏在心中。我們若披戴了基督的義，充滿了祂的靈居住於心的喜樂，就必不能緘口不言。我們若已嘗過主恩的滋味，知道祂是美善，就一定會向人宣告的。而且一切造福他人的努力都會給自己帶來福氣。這是上帝要我們參與祂救贖計劃的旨意。

你若願意照著基督指示門徒的方式去工作，為祂拯救人，你就必感覺需要更深切的經驗，以及有關神聖事物的更廣博的知識，於是你就會飢渴慕義了。你必向上帝懇求，你的信仰就必增強，心靈也必暢飲於救恩的泉源了。你所遭遇的反對與試煉，就會促使你多讀聖經，多作禱告。你必在基督的恩典和知識上有長進，經驗也愈來愈豐富了。

為他人從事無私服務的精神，必使品格更加堅定，並具有基督化的優美，且並為有這種精神的人帶來平安與幸福。結果就是人有了高尚的抱負，而怠惰與自私也再沒有存在的餘地了。用這樣的方法實踐基督化美德的人必有長進，也必大有能力為上帝工作。他們必有清晰的屬靈悟性，堅固而不斷長進的信心，以及日益增加的祈禱能力。上帝的靈運行在他們的心中，就能喚起心靈發出聖潔的和聲回應神聖的感動。凡獻身為他人福利並作無私之服務的人，就是在作成自己得救的工夫了。在恩典中長進的唯一方法，便是……竭盡所能去幫助並造福那些需要我們提供幫助的人。

箴言

11：25

滋潤人的，必得滋潤。

屬靈活動的必要

青年人面前已經有了一個崇高的標準，並且上帝邀請他們來參與實際的服務。誠心樂意在基督的門下學習的青年，必能為主成就一番偉大的工作。他們只要肯聽從「元帥」代代相承至今的命令：「要作大丈夫，要剛強。」

力量是從運動而來的。凡運用上帝所賜才幹的人，就必得到更多能為祂的服務力量。那些在上帝聖工上無所事奉的人，在恩典和真理的知識上也會毫無長進。一個人若一直躺著，不運動四肢，不久就會喪失一切運動的能力了。照樣，基督徒若不運用上帝所賦予的才能，他不但不能在基督裏生長，更要喪失他原有的能力；結果便成了屬靈的癱子。唯有那班存心愛上帝和同胞的人，他們致力幫助他人，自己也會變得堅固，力量也增強了，在真理上站立得穩。真正的基督徒為上帝服務，不是一時的衝動，乃是本乎原則，這並不是一朝一夕的時間，乃是終身的服務。

這世界並非閱兵場，而是戰場。上帝呼召我們每個人都如精兵一般，要忍受苦難。我們都當剛強，作大丈夫。……品格的真試驗，就在乎我們是否願負重擔，願處艱難，願從事需要作成的工，縱使這種工作不能得到世界的讚揚或報償。

惟願每一個人都能認識並珍視上帝所託付他們的才幹。藉著基督，你可以一級一級地踏上成功的梯子，使你一切才能都為耶穌所管理。靠你自己的能力並不能作什麼，但透過耶穌基督的恩典，你可以運用你的能力，使你的靈性得到最大的幫助，同時也在最大程度上幫助了別人的靈性。持住耶穌，要殷勤地作基督的工作，最後你就能獲得永恆的賞賜。

哥林多
前書

16：13

你們務要警醒，在真道上站立得穩，要作大丈夫，要剛強。

屬神的處方

OCT
26
十月二十六日

許多人都渴望在恩典中有長進；他們為此禱告，奇怪地他們的祈禱為何未蒙答覆。其實主已經指示他們，要如何做才會長進。試問，當他們需要去作工時，單單祈禱有什麼用呢？他們有沒有設法去拯救基督為他們捨命的人呢？靈性的長進在乎你如何將上帝賜給你的亮光傳給他人。你要竭盡智力，在家庭裏，在教會中，在鄰舍之間，努力為善，一心為善。

不要擔憂你是否在恩典中有沒有長進，只要盡力完成你當前的任務，將救人的重擔放在心上，想盡一切方法去拯救沉淪的人。你要存心仁慈、殷勤有禮、悲憫為懷；你要以謙卑的態度談論那有福的指望，談論耶穌的愛，他的良善、他的恩典、和他的公義；不用擔心你有沒有長進的事，植物並不是靠自己生長。植物也從不會為它的生長而焦慮，它自然地在上帝管理之下成長。

倘若我們肯獻身心事奉上帝，從事祂吩咐我們作的工，跟著耶穌的腳跡行，我們的心必變成神聖的琴，每一根琴弦都會將讚美和感謝，歸與上帝所差來的，除去世人罪孽的羔羊。

主耶穌是我們的力量和幸福，是個大倉庫，能供應人人的需要。我們研究祂、談論祂，就會愈來愈清楚地看見祂。當我們接受了祂樂意賜予我們的恩典和福祉時，就能夠同樣地幫助別人。充滿了感恩之心，我們將白白得來的福惠分贈別人，這樣接受與分贈，我們就能在恩典中長進。

帖撒羅尼迦後書

1：12

叫我們主耶穌的名在你們身上得榮耀，你們也在祂身上得榮耀，都照著我們的上帝並主耶穌基督的恩。

無怠惰的餘地

路加
福音

11：23

不與我相合的，就是敵我的；不同我收聚的，就是分散的。

藉著基督徒的真實人生，我們的光就能照耀世界。如果我們不為基督做事，世人又怎能知道我們是屬祂的呢？我們不能又為基督效勞，也為眾生之敵效勞。在主的葡萄園裏閒站的人，非但自己無所事事，更會阻攔那班試圖工作的人。那些不誠懇為自己和他人的得救而努力的人，撒但會很容易吸引他們。不論何時基督徒若不慎防，強有力的敵手就會突然猛烈的進攻。教友們如果不能活躍工作而且警醒，就定然被撒但的詭計所勝。

許多原應為公義與真理而穩固站立的人，卻顯出了軟弱和三心二意，這就慫恿了撒但的攻擊。凡在恩典上不長進，也不努力達到上帝造就之最高標準的人，必然要被仇敵所勝。

我們在這戰爭與試煉時期中，需要儘量從公義的原則，穩定的宗教信仰，對基督之愛的永恆確信，以及對神聖事物上的豐富經驗上，獲得支持與安慰。我們能長大成人，滿有基督耶穌長成的身量，全在乎恩典上繼續不斷的長進。

我們作或不作的工作，對人生與命運有巨大的影響。上帝要我們利用所有供給我們的機會，如果忽略了，我們屬靈的長進就會受影響。我們有一種偉大的工作要作，但願我們不要閒懶地浪費時間，使我們不能達到天國品格。我們切不可閒懶或怠惰，因為我們絕不能因缺少目標或漫無宗旨而浪費時間。我們若向上帝祈禱並相信祂，祂必定會幫助我們克勝自己的錯誤。我們靠賴愛我們的主必能得勝而有餘。

在人生必要的義務上

你屬靈的能力和在恩典中的長進，必須與你樂意為救主獻上的仁愛服務與善行相稱；祂為了救你而毫無保留，甚至願意捨棄祂自己的生命。

我們的善行並不能救任何人，但若缺少善行也不能得救。而且我們在靠耶穌的聖名與權能，竭盡所能的從事工作後，只當說：「我們是無用的僕人。」（路 17：10）

你若在心中擁有基督豐富的恩典，你就要慷慨地與人分享，因為人的得救和你所能傳授的救恩之道是相關的。他們或許不會直接到你面前述說心中的願望，但是許多人正感饑餓，並不滿足；而基督受死卻可使他們享有豐富的恩典。你要作什麼，使這些人可以分享你享有的福惠呢？

為上帝工作不斷增加的才幹，就顯明了在恩典上的長進。在基督門下受教的人，必曉得怎樣禱告以及怎樣為主作見證。他既感悟到自己缺乏智慧與經驗，就願意在偉大教師下受訓練。他知道唯有如此，才能在為上帝所作的服務上完備無缺。而且他會愈來愈瞭解屬靈的事，他每天殷勤服務，就顯明他更適於幫助他人。他既住在基督裏面，便結出善果來。

許多跟從基督的人，需要學習怎樣安心殷勤的去履行人生的基本義務。無論是工匠、商人、律師或農夫，他們要將基督教訓融入日常生活中，這種看似微小的服務，比傳道士在公開地區的工作，需要更多的恩典和更嚴格的品格。主要求我們，帶著強有力的意志力，將宗教帶進工作場所與辦公室中，使日常生活的細節分別為聖，按照上帝聖言的準則辦理每一項交易。

使徒
行傳

20：24

我卻不以性命為念，也不看為寶貴，只要行完我的路程，成就我從主耶穌所領受的職事，證明上帝恩惠的福音。

微小的機會

傳道書

9：10

凡你手所當做的事要盡力去做。

沒有什麼工作，能像為別人服務的工作那樣激發人犧牲的熱忱，放大人的目光，鞏固人的品格。不過，我們也不必等著遠處的人叫我們，才去幫助別人。工作的門是隨時敞開的。我們的周圍都有需要幫助的人。到處都有寡婦、孤兒、患病垂死的、心靈脆弱的、頹廢的、蒙昧無知的、被棄者，和各種需要幫助的人。

我們對於住在周圍的鄰舍，應當有一種特別服務的責任，你該研究怎樣幫助那些對於宗教不感興趣的人。在探訪親鄰朋友的時候，應該對他們靈性的事和世俗的事，同樣表示關心。你該告訴他們基督是赦罪的救主，請他們到家裏來同讀寶貴的聖經，或閱讀其他解釋真理的書籍，同唱讚美詩並禱告。在這樣的小聚會中，基督必照著祂的應許親自參加，使人的心受祂恩惠的感動。

許多人嫌自己的生活太單調狹窄，但實際上每個人都可以拓展自己的生活，並擴張他們的影響力。凡是盡心盡性盡意盡力愛耶穌，並且愛鄰舍像自己的人，就有一個很大的範圍，可以使用自己的才能和感化力。不要錯過小機會，許多人想作大事業，他們或許在小的事情上可以有很滿意的成效，但是因為好高騖遠，結果就會因失敗而灰心。你們只要盡力做手中所做的，才可為更大事業做準備。反過來說，許多人之所以像樹那樣枯乾凋零不結果子，就是因為錯過日常的機會，忽略手頭的小事之故。

在情形不良，很令人灰心，或是許多人都不願意去的地方，卻有一班克己的工人收到驚人的效果。他們勤苦耐勞地做下去，並不依靠人的力量，惟依賴上帝，主的恩惠便扶助他們。他們在這種情形之下工作的成就，是這個世界所不知道的，然而那優美的效果，必在偉大的將來顯現出來。

為何需要試煉？

此處所說的，乃是萬軍之耶和華的煉淨與精煉的程序。這種工夫對人是極其難堪的，可是唯有經歷這樣的程序，一切垃圾與污穢不潔才能被除去。我們經歷的試煉都是必須的，會使我們更加親近天父，順服祂的旨意，使我們能憑公義將供物奉獻與主。上帝已將才能和天賦賜給每一個人，只求領受的人善加運用。所以，我們需要在神聖人生方面有清新活潑的經驗，好成全上帝的旨意。過往的經驗都不足應付現今，也不能加強我們克服前途艱難的能力。我們要得勝，就必須每天領受新的恩典和能力。

亞伯拉罕、摩西、以利亞、但以理，以及許多人，都受過難堪的試煉，但並不是同一方式。每個人在人生的舞台上都有他獨特的考驗和試煉，然而同樣的試煉卻很少兩次臨到。各人都有在不同情況和環境下，完成特定工作的經驗。上帝在每個人的人生中，都有祂的旨意和工作。每一項行動不拘是多麼微小，都有其地位。

但願人人都要意識到，自己每行一件事，都可能對自己人生與別人的品格帶來恆久與決定性的影響。哎！既然如此，我們多需要與上帝交往啊！我們又多需要上帝的恩典引導每一腳步，指示我們怎樣完成基督化的品格啊！

基督徒不免要經歷新的境遇和新的試煉，而以往的經驗並不足作為指導。現今可能比生命中的任何時期，都需要向神聖的導師學習。而且我們所獲得的經驗越多，就越靠近上天的亮光，也發現自己有更多需要改正之處。義人的道路是繼續進步的，要力上加力，恩上加恩，榮上加榮。神聖的光照必愈來愈明，與我們前進的活動相稱，使我們具有資格應付當前的責任與危機。

瑪拉
基書

3：3

祂必坐下如煉淨銀子的人，必潔淨利未人，熬煉他們像金銀一樣；他們就憑公義獻供物給耶和華。

上帝的豐盛

上帝呼召所有明白祂旨意的人要遵行祂的聖言。軟弱無力，心懷二意，以及猶疑不決就會引起撒但的攻擊，凡容許這些癖性增長的人，一定會被試探的洶湧巨浪沖倒。

應當殷勤地善用各項恩典，使上帝的愛在心靈中充滿，愈來愈多，「使你們能分別是非，作誠實無過的人，直到基督的日子；結滿了仁義的果子。」（腓1：10－11）你們的基督徒人生必須是健壯堅毅的。你們足能達到聖經放在你們面前的崇高標準，而且你們若要成為上帝的兒女，就必須如此。你們不能站著不動，你們若不前進則必後退。你們必須要有屬靈的知識，「能以和眾聖徒一同明白基督的愛是何等長闊高深」，以便「叫上帝一切所充滿的，充滿了你們」。

你們願意基督徒的靈命只是有限的生長，或是有健全的進步呢？屬靈健康的結果就是成長。上帝的兒女要長大成人，滿有基督長成的身量。他的進步是無可限量的。

我們要得到偉大的勝利，不然就會失去天國。我們的內心必須釘在十字架上，因它本來是傾向道德的敗壞，終局乃是死亡。唯有福音賜人生命的感化力才能幫助心靈。應當祈求聖靈的活力，及其使人甦醒、復原和變化之能，像電波激動痲痺的心靈，使每一根神經都受到新生命的沖擊，使整個的人從死亡，世俗，屬肉體的狀況中回復到屬靈的健全地步。這樣，你們便與上帝的性情有分，並脫離世上從情慾而來的敗壞；而且在你們的心靈中，也必反照那位因祂的鞭傷使你們得醫治之主的形像。

以弗
所書

3：19

並知道這愛是過於人所能測度的，便叫上帝一切所充滿的，充滿了你們。

By Grace Alone

只靠恩典

你們得救是本乎恩,也因著
信;這並不是出於自己,乃
是上帝所賜的。

NOV
01
十一月一日

工價或恩賜？

世人原本賦有高尚的才能和均衡的心智。他的本體全然完美，且與上帝諧和無間。他的思想純正，他的志趣聖潔。但由於悖逆的緣故，他的才能衰敗了，自私便取代了仁愛。他的本質因犯罪而變得脆弱，以致靠著自己的力量就無法抵禦邪惡的權勢。他成了撒但的俘虜，如果不是上帝的干預，他就一定會滅亡了。試探者存心要破壞創造人類的神聖計劃，而使全地充滿災禍和荒涼。

我們的本性是遠離上帝的。聖靈如此形容我們的景況說：「你們死在過犯罪惡之中」；「滿頭疼痛，全心發昏」；「沒有一處完全的」（弗2：1；賽1：5－6）。上帝渴望醫治我們，釋放我們。但由於這樣需先經一番完全的變化，將本性徹底更新，因此我們須將自己完全獻給祂。

自古以來最大的戰爭，就是與自我戰爭。要將自我制服，使一切都遵循上帝的旨意，必須經過一番掙扎；但心靈必須先歸順上帝，然後才能更新成聖。

上帝絕不會強迫祂的受造者，祂也不接受不是出於甘願與理性的敬拜。出於勉強的順服就會阻礙智力或品格的真實發展，使人成為機械而已。這絕不是創造主的旨意，祂深願世人，也就是祂創造之能的傑作，有最高的發展。祂將至高的福樂放在我們面前，就是藉由祂的恩典要賜給我們的。祂邀請我們將自己獻給祂，使祂能在我們身上成就祂的美意。但我們必須選擇，是否願意掙脫罪惡的枷鎖，得到作上帝兒女之光榮的自由。👤

羅馬書

6：23

因為罪的工價乃是死；唯有上帝的恩賜，在我們的主基督耶穌裏，乃是永生。

計算代價

為了肩負為上帝服務的重任，摩西放棄了未來的王位，保羅放棄了在民間享受安福尊榮的權益。在許多人看來，這些人做出了犧牲，放棄了世界，果真是這樣嗎？

摩西原有權繼承王位，並能居住在法老的王宮，但在貴族的宮庭中，有許多會使人忘記上帝的邪惡娛樂，因此他寧願選擇那「恆久的財並公義」（箴8：18）。他選擇將自己的人生與上帝的旨意聯合，而不將自己與埃及的榮華相聯。他不為埃及頒布律法，反而藉著神的指導向全世界宣佈了律法。他成了上帝的工具，將保障家庭與社會的原則，以及國家繁榮的基石傳授世人。這些原理也是今世最偉大的人物所公認的，是人類政體的優良基礎。

埃及的偉大早已被淹沒，她的權勢與文化也已經成為過去，但摩西的功業卻能永垂不朽。他一生所建立的偉大公義原理，是萬古長存的。

在曠野中他與基督同在，在主登山變像時，他與基督同在；在天庭中他也與基督同在，他的地上人生，給自己和他人帶來福氣，在天上也是受尊榮的。保羅是在他多方面的操勞上，藉著基督同在的支持力量而得了扶助。他說：「『我靠著那加給我力量的』基督，『凡事都能做』。」（腓4：13）

誰能估計保羅一生工作對世界的貢獻呢？保羅與他同工們的操勞，默默無聞地從亞洲旅行到歐洲海岸，傳揚上帝兒子的福音，這對於減除痛苦，安慰憂傷，抑制罪惡，從自私與縱慾中提拔人生，使他們能榮獲永生希望等一切良善感化上，真是何等的勞苦功高啊！人若成為上帝的工具，發揮這種種造福人群的感化，其價值是何等大呀！在未來的永恆歲月中目睹此生工作之宏效，那該有多大的價值呀！

腓立比書

3：7

只是我先前以為與我有益的，我現在因基督都當作有損的。

NOV

03

十一月三日

仰望便得存活

約翰
福音

3：14 — 15

摩西在曠野怎樣舉蛇，人子也必照樣被舉起來，叫一切信祂的都得永生。

摩西舉起銅蛇，是要給以色列人一個重要教訓（民21：4 − 9）。他們無法救自己脫離被蛇咬傷的致命毒害，唯有上帝才能醫治他們。然而他們必須相信上帝所定的辦法，他們必須仰望才能得生。上帝悅納的是他們的信心，而他們的信心就是藉著仰望銅蛇來表現的。他們明知銅蛇本身並無功能，這不過是基督的一個預表；這樣他們心中就感悟到相信基督之功勞的必要了。以前有許多人曾奉獻他們的祭物給上帝，並覺得這樣作就能充分為自己贖罪。他們並沒有依靠那將要來的救贖主，就是這些祭物所預表的救主。所以這時耶和華要教訓他們，使他們知道祭物本身並不比銅蛇有更大的能力或功德。

以色列人曾藉著仰望那舉起來的銅蛇救了自己的性命。仰望就是信心的表現。他們得了生命，是因為他們相信上帝的話，並順從上帝使他們復原的方法。照樣，罪人也可以因仰望基督而存活，藉著相信救贖的犧牲而領受赦罪之恩。基督本身的能力和美德足能醫治悔改的罪人，這是祂與那些無生命的象徵物不同之處。

罪人固然不能自救，但為了要得救，他也有應作的事。基督說：「到我這裏來的，我總不丟棄他。」（約6：37）可見我們必須到祂那裏去；當我們悔悟自己的罪時，我們必須相信祂一定會接納並赦免我們。信心是上帝所賜的，但運用信心的能力乃在我們。信心是人用來把握住上帝恩典和憐憫的一雙手。

耶穌已經應許，凡到祂面前來的人，祂都必拯救。雖然有千萬需要祂醫治的人，拒絕了祂提供的恩典。但沒有一個倚靠祂功勞的人，會被祂丟棄而滅亡。

在撒但無能為力之時

撒但知道，向上帝祈求赦免與恩惠的人，必能如願以償。因此他將他們的罪擺在他們面前，令他們灰心。他經常尋找把柄，要控告那些盡力順從上帝的人，甚至連他們最優良最蒙悅納的服務，他也要設法破壞。他千方百計的用最陰險最殘酷手段，企圖定他們的罪。

人靠著自己的力量絕不能應付仇敵的控告。他只能穿著罪跡斑斑的衣服，站在上帝面前承認自己的罪。但我們的中保耶穌要為一切悔改的人，以及將自己的心靈交給祂保守的人，作有效的辯護。祂要為他們的案情力辯，並用觸髏地有力的論據壓倒他們的控告者。因為祂完全順從上帝的律法，祂已經得到了天上地下所有的權柄。而且祂也求父，憐憫罪人，與他們和好。祂對那控告祂子民的說：「撒但哪，耶和華責備你！這些人是我用自己的血買來的，他們是從火中抽出來的柴。」祂也向那些憑著信心倚靠祂的人發出保證說：「我使你脫離罪孽，要給你穿上華美的衣服。」（亞 3：4）

凡已穿上基督義袍的人，必要站在祂面前作為蒙揀選的忠實子民。撒但無權將他們從救主手中奪去。基督絕不容許任何已憑悔改和信心而求祂保護的人，落在仇敵的權勢之下。祂已應許說：「讓它持住我的能力，使它與我和好，願它與我和好」（賽 27：5）那賜給約書亞的應許，也是賜給每一個人的：「你若……謹守我的命令，……我也要使你在這些站立的人中間來往。」（亞 3：7）即是在今生，上帝的天使也必行在他們左右，他們最後將與那些環繞上帝寶座的天使一起站立。

為飢渴的人

馬太
福音

5：6

> 飢渴慕義的人有福了！因為他們必得飽足。

但願你們能想像到，那等待著你們取用的恩典與能力是何等的豐富。飢渴慕義的人必得飽足。我們需要運用更大的信心，向上帝祈求所需要的一切福惠。

自祈禱上帝而獲得的力量，連同個人在訓練心思和從事體貼關心上所作的努力，使人準備妥當能肩負日常的義務，並在任何情形下都能維持心靈的安寧，縱使境遇難堪也是如此。我們日常面臨的試探，祈禱是很必要的。乃為要使我們因信心而得蒙上帝權能的保護，應不住地在默禱中提說心中的願望，為求幫助、亮光、能力與知識，然而深思與祈禱卻不能替代認真忠實地善用時間。要建立基督化的品格，祈禱與工作兩樣都是必要。

我們務須度一種兩全的人生，就是思想配合行動，默禱與認真工作並行的人生。上帝要我們作活的書信，為眾人所知道所念誦的。那轉向上帝而以每日誠懇的禱告要求力量、扶助與能力的人，就有高尚的志向和對真理及義務的明確見解，有高貴的行動宗旨，以及繼續飢渴慕義的心。

但願我們認清人類的軟弱，並看出世人因自命不凡而有的失敗之處。這樣我們才能滿心渴望成為上帝指望我們要成的人物，就是純潔、高貴而成聖的人。我們會如饑如渴的追求基督的義。心靈唯一的願望就是要與上帝相似。這原是以諾心中所充滿的願望，聖經說他與上帝同行，他以研究上帝的聖德為目的，他並沒有策劃自己的前程，或有自己的想法。他只力求使自己與神的形像能夠相似。

背信或喪志都是不可原諒的，因為天上恩典的應許都是賜給飢渴慕義之人的。由飢渴所代表的強烈渴望，便是一種保證，確保我們會得到所切慕的供應。

專心

許多人依靠一種沒有真實根基而是假想的希望。源頭既不潔淨，從源頭流出來的泉水自然也不潔淨。先潔淨源頭，泉水就必潔淨了。如果心地正直，你的言語，服裝，行為，就都必正直了。一位缺少真敬虔、疏忽、輕浮、不禱告的人不是基督徒，我們也不能如此羞辱主。基督徒一定會勝過諸般的纏累，克服自己的情慾。那患罪病的人已有救法，就是靠著基督，寶貴的救主！祂的恩典能維持最軟弱的人，連最強健的人，少了祂的恩典就必滅亡。

我看到怎樣可以獲得這恩典。要進入你的內室，獨自向上帝祈求，說：「上帝啊，求你為我造清潔的心，使我裏面重新有正直的靈。」（詩51：10）要熱切、要誠懇。熱誠的祈禱大有功效。要像雅各一樣，在禱告中角力並痛苦掙扎。耶穌在園子裏流出像血點的大汗珠，你也必須作一番努力。在你尚未感覺已在上帝裏健強了，絕不要離開你的內室。只要你能這樣警醒禱告，就能制服諸般罪惡的纏累，上帝的恩典就可能而且必然要彰顯在你的身上了。

我不能不警告你們，青年朋友們啊！你們要專心尋求主。要本著熱誠前來，當你們感悟到，沒有上帝的幫助就要滅亡，當你們渴慕祂如同鹿渴慕溪水時，主就必迅速地加給你們力量，你們也必享受意外的平安。你們若指望得救就必須禱告。當懇求上帝在你們身上作一番徹底改善的工作，好使祂聖靈的果實常存在你們裏面。每一位基督徒都有權享受上帝聖靈的深切感動，一種屬天而甘甜的平安必充滿你們的心思意念，你們也必喜愛默想上帝和天國。你們必飽享祂聖言中榮耀應許的筵宴。可是首先你必須確定，你已開始行走基督徒的歷程，你已開始走上那引到永生的道路了。

耶利米書

29：13

你們尋求我，若專心尋求我，就必尋見。

NOV
07
十一月七日

「不是出於自己」

以弗
所書

2：8

你們得救是本乎恩，也因著信；這並不是出於自己，乃是上帝所賜的。

使徒甚願他寫信的對象要記著：他們要在自己的人生上，顯出基督改造的恩典在他們身上造成的光榮變化。他們要作世上的光，憑他們純潔聖善的品格，發揮一種與撒但爪牙影響相反的感化力。他們總要記著這句話說：「這並不是出於自己。」他們本無法改變自己的心，而當他們努力引領人脫離撒但的陣容，並立志歸向基督時，他們不可聲稱如此的變化是他們自己的功勞。

上帝號召凡願意的人來白白地暢飲生命水。那戰勝世界、肉體與魔鬼的唯一方法，乃是上帝的權能。依照神的計劃，我們應順服上帝所賜的每一道光線。世人離了上帝便毫無所成。而按著上帝的計劃，若非人神合作，挽回人類的工作就無從完成，雖然人所能做的，實在是微乎其微，但在上帝的計劃中，為促使工作成功，這微小的分仍是必要的。

罪人悔改之後生活上極大的變化，並不是人自己能做到的。那位滿有憐憫的主已將祂的恩典分賜給我們。我們要向祂發出讚美與感謝，因祂是我們的救主。但願祂的愛充滿我們的心懷意念，並以恩惠的洪流從我們的人生中湧流出去。當我們死在罪惡過犯之中時，祂使我們得到屬靈的生命。祂帶來恩典與赦免，使心靈充滿新生命。這樣，當罪人出死入生後，他便開始承擔在基督裏服務的工作。他的人生變成真實而強壯的，結滿了仁義的果子。基督有話說：「因為我活著，你們也活著。」

絕沒有第二次的寬容時期！今天我們若聽從主的聲音，全心歸向祂，祂必憐憫我們，並廣行赦免。

恢復平安

基督是「和平的君」（賽9：6），而祂的使命就是要在地上和天上恢復被罪惡所破壞的和平。「我們既因信稱義，就藉著我們的主耶穌基督得與上帝相和。」（羅5：1）誰願意棄絕罪惡，敞開心門接受基督的愛，誰就能得到這自天而來的和平。

此外再沒有別的和平基礎了，人心既接受了基督的恩惠，就必克服仇恨，它止住爭競並使心靈中充滿了愛。凡與上帝及同胞和睦的人就不會感到難過。他們心裏沒有嫉妒，沒有惡意，也沒有仇敵。與上帝和諧的心會得到屬天的平安，並將其有福的感化力散佈給周圍的人。和睦的精神，必如甘霖降在那些困乏而被世俗紛爭所擾害的心靈中。

基督的門徒都奉差遣去傳揚和睦及平安的信息。凡藉聖潔人生之無聲無息的感化力，表揚基督之愛的人，凡以言行導引他人離棄罪惡，而將心靈歸順上帝的人，都是使人和睦的人。

和睦的精神是他們與上天聯絡的憑證。基督的馨香之氣環繞著他們。生活的芳香，品格的優美，都向世人顯明這一事實：他們是上帝的兒女。這樣，世人也認明他們是跟過耶穌的。

基督的恩典要交織在品格的每一方面中。基督徒在人生中每日的長進，都使心靈成為和平的天國，這樣的人生能不斷結出果子來。蒙基督寶血贖買之人的生活，必時時表現出自我犧牲的美德。那種安靜內在的經驗，必使人生充滿良善、信實、溫柔和忍耐。這也應當是我們每日的經驗，我們要養成無罪的品德，就是藉著在基督裏的恩典養成的品德。

歌羅
西書

1：2

願恩惠、平安從上帝我們的父歸與你們！

NOV
09
十一月九日

與基督聯合

為成就世人的救贖，上帝運用了各種不同的工具。祂藉著祂的聖言和傳道人向他們說話，祂也藉著聖靈向他們傳達警告、責備與教導的信息。這一切用意就是要啟迪各人的悟性，顯明他們的義務和所犯的罪，以及他們可能享有的福惠；也要激發他們靈性的渴求感，使他們轉向基督，在祂裏面找到所需要的恩典。

每一個人都可以選擇，他可以拒絕不接受基督的精神，也不效法祂的榜樣，以致離棄了主，他也可以放棄自我、相信與服從，與基督建立親密的關係。我們要親自選擇基督，因祂已經先揀選了我們。我們本來與祂為敵，但我們要建立與基督的聯合。本是驕傲的人，要學習建立完全依靠主的關係，這是一種建立關係的工作，可惜許多跟從基督的人卻對它毫無所知。他們在名義上接受了救主，可是並不肯將祂當作他們心中唯一的統治者。

他們要放棄自己的意願，或是他們愛好的對象或事業，需要作一番努力，許多人對此便猶豫不決，或是遲疑後退，然而所有真誠悔改的心都必須面對這樣的戰爭。我們必須與內在的和外來的試探作戰。需要戰勝自我，將愛好與情慾都釘在十字架上，這樣心靈就開始與基督聯合。這種聯合形成之後，還要持續不斷、誠懇而極其小心的努力，才能保持下去。基督要發揮祂的權能來維持並保護這神聖的聯繫，而且無助而依賴的罪人，也必須以不倦的精力盡力而為，否則撒但就要以他殘忍狡猾的勢力，吸引他與基督隔絕了。

你的出身、你的名望、你的財富、你的天資、你的德行、你的敬虔、你的善心，這些都不能使你的心靈與基督聯合。除非你信靠基督，不然你與教會的關係──也是無濟於事的。單單相信有關祂的事是不夠的。你必須信靠祂，全然信賴祂拯救的恩典。

羅馬書

13：14

總要披戴主耶穌基督，不要為肉體安排，去放縱私慾。

何謂上帝的榮耀？

NOV
10
十一月十日

上帝的榮耀就是祂的聖德。當摩西在山上懇切祈求上帝之時，祂禱告說：「求你顯出你的榮耀給我看。」上帝在回答中宣稱：「我要顯我一切的恩慈，在你面前經過，宣告我的名。我要恩待誰就恩待誰；要憐憫誰就憐憫誰。」上帝的榮耀——祂的聖德——就這樣顯明了。「耶和華在他面前宣告說：『耶和華，耶和華，是有憐憫有恩典的上帝，不輕易發怒，並有豐盛的慈愛和誠實，為千萬人存留慈愛，赦免罪孽、過犯，和罪惡，萬不以有罪的為無罪。』」（出 33：18 − 19；34：6 − 7）

這聖德在基督的生平上也顯明了。為要藉著自己的榜樣，能在肉體中判罪為罪，祂便取了罪身的形狀。祂不住地仰望上帝的聖德，也不住地將這聖德向世界顯示。

基督切望跟從祂的人，在人生上顯示這品德。祂在為祂門徒代禱時有話說：「你所賜給我的榮耀，我已賜給他們，使他們合而為一，像我們合而為一。我在他們裏面，你在我裏面，使他們完完全全地合而為一，叫世人知道你差了我來，也知道你愛他們如同愛我一樣。」（約 17：22 − 23）

今日祂仍要使祂的教會成聖並被潔淨。「可以獻給自己，作個榮耀的教會，毫無玷污、皺紋等類的病……。」（弗 5：27）基督希望聖父賜給凡相信祂之人的恩賜，再沒有比祂顯示的品德更大的了。祂這個要求的含意該是何等的偉大啊！每一個跟從基督的人，都有權接受這豐盛的恩典！唉！但願我們更加賞識基督賜給我們的尊榮！我們因為負了祂的軛並學習祂的樣式，便在志向、溫柔與謙卑和品德的芳香上，都變得像祂了。

哥林多
後書

4：6

那吩咐光從黑暗裏照出來的上帝，已經照在我們心裏，叫我們得知上帝榮耀的光顯在耶穌基督的面上。

NOV
11
十一月十一日

聖化的理解力

以賽
亞書

17：7

當那日，人必仰望造他們的主，眼目重看以色列的聖者。

永恆的財寶都已交在耶穌基督手中，要賜給祂所願賜給的人，可惜許多人竟如此迅速地忘記那因信靠祂而提供給他們的寶貴恩惠。祂必將天上的財寶分賜給所有信賴祂、仰望祂，並常住在祂裏面的人。祂吩咐祂特選的，愛祂並事奉祂的子民來向祂請求，祂就要將生命的糧賜給他們，並將生命的水給他們，這生命的水要在他們裏面成為泉源，直湧到永生。

耶穌將上帝存的財寶帶到世界來，凡信賴祂的人都蒙接納作祂的後裔。祂聲稱凡因祂的名受痛苦的，他們的賞賜是大的。

這世界在上帝統管的偉大宇宙中，只不過是一個小小的微粒，然而這墮落的小小世界在祂看來，較比那九十九個沒有遠離羊圈的世界更寶貴。只要我們倚靠祂，祂總不會讓我們成為撒但試探的玩物。上帝甚願每一個基督為之受死的人，都成為葡萄樹的一部分，與主幹相連，從其中吸收營養。我們必須謙虛地承認，我們需要絕對地靠賴上帝，況且因為我們倚靠祂，我們對祂的認識也會大為增加。上帝切望我們撇棄所有的自私，以主所贖買之產業的身分來到祂面前。

上帝必尊重並扶持那些靠賴基督完備恩典，並力求行在祂面前誠懇認真的人。我們能否以智慧而聖化的理解力，賞識並得到上帝諸般應許的力量呢？這並非因為我們配得，乃因基督是配得的；這並非因我們為義，乃因我們憑著活潑的信心要求將基督的義歸給我們。

恩惠的總括

我們既已接受了真理，在我們的生活與品格上就會有徹底的變化，因為宗教的本義，就是有基督住在心中。有了祂，心靈就有繼續不斷的屬靈活動，不斷在恩典中長進，不斷向完全邁進。

情緒上的激動，或是被真理感動，都不足以成為基督徒的真憑實據，問題乃是，你是否在永活的元首基督裏有長進？基督的恩典是否彰顯在你的人生中？上帝將祂的恩典賜給世人，使他們可以期望得到更多恩典。上帝的恩典在世人心中不住地運行，而且它一旦被接受，就會有證據出現在接受之人的生活與品格上。

基督的恩典在心中總是要促進屬靈的生命，並要造成靈性的長進。我們固然看不見田野中植物的生長，但我們知道它們是在生長，我們豈不同樣曉得我們自己屬靈的能力和長進嗎？基督徒的恩典與經驗的主旨與要義，乃在乎相信基督，並認識上帝和祂所差來的愛子。可是許多人卻在這一點上失敗了，因為他們缺乏對上帝的信心。他們非但不切望與基督的捨己謙卑有分，反倒時時力求自我的優勢。

哎！你若愛祂像祂愛你一樣，你就不會躲避，不想體驗上帝兒子受難的愁苦經驗了！當我們默想基督的蒙羞受辱，注意祂的克己與自我犧牲時，我們便會充滿驚異，想不到為了有罪的人，上帝竟彰顯了如此的大愛。當我們為基督的緣故必須經歷被羞辱的試煉時，我們若以基督的心為心，就應以溫柔的心忍受，既不憤恨傷害，也不反抗惡行，我們應彰顯基督裏面的精神。

我們當負基督的軛，像祂為救贖淪亡之人那樣工作，並且凡與祂所受痛苦有分的，將來也必分享祂的榮耀。

彼得前書

5：10

那賜諸般恩典的上帝曾在基督裏召你們，得享祂永遠的榮耀，等你們暫受苦難之後，必要親自成全你們，堅固你們，賜力量給你們。

NOV
13
十一月十三日

讚美上帝！

何時有上帝的慈愛不住地甦醒心靈，就會有平安與喜樂的容顏將它顯明出來，並在言行方面也有所表現。基督寬大聖潔之靈在心中運行，就必在人生上產生出一種使他人悔改的感化力。

我們豈沒有理由要談論上帝的良善，述說祂的權能嗎？朋友若恩待我們，我們就會認為，感謝他們的深情厚誼乃是一項特權。這樣看來，我們應以答謝那位將各樣美善全備的恩賜，賜給我們的「朋友」為樂。故此讓我們在教會中培養感謝上帝的心。但願我們教導自己的嘴唇在家中讚美上帝。但願我們的禮物和捐獻，表明我們對每日領受恩惠的感謝，在凡事上也顯出主的喜樂來。

大衛聲稱：「我愛耶和華，因為祂聽了我的聲音和我的懇求。祂既向我側耳，我一生要求告祂。」（詩116：1－2）上帝聽允我們禱告所顯的仁慈，使我們有重大的義務，要對所賜給我們的種種恩惠表示感謝。我們應當分外的讚美上帝。應當為祈禱得蒙垂聽而得到的福惠立時致謝。

我們的訴苦、抱怨與不滿，會使基督的聖靈擔憂。我們不應悲慘地述說似乎難堪的試煉，使上帝蒙羞。如果我們把領受的試煉當作我們的教育者，就必定產生喜樂。這樣整個宗教生活就必是昂揚、超卓而高貴的，滿有嘉言善行的香氣。

讓上帝的平安在你心中作主，你就有力量可以擔承一切苦難，並且因為你有忍耐的美德而歡喜快樂。要讚美主，談論祂的善良，述說祂的權能。要使那環繞你心靈的氛圍有馨香之氣。要用心與靈及聲音彼此融和在一起，用它們讚美使你容光煥發的那一位，你的救主，你的上帝。

以賽亞書

63：7

我要照耶和華一切所賜給我們的，提起他的慈愛和美德，並他向以色列家所施的大恩。

毫無保留

「上帝既不愛惜自己的兒子，為我們眾人捨了，豈不也把萬物和祂一同白白地賜給我們嗎？」（羅 8：32）但願我們都感激上帝為我們所作的偉大犧牲。沒有比現在更適合歡迎祂恩典的種種賜予。基督為世人捨棄自己的性命，使他們明白祂是怎樣的愛他們。祂不願有一人沉淪，乃希望人人都要悔改。凡願將自己的意志降服於祂的人，都可享受與上帝聯合的生命。刑罰的刀劍落在基督的身上，人因此得到自由，祂受死使他們存活。

我們應當堅定地擁護上帝聖言的原則，牢記著有上帝會與我們同在，並賜給我們應付每種新的經驗的力量。但願我們在人生中時常保持公義的原則，使我們奉主的名向前邁進，力上加力。我們應該認識到，主藉著祂守誡命的子民所推進的工作是極其貴重的，而且，這種靠著祂恩典的能力的工作，必隨著時間的進展愈來愈堅固越有效驗。仇敵目前正在力圖蒙蔽上帝子民的辨別力，削弱他們的效能；然而他們若遵照上帝聖靈的指示去工作，祂必為他們敞開機會之門，好從事修建那久已荒廢之處。他們就有在確信與能力中增長的經驗，直到主帶著能力有大榮耀從天降臨，將祂最後勝利的印記，印在祂忠心之人的身上。

主切望看到第三位天使的工作愈來愈有效驗地向前推進。祂怎樣在各世代中行事，將勇氣與能力賦予祂的子民，今日祂也同樣渴望祂為教會所定的目的，能勝利成功地實現。祂吩咐眾聖徒要同心合意地向前邁進，力上加力，堅信祂的聖工的正義與真理。

詩篇

84：11

因為耶和華——上帝是日頭，是盾牌，要賜下恩惠和榮耀。祂未嘗留下一樣好處不給那些行動正直的人。

控制思想？

很少人感悟到自己有責任要控制自己的思想與幻想。要使未經訓練的心思專注於有益的題旨，實在很不容易，然而心思若不善加運用，信仰就無法從心靈中發旺。必須先讓聖潔與永恆的事物充滿內心，不然就會懷存無足輕重與膚淺的念頭了。智力與道德力都要加以鍛煉，運用而得到強化和改進。

為要正確的瞭解這事，我們務須記著人心原本已被敗壞，而且我們自己也絕無能力去行走義路。唯有靠賴上帝的恩典，再配合自身誠懇的努力，我們才能獲勝。

要靠賴基督的恩典控制每個犯罪作惡的傾向，不是那種無生氣或無決斷的方式，而是要毅然決然地以基督為典範。你當愛耶穌所愛的事物，避開那些不能使你順從善良動機的事物，要以堅忍的精力去學習，日日改善品格。你必須有堅決控制自己的意志，成為上帝喜悅要你成就的樣式。

智力與心思都必須奉獻為上帝服務。我們全都屬於祂。跟從基督的人不應放縱任何愛好，或參與似乎在表面上看起來無害，甚至值得嘉許的事業，他的良知會告誡他，這事業將削弱他的熱誠或減低他的靈性。每一位基督徒都當致力阻擋邪惡的狂瀾，使我們的青年能躲避那可能將他們掃進滅亡的種種影響力。但願上帝幫助我們逆流而上。

彼得
前書

1：13

所以要約束你們的心，謹慎自守，專心盼望耶穌基督顯現的時候所帶來給你們的恩。

欠債

NOV
16
十一月十六日

馬太
福音

6：12

免我們的債，如同我們免了人的債。

這裏所說的偉大福惠是帶有條件的。我們自己也將這條件講明了。我們對主說，祂給我們的憐憫，可以和我們憐憫他人的量度成正比。基督聲稱這是主對待我們的規則。「你們饒恕人的過犯，你們的天父也必饒恕你們的過犯；你們不饒恕人的過犯，你們的天父也必不饒恕你們的過犯。」（太 6：14 ─ 15）多奇妙的條件啊！可惜很少人瞭解並順從這些條件。最普通的後果也是最惡劣的過犯，就是放任不饒恕的精神。真不知有多少人懷存著仇恨或報復心理，跪在上帝面前，要求照他們自己饒恕人的量度得蒙饒恕。他們可能不知道這種禱告所含的實意，否則他們絕不敢說出口來。我們每天每時都希望得到上帝饒恕人的憐憫，既是如此，我們怎能對同為罪人的同胞懷存惡毒及怨恨呢！

事實上我們欠了基督龐大的債，這就要求我們對於祂受死所要救贖的人都負有至為神聖的義務。我們應向他們表示基督曾向我們表示的同情，以及同樣親切的憐憫和無私的愛心。

凡不肯饒恕他人的人，無異乎是切斷了從上帝那裏領受憐憫的唯一通道。我們也不要以為，除非那得罪過我們的人先向我們認錯，不然我們不饒恕他們乃是合情合理的。固然，他們的本分是要藉著悔改和認罪而謙卑己心，但不論那些得罪我們的人是否向我們認錯，我們也須向他們存同情之心。雖然他們可能嚴重地傷害了我們，我們也不要懷存自己的苦惱，體恤自己的損傷，乃當饒恕一切加害於我們的人，猶如我們指望自己得罪上帝之處都得蒙饒恕一樣。

當我們來到上帝面前時，我們必須面臨的條件乃是：我們從祂領受了憐憫，就當獻上自己，將祂的恩典顯示與他人。

NOV
17
十一月十七日

在基督的門下

凡在屬世學府中殷勤尋求智慧的人，應記得他也要做另一間學府的學生。基督是這世界最偉大的教師。祂直接由天庭將知識帶來給人類。

詩篇

32：8

我要教導你，指示你當行的路；我要定睛在你身上勸戒你。

基督門下的學生是無畢業之日的。學生中有老年人也有青年人，凡留心聽那位神聖教師教導的，就在智慧、文雅和心靈的高貴上不住地長進，因而也預備妥當要升入那更高的學府，在那裏要繼續長進直到永遠。

無限的智慧者將人生重大的教訓——就是幸福與義務的教訓展開在我們面前。這些教訓往往是難學習的，但缺少了它我們就沒有實際的長進。我們在這個世界上，置身於諸般試煉與試探之間，卻要獲得資格配進入那純正聖善的社會。凡專注於無關重要的研究而致停止在基督門下求學的人，他們的損失是無限的。

基督的信仰含有一種再造復新的能力，會改變整個人，使之凌駕於低劣卑鄙的惡行之上，並將思想與慾望向上帝與天國提升。創造主賦予人類的各種才幹和屬性，都當用來榮耀祂；這樣運用才幹是最純潔、最聖善、最快樂的。當信仰原理被視為至上時，我們在追求知識或培養智力上每邁進一步，也就是朝向人與上帝，有限的與無限的合在一起，往前邁進一步。

順從神聖導引的人，已經尋得那唯一救恩與真幸福之源，他也獲得了將幸福分與他圍圍之人的能力。愛上帝的心能除去人的每一種嗜好與慾望，使人變得聖潔而高貴，使情感的強度增加，並會使每件有價值的事物變得有意義。它使人能賞識並享受一切真、善、美的事物。

考驗之日

主憑祂自己的美意將人置於某種境地，使祂能試驗他們的道德力，顯露他們行為的動機，目的是使人可以加強自己的正直，並棄絕弱點。上帝甚願祂的眾僕人熟悉他們自己心中道德的能力。祂為成就這事往往准許患難的烈火攻擊他們，使他們被煉淨。

甘願受考驗乃是真實的美德，我們如果不願意受主的察驗，那麼我們的情形就很糟糕了。上帝是熬煉並潔淨心靈的，在熔爐的高熱中，所有的渣滓都要與基督化品格的真正金銀永遠分離。耶穌在注視著這一試驗。祂知道怎樣才能煉淨珍貴金屬，使之反照祂神聖之愛的光輝來。

我奉勸諸位，「總要自己省察有信心沒有，也要自己試驗。」（林後 13：5）要保持基督化愛心的溫暖與純潔，就需要基督恩典的不斷供應。

在這鬥爭與試煉的時期中，我們極需支持與慰藉，就是公義的原則，固定的宗教信仰，基督之愛同在的保證，以及從神聖事物上得到的豐厚經驗。我們能長大成人滿有基督耶穌長成的身量，就是在恩典上持續長進的結果。

基督徒品格的發展，並不是在試煉以外，而是在試煉中培植的。挫折和反對會使基督的門徒更加警醒，更加懇切祈求大能的幫助者。靠著上帝的恩典而忍受強烈的試煉就可以發展忍耐、警戒、剛毅等美德，並令人深切恆久地信靠上帝。基督徒信仰的勝利，就在於信徒雖然受苦，卻能剛強；雖然屈服，卻能制勝，雖然天天冒死，卻仍存活；雖然背負十字架，卻因而獲得榮耀的冠冕。

詩篇

26：2

耶和華啊，求你察看我，試驗我。

善行究竟怎樣？

我們得蒙上帝的悅納，唯有藉著祂愛子的血，而行善無非是赦罪之愛所產生的結果。善行既不歸功於我們，我們也沒有什麼功勞，使我們可以聲稱在靈魂得救方面，自己有任何功勞。救恩乃是上帝白白給相信之人的恩賜，也只是因為基督才賜給我們的。憂傷的人藉著信心可在基督裏得平安，而他所得的平安必與他的信心和依賴成正比例，但他不能以自己的善行作為他得救的理由。

然而善行全無價值嗎？試問，一個每天犯罪作惡的人，在上帝看來，是否和一個信靠基督而行事正直的人一樣呢？聖經說：「我們原是祂的工作，在基督耶穌裏造成的，為要叫我們行善，就是上帝所預備叫我們行的。」主根據祂的安排，並藉著祂賜給我們的恩典，確定善行必有報償。我們得蒙悅納，全因基督的功德，而我們恩惠的行為和善舉，乃是信心的結果，這一切都成了我們的福惠，因為人要按照自己所行的得獎賞。那使我們的善行得蒙上帝悅納的，乃是基督功德的香氣，而祂的恩典使我們能做蒙祂的獎勵之善行。我們的行為本無功德可言，就算是我們已竭盡一切所能的，仍當視自己為無用的僕人。我們不應得上帝的致謝，我們所行的只是本分，況且我們所行的，也不是靠著我們自己有罪之本性做成的。

主曾經吩咐我們要親近祂，祂就必親近我們。我們就能領受恩典，使我們從事那將來要得獎賞的善行。

所以愛心的服務都出於信心。雖然我們有許多忙碌的活動，這並不能保證我們的得救，只有使我們與基督聯合的信心，才能使心靈受感去工作。🜚

以弗所書

2：10

要叫我們行善，就是上帝所預備叫我們行的。我們原是祂的工作，在基督耶穌裏造成的，為

務要警醒！

NOV
20
十一月二十日

今天有許多人在那裏睡覺，正像門徒們一樣。他們並沒有像耶穌所勸告他們的，總要警醒禱告，免得入了迷惑。

但願每個人都要留意，仇敵正在跟蹤你們。務要警戒並警醒，免得在不知不覺中，你們陷在隱密而巧妙的網羅裏。唯願疏忽與不關心的人要警覺，免得主的日子如夜間的賊一樣忽然來到。

凡得勝的必須警醒，因為撒但正在用世俗的纏累、謬論與迷信，要誘惑跟從基督的人離棄祂。我們單單躲避明顯的危險和有害矛盾的行為是不夠的。我們當緊靠基督，行在克己與自我犧牲的道路上。我們正身處仇敵的領土，那被驅逐離開天庭的一位，已帶著大權柄來到世上。他正在用他能設想出的各種策略和詭計尋求擄禁人。除非我們時常慎防，不然就會很容易成為他各樣騙局的犧牲品。

警戒、勸告、應許，都已賜給我們世界末日的人。「所以，我們不要睡覺像別人一樣，總要警醒謹守。」（帖前 5:6）要慎防仇敵的偷襲，以及各種舊習和生來的傾向，不要讓它們做主，要迫使它們退後，並要慎防。要謹守思想，謹慎地計劃，以免它們偏向以自我為中心。要警醒看守基督用自己的血贖買的人，要注意尋找機會向他們行善。

倘若你要親近耶穌，企圖以嚴謹的生活和敬虔的行為來美化你所自稱的信仰，你的腳就必得蒙保守不走禁止的路途了。只要你警醒，不住地警醒禱告，行事為人正如上帝就在你面前一樣，你就不會屈從試探，而有希望可以保持純潔、無瑕、無玷污到底了。你若將起初確實的信心堅持到底，你就可在上帝裏面站穩，而恩典所開始的工作，將來要在上帝的國裏榮耀地完成。

馬可
福音

14：38

總要警醒禱告，免得入了迷惑。

NOV 21

十一月二十一日

猶大書

24

得蒙保守不至失腳

在這末後的日子中，不法的事增多，許多人的愛心就漸漸冷淡了。上帝有一班子民，要榮耀祂的名，挺身譴責不義的行為。他們要作特別的子民，在世人意圖廢棄上帝律法時，仍要忠於祂的律法；而且當上帝使人悔改之能藉著祂眾僕人運行時，黑暗之軍就必集合列陣，劇烈的堅決加以反對。從我們立志事奉上帝的時候起，直到我們蒙救脫離這罪惡的世界為止，必有繼續不斷的鬥爭，誰也不能脫離。

我們的工作乃是進取的，而我們身為耶穌忠貞的士兵，要舉起那血染的旌旗，闖進仇敵的堡壘。如果我們同意放下武器，拋棄血染的旌旗，成為撒但的俘虜與奴才，或許我們就可避免作戰與受苦了，不過這樣做的代價便是失去基督與天國。我們絕不能接受這樣的講和條件，寧可作戰，作戰，直到世界歷史的結束，也不要因背教與犯罪而得到的和平。

背教舉動的開始，乃是在心內暗暗地背逆上帝律法的要求。如果我們放任不聖潔的慾望和不合法的野心，就會因不信與黑暗與上帝隔開了。我們若不戰勝這些惡習，它們就必定勝過我們。

放任屬靈的驕傲，不聖潔的慾望，邪惡的念頭，或使我們與耶穌不能親密交往的任何事物，都能危害我們的心靈。我們若要「持定永生」，就必須「要為真道打那美好的仗」（提前6：12）。我們乃是「因信蒙上帝能力保守的人，……到末世要顯現的救恩」的人（彼前1:5）。如果你無法接受背道的行徑，就要堅持聖經的教訓，「惡，要厭惡；善，要親近。」（羅12：9）並要信賴那位「能保守你們不失腳、叫你們無瑕無疵、歡歡喜喜站在祂榮耀之前」的主。

立穩了

救主趁著每一次醫治人的機會，將神聖的真理種在人心中，這原是祂工作的本意。祂之所以將幸福賜人，是因為祂要使人願意接受祂恩惠的福音。

門徒看見耶穌美好的榜樣，足有三年時間。他們天天與祂同行，聽祂對勞苦擔重擔的人所說激勵的話，看祂向疾病痛苦的人顯出偉大的神能。到祂將要離開他們時，祂把權能和恩惠賜給他們，要他們奉祂的名繼續進行祂的工作，把祂愛和醫治的福音傳開。

門徒們所做的工作，也是我們所當做的。每一個基督徒都是傳道的人。我們須存著仁慈、憐憫的同情之心，去服事那些需要幫助的人。救主關心每個人的需要，跟從祂的人，不應以為自己是與這將亡的世界無關的。他們是人類中的一員，天庭看他們是聖徒的弟兄，也是罪人的弟兄。我們優於別人的地方，不論是教育程度，品格的高尚，基督徒的訓練，或宗教方面的經驗，我們都欠人的債，所以應該盡力量去服務人。

凡成為上帝兒女的人，應該把自己看為來自天上之拯救鏈條的一節，與基督同謀救恩計劃，同去尋找迷途的人。

這世界需要一種實際的表現，能顯示上帝的恩惠怎樣使人類恢復已失去的主權，使他們攻克己身。世界最需要知道的，就是在基督徒的人生中彰顯出的福音救人的大能。

帖撒羅尼迦後書

2：16 — 17

但願我們主耶穌基督和那愛我們、開恩將永遠的安慰並美好的盼望賜給我們的父上帝，安慰你們的心，並且在一切善行善言上堅固你們。

NOV
23
十一月二十三日

分享喜樂

上帝要拯救罪人，原可不用我們的幫助，但為要在我們身上造就一種像基督一樣的品格，我們就必須在祂的工作上有分。為要使我們進入祂的喜樂——就是看見人因祂的犧牲而蒙救贖的喜樂，我們必須為人的救贖而分擔祂的勞苦。

耶穌呼召每一個人都到祂國裏去。祂深入民間，誠心關懷他們的利益，藉此得到他們的心。祂在公眾的街道上，私人的房屋中、船上、會堂中、湖邊和婚姻的筵席上尋找他們。祂在他們日常生活中會見他們，並關心他們日常生活中的事。祂將祂的教訓帶進家庭中，使人們在自己家中，因祂光臨而蒙受神聖的感化。祂真摯同情的幫助，得到了人心。

耶穌也常在個人的社交接觸中訓練祂的門徒。有時候祂在山邊，坐在他們中間教導他們；有時在海邊或在路上，向他們顯示上帝國的奧祕。祂沒有像現今的人那樣只是説教。無論何處只要有人敞開心門接受上帝的信息，祂就將得救之道的真理解明。祂並不命令門徒作這個，作那個，祂只説：「來跟從我。」祂周遊城鄉各地，總是帶著他們同去，使他們可以看祂怎樣教訓人。

基督與人類休戚相關的榜樣，是所有願意傳揚主道並領受主恩典福音之人所應該效法的。上帝的真理感動人心，不能單靠講臺。另有一個工作園地，或許較為平凡，卻是滿有希望的：這個園地，就是在卑微人的家庭中，大人物的宅第裏，友好的歡宴中，以及純潔無邪的社交的場合裏。我們無論往哪裏去，總要帶著基督同去，並向人顯明救主的尊貴可愛。

帖撒羅尼迦前書

2：19－20

我們的盼望和喜樂，並所誇的冠冕是什麼呢？豈不是我們主耶穌來的時候、你們在祂面前站立得住嗎？因為你們就是我們的榮耀，我們的喜樂。

願榮耀歸與上帝

NOV
24
十一月二十四日

人的一切美德，都是上帝的恩賜，人的好行為，也是藉著上帝在基督裏的恩典實行出來的。他們的一切成就既都來自上帝，則他們的人格或行為所得的榮耀也應該歸於祂，而人只不過是祂手中的工具而已。

再者，根據聖經史中的一切教訓，讚揚或抬舉人乃是極危險的事。因為一個人若忘記倚靠上帝而靠自己的力量，就一定會跌倒。人類所必須應付的對手比人強大多了。我們若靠自己的力量，絕不可能應付這種戰爭，凡使我們自高自恃離棄上帝的事，都會引致我們的失敗。聖經中的大旨，就是要教導人不可倚靠人的力量，而要倚靠上帝的能力。

天父並沒有從高天差遣天使向世人傳講救恩的福音，而是向我們啟明祂聖言的珍貴真理，也將真理栽培在我們心中，去傳給在黑暗中的人。我們若真嘗過上帝本著祂的應許賜下的寶貴恩賜，就有義務將這樣的知識傳給他人。

我們每一個人都要努力工作，因為在我們身上的責任是重大的。我們應表現不倦的精力、機敏與熱誠，負起我們的擔子，感悟到鄰里和朋友所處的險境。我們要像基督那樣工作。我們要講述耶穌真實無偽的真理，免得有人的血沾染我們的衣服。同時我們也要全然地倚賴並信靠上帝，因為沒有祂恩典和能力的幫助，我們就一無所成了。保羅可以栽種，亞波羅也澆灌，但唯有上帝才能使它生長。

我們的本分、安全、幸福、效能以及救恩，都號召我們運用最大的努力獲得基督的恩典。

哥林多後書

4：7

我們有這寶貝放在瓦器裏，要顯明這莫大的能力是出於上帝，不是出於我們。

收割

人若能在心靈和生活中留有餘地，使上帝福惠的恩澤流向別人，就一定會得到豐盛的賞賜。

基督的恩典正在他心靈中培養與自私相反的品格特質，就是使人生趨於文雅，高貴而豐盛的特質。暗中所行的善事必使人心團結，並引我們更近那慷慨之源的主的慈懷。細微的關注和小小出於愛心與捨己的行為，如花卉之芳香無聲無息地從生活中散發出來，這就成為人生的福惠與喜樂。而且最終我們會發現：那為別人謀福而作的克己之舉，無論是多麼的微小，多麼的在此世不受稱讚，但上天卻視為我們與榮耀的王聯合的憑證，祂本來富足，卻為我們成了貧窮。

仁慈的行為即或是在暗中作的，但在施行者的品格上所產生的效果，卻是無法隱藏的。我們若以基督門徒的身分全心全意地去工作，我們的心必與上帝全然契合。而上帝的聖靈在我們心裏運行，就必喚起靈性中虔敬的和音，以應答祂神聖的撫摸。

上帝會將更多才幹，賜給那些能善用的人，很樂於承認一切信靠祂的子民在祂愛子裏的服務，他們本是靠祂愛子的恩典與能力作事的。凡力求在善行上運用自己的才能發展並成全基督化品格的人，必在來世收割他們所撒播的結果。在地上開始的工作，必在更崇高更聖潔的生活中完成，存到永遠。

那位「厚待一切求告祂的人」之主，曾說：「你們要給人，就必有給你們的……。」（羅 10：12；路 6：38）人為上帝工作，無論犧牲什麼，必要照著「祂極豐富的恩典」得到報償。

要將祂極豐富的恩典，就是祂在基督耶穌裏向我們所施的恩慈，顯明給後來的世代看。

世人正在等待

教會乃是上帝要拯救人類而設的機構。它的目的就是要為人服務，而它的使命就是將福音傳遍天下。上帝從起初就已計劃要藉祂的教會，向世人反映出祂的豐盛與完全。教會的教友，就是祂所召出黑暗入奇妙光明的人，都要顯出祂的榮耀。教會是基督豐富恩典的寶藏庫，上帝大愛最終與完全的表現，一定是由教會顯明出來，甚至要向「天上執政的、掌權的」彰顯出來。（弗3：10）

教會是上帝在叛亂世界中所設的堡壘，也就是祂的逃城。

上帝的教會在屬靈的黑暗時代中，正如造在山上的城。代代相傳，天國純淨的道理一直在教會中傳講。教會可能有軟弱和缺點，但它仍是上帝無上關懷的對象。教會是祂施恩的場所，祂樂於在此彰顯祂改革人心的神能。

太陽的光線怎樣普照天涯地極，按照上帝的旨意，福音的光也要普及地上的人。目前仇敵正在盡力以佔據男女人士的心思，我們當加緊工作。我們要殷勤的，毫不自私的將這最後慈憐的信息傳遍各城各市的大道與小路中。要與社會各階層的人士接觸，在我們工作之時，一定會接觸不同種族的人，不可忽略任何人而不給予警告。主耶穌原是上帝所給全世界的恩賜，不限地位高低，也不限民族，更不排除任何人。祂的救恩環繞全世界，凡願意的，都可以取生命的水喝。整個世界在等待著要聽現代真理的信息。

哥林多
後書

4：15

凡事都是為你們，好叫恩惠因人多越發加增，感謝格外顯多，以致榮耀歸與上帝。

基督正在等待

NOV
27
十一月二十七日

基督的福音自始至終都是救贖恩典的福音。它是一個獨特並影響人的觀念，它能幫助有需要的人，能使看不見真理的人得到亮光，也是尋找人生基礎之人的嚮導。全備而永恆的救恩是每一個人都能得到的，基督在等待並渴望著要宣告赦免，並提供白白賜予的恩典。祂正在警醒等待，要像祂對耶利哥城門口的瞎子那樣說：「要我為你做什麼？」（可 10：51）我要除去你的罪孽，我要在我的血裏將你洗淨。

在人生各大道路上都有待救的人。瞎眼的人正在暗中摸索，你們要將光分給他們，上帝就必因你們是祂的同工而賜福給你們。

我們需要在基督的工作上更加懇切認真。當以強烈的熱忱宣揚嚴肅真理的信息，使無信仰的人得知，上帝正在幫助我們，因為至高者是我們能力活潑的源頭。

每一位基督徒不但要仰望，更要催促主耶穌基督的降臨。凡自稱信奉祂名的人，如果都結果子榮耀祂，福音就會迅速傳遍整個世界，莊稼就會迅速地成熟，而基督就會降臨收割寶貴的禾稼了。藉著上帝的使者，向世人揭開書卷的時候已經到了。第一、第二及第三位天使信息所包含的真理，必須傳到各國、各族、各方、各民，要照亮各大洲和各海島的黑暗地區，這工作絕不可耽延！

我們的口號是，「前進，不住地前進！」天上的使者要作我們的先鋒，為我們預備道路。直到全地都蒙耶和華的榮耀光照之前，我們絕不能放下在各處當盡的責任！

馬太
福音

24：14

這天國的福音要傳遍天下，對萬民作見證，然後末期才來到。

全宇宙在等待著

整個的天庭都對我們這微小的世界表示最深切的關懷，因為基督已經為世上的居民付出了無限的代價。

宇宙間的萬有都在號召明白真理的人，要毫無保留地奉獻自己，從事傳揚第三位天使信息所指示他們的真理。

那交託我們的，實在是非常偉大而重要的工作。在這種工作上需要明智無私的人，就是那些奉獻自己並努力從事救靈的人。但上帝並不需要不冷不熱之人的服務，因為基督絕不能用這樣的人。上帝需要的是一班內心感到人類痛苦的男女，而且他們的生活也顯明，他們正在不斷地接受並轉授亮光、生命與恩惠。

上帝的子民要本著克己犧牲的心來親近基督，他們唯一的宗旨乃在將慈憐的信息傳遍全世界。各人工作的方式，按照主的呼召和引導，雖然各不相同，但他們都當齊心合力，力求工作的完整。教友們既在施恩座前尋求幫助，使他們可以與主合作，從事拯救瀕臨敗亡邊緣之人的大工，教會在這方面也應該盡力。

整個的天界都在等待著奉獻的通道被打開，使上帝藉此與祂的子民交往，再藉著他們而與世人交往。上帝要藉著獻身捨己的教會施展祂的作為，祂也會用明顯而光榮的方式顯示祂的聖靈，特別是在現今的時刻，因為撒但正在用他那精巧的手段，欺騙傳道人與民眾。

難道教會還不覺悟自己的責任嗎？上帝正在等待著要將世上從未見過的，最偉大的佈道之靈，賜給所有願意克己犧牲奉獻的工人。

路加福音

14：23

你出去到路上和籬笆那裏，勉強人進來，坐滿我的屋子。

上帝的兒女

「親愛的弟兄啊，我們現在是上帝的兒女。」試問，有什麼人間的尊貴能與此相比呢？被稱為無限上帝的兒女，還有什麼可比這更好的稱呼呢？

約翰
一書

3：2

親愛的弟兄啊，我們現在是上帝的兒女，將來如何，還未顯明；但我們知道，主若顯現，我們必要像祂，因為必得見祂的真體。

有限的世人竟與全能者有了親屬關係，這該是何等驚人的想法，何等聞所未聞的紆尊降貴，何等令人詫異的慈愛啊，「凡接待祂的，就是信祂名的人，祂就賜他們權柄作上帝的兒女。」（約1：12）「親愛的弟兄啊，我們現在是上帝的兒女。」任何屬世的尊榮能與此相比嗎？

但願我們能將基督化人生的真相表達出來；但願我們顯示的人生道路，是令人愉快、引人入勝，而滿有興趣的。只要我們有志去作，就能成就，我們要將屬靈與永恆事物的鮮明圖像充實心思，這樣就能使別人也看到這個圖像。信心看見耶穌以我們中保的身分站在上帝的右邊；信心展望到祂去為愛祂的人預備的住處；信心看上帝的道為得勝者預備妥當的禮服與冠冕；信心聽到得贖之人的詩歌，並使永恆的榮耀臨近了。我們若想見那位在榮美中的君王，就必須以出自敬愛的順從來親近耶穌。

與天父和祂的兒子耶穌基督有交往，就能使我們成為尊貴與高尚的人，分享那莫可言喻而滿有榮光的喜樂。食物、衣服、職位和財富，或許都有其價值，但與上帝有聯繫，與祂神聖的性情有分，卻是具有極其貴重價值的。我們的生命應與基督一同藏在上帝裏面，雖然「將來如何，還未顯明」，但「基督是我們的生命，祂顯現的時候」（西3：4），「我們必要像祂，因為必得見祂的真體。」基督化品格的君王尊嚴，要像太陽光照耀出來，同時從基督聖面發出來的光輝，也必反映在那班使自己潔淨像祂潔淨一樣之人的身上。我們要得到成為上帝兒女的特權，需要付出的實在太少，就算是犧牲一切所有的，甚至性命也是值得的。

目標在望

「豈不知在場上賽跑的都跑，但得獎賞的只有一人？你們也當這樣跑，好叫你們得著獎賞。凡較力爭勝的，諸事都有節制，他們不過是要得能壞的冠冕；我們卻是要得不能壞的冠冕。」（林前 9：24－25）凡參與賽跑要得殊榮之桂冠的人，諸事都有節制，這樣才能使肌肉、頭腦以及身體各部分都處於最佳狀況中，以便從事競賽。得獎賞的只有一人，可是天國的賽跑，我們都能參加也能得獎。這個競賽沒有不確定之處，也沒有危險。我們必須披戴屬天的各種美德，並要定睛仰望那永生的冠冕，時常將「楷模」擺在眼前。我們須時時注視神聖之主的謙卑捨己的人生，這樣，我們既力求效法祂，又望著獎賞的標竿，就可滿有把握的參加這場賽跑。

如果外邦人，雖然不受得蒙啟迪之良心所管束，也毫無敬畏上帝之心，卻甘願經受缺乏與訓練的鍛煉，自行放棄一切足以軟化身體的嗜好，只為要得那能壞的桂冠和觀眾的稱讚，那班參與基督徒的賽跑指望獲得永生和高天嘉許的人，豈不更應甘願自動放棄那敗壞德行，削弱智力，使高尚才能屈服於獸慾與嗜癖，並能損害健康的刺激品嗎？上帝與眾天使都非常關懷注視著參與基督徒賽跑之人的克己，自我犧牲，與痛苦的掙扎。

對於那些全然依從上帝聖言中的條件，並感悟自己有責任保養自然的活力與身體的活動，使智力和健全的道德感得到均衡發展的人而言，這場賽跑很可靠，因為人人都可能獲得獎賞，都要贏得並戴上那永不衰殘、永不朽壞的榮耀冠冕。

腓立比書

3：14

向著標竿直跑，要得上帝在基督耶穌裏從上面召我來得的獎賞。

The Kingdom Glory

DEC 12

榮耀之國

所以，你們或吃或喝，無論
做什麼，都要為榮耀上帝而
行。

DEC
01
十二月一日

上帝的榮耀彰顯在祂的作為上

當萬有剛從創造主的手被造的時候，不僅伊甸園是極其美麗的，全地也是這樣。沒有罪的污穢，或死的陰影，損毀那佳美的受造物。上帝的榮耀「遮蔽諸天；頌讚充滿大地。」（哈3：3）

以賽
亞書

6：3

聖哉！聖哉！聖哉！萬軍之耶和華；祂的榮光充滿全地！

「那時，晨星一同歌唱；上帝的眾子也都歡呼。」（伯38：7）這樣地球就作了那「有豐盛的慈愛和誠實」者的標記（出34：6），也適合成為那照上帝形像被造之人的研究資料。伊甸園是上帝理想世界的縮影，而且祂的旨意是要在人類增多的時候，也另外設立類似祂所賜的這種家庭與學校。這樣全地必漸漸充滿研究上帝言語和作為的家庭與學校，使學生們得著更充分的準備，在無窮歲月中返照上帝榮耀知識之光。

亞當在創造主手中被造時，其身體、心智和靈性各方面的本性，都與祂的主相似。「上帝就照著自己的形像造人。」（創1：27）創造主的旨意是，人生存得越久，就越充分表現這一形像，也越充分反映祂的榮耀。他的一切天賦都有發展的可能，其才能與活力也與時俱增。供其運用的範圍極其廣泛，為其開闢的研究領域也極其光榮。宇宙間的一切奧祕——「知識全備者奇妙的作為」（伯37：16），值得人去研究。人的最大特權，就是能與造他的主當面傾心交談。假若他繼續效忠上帝，這一切便是永遠屬於他的。他必永遠獲得知識的新寶藏，發現幸福的新泉源，而且對於上帝的智慧、權能與仁愛，也必得到愈來愈清楚的觀念。他也必愈來愈充分成全其被造的目的，也愈來愈完全反映創造主的榮耀。

人乃為上帝的榮耀而受造

上帝為榮耀祂自己而創造人類，使人類在經歷試煉與考驗之後，與天上的家庭合而為一。上帝有旨意要以人類的大家庭補足上天的居民，只要人表示願意聽從祂一切的話。亞當要經受考驗，看看他是否願意順從，像忠順的天使一樣，或是違命。他若經得起考驗，則他給自己兒女的教訓就全是忠順的，他的心思意念必與上帝的心思意念相同。

上帝照著自己的聖德創造了亞當，完全聖潔正直。頭一個亞當既無敗壞的本質，也無敗壞的傾向或癖好。亞當與上帝寶座前的天使一樣全無過失缺點。這些事實是無法解釋的，然而許多現在我們不能瞭解的事，到了我們與主面對面的日子就都必解明了。

聖經記載，古代聖賢稱上帝為他們的上帝，祂並不以此為恥（見來11：16）。這主要是因為他們不但不貪愛屬世的財物，或本著屬世的意圖與志向尋求享樂，反而將自己一切所有的完全奉獻在上帝的祭壇上，用以建立祂的國度。他們專為上帝的榮耀而生活，並坦白承認自己在地上是客旅，是寄居的，要尋求那更美的家鄉，就是天國的家鄉。他們的行為表露了其信仰，上帝可以將祂的真理交託他們，也可以使世人從他們獲得有關祂旨意的知識。

然而，今日自稱為上帝子民的人，究竟是怎樣維持祂聖名的榮譽呢？世人怎能看出他們是特選的子民呢？他們顯明了什麼身為天國公民的憑證呢？

清教徒的樸素簡單，應作為相信今日嚴肅真理之人住處與服裝的特徵。我們的衣服，我們的住處，我們的言行，都當證明我們已歸上帝為聖。凡如此證明自己已經為基督捨棄一切的人，將會有大能力隨著他們。

哥林多
前書

10：31

所以，你們或吃或喝，無論做什麼，都要為榮耀上帝而行。

上帝榮耀的計劃

羅馬書

5：21

就如罪作王叫人死；照樣，恩典也藉著義作王，叫人因我們的主耶穌基督得永生。

人類得救的唯一計劃，是要全天庭都作出無限的犧牲。當基督將救贖的計劃向眾天使說明時，他們是不會快樂的；因為他們看出為了拯救人類，必須由他們所愛戴的元帥遭受言語所不能形容的患難。眾天使又憂傷、又驚異的聽著基督告訴他們，祂必須離開天庭的純潔與平安，放棄天庭的喜樂、榮耀和永生，而與墮落的世界接觸，忍受憂傷、恥辱和死亡。祂必須立在罪人和罪的刑罰之間；然而肯接受祂為上帝的兒子卻很少。祂願意離開天上之君的崇高地位，自己卑微，在地上取了人的樣式，藉著祂親身的體驗來熟悉人類所忍受的憂患和試探。為了「搭救被試探的人。」（來 2：18）這一切都是祂所必須忍受的。當祂作教師之任務完成之後，祂必須被交在惡人的手中，受他們在撒但鼓動下加在祂身上的各種侮辱和酷刑。祂必須作一個罪人，在天地之間被舉起來，受最殘酷的死。祂必須經受長期可怕的苦痛，甚至連天使也掩面不忍觀看。當違犯律法的罪——全世界罪惡的重擔——都壓在祂身上的時候，祂心靈上必須忍受天父向祂掩面的慘痛。

祂囑咐全體天使要與祂父所讚許的計劃協和一致，並要喜樂，因為墮落的人類因祂的死得與上帝和好了。

於是，有無法形容的喜樂充滿天庭，一個世界得蒙救贖，其榮耀和喜樂超過了生命之君的痛苦和犧牲。全天庭首次洋溢著後來天軍在伯利恆山上所要唱出的歌聲：「在至高之處榮耀歸與上帝！在地上平安歸與祂所喜悅的人！」（路2：14）

小型的天國

將近黃昏的時候，耶穌把祂的三個門徒，彼得、雅各、約翰叫到身邊來，帶著他們經過漫漫的田野，崎嶇的山徑，到了一處幽靜的山邊。

這「多受痛苦，常經憂患」的主，就離開他們，稍往前走，流淚痛苦地大聲呼求，並傾吐祂的心意。祂求上帝賜祂能力，好為人類忍受試煉。祂又傾吐祂對門徒所懷的心願，使他們在黑暗掌權的時候，不至喪失信仰。

當時耶穌祈求將祂在創世以前，與父同有的榮耀啟示給他們，將祂的國顯給肉眼觀看，並使祂的門徒能有力量得以看見。祂懇求上帝，使他們能看見祂神性的顯示，好叫他們在祂遭受極大痛苦的時候，便可以得到安慰，知道祂確是上帝的兒子，並知道祂那恥辱的死，乃是救贖計劃的一部分。

祂的禱告蒙垂聽了。當祂謙卑地俯伏在石子地上時，天忽然間開了，上帝聖城的金門大開，聖潔的光輝照耀在山上，環繞著救主。基督的神性，從祂裏面透過人性閃耀出來，與那從上頭來的榮耀相接。祂從俯伏著的地上，忽然以上帝的威嚴站起來了。祂心靈上的痛苦消逝了。祂的「臉面明亮如日頭，衣裳潔白如光。」

門徒睡醒過來，看見那照耀全山的燦爛榮光。他們驚奇害怕地注視著他們的夫子發光的身體。在祂旁邊還有兩位天上差來的，和祂親切地在談話。一位是曾在西奈山上和上帝說話的摩西，一位是以利亞，只有他曾得到這個不死的最高特權。那未來天國的榮耀，在山上現出了縮影——基督是王，摩西是從死裏復活的聖徒的代表，以利亞則是變化升天的聖徒代表。

馬太
福音

17：1－2

耶穌帶著彼得、雅各，和雅各的兄弟約翰，暗暗地上了高山，就在他們面前變了形像，臉面明亮如日頭，衣裳潔白如光。

DEC
05
十二月五日

馬太
福音

6：10

願
你
的
國
降
臨
。

仍在將來

基督的門徒原指望祂榮耀的國立即降臨，但耶穌向他們傳授這個禱告時卻教導他們明白：這國並不是在當時要建立的。他們要為它將來的降臨祈禱，但這個祈禱對於他們也是一個保證。雖然這國不會在他們的世代降臨，但耶穌囑咐他們要為此而祈禱的事實就足以證明：到了上帝自己所指定的時候，祂的國就必然降臨。

上帝恩典的國現今正在建立中，因為日復一日的，那些原來充滿罪惡和悖逆的心都歸順了祂慈愛的統治。但是祂榮耀的國的完全建立，卻要到基督第二次降臨這個世界時才告實現。

上帝的子民必須等到基督親自復臨之後，才能被接到祂的國裏。救主說：「當人子在祂榮耀裏、同著眾天使降臨的時候，要坐在祂榮耀的寶座上。萬民都要聚集在祂面前。……於是王要向那右邊的說：『你們這蒙我父賜福的，可來承受那創世以來為你們所預備的國。』」（太25：31－34）當人子來的時候，死了的義人必經復活成為不朽壞的，活著的義人必要改變。由於這種改變，他們才準備妥當可以承受上帝的國。人類不能以目前的狀況進入上帝的國。但當耶穌來時，祂先賜給祂子民永生，然後才叫他們承受上帝的國，在這時之前，他們不過是繼承人而已。

倘若「你們是屬基督的」，那麼「萬有全是你們的」（林前3：23，21）。但是你仍是一個尚未獲得管轄其基業權的孩子，上帝還不能將屬於你的寶貴產業交託於你，以免撒但藉著詭謀來誘惑你，正如他在伊甸園向人類始祖所行的一樣。基督為你安全的保管著這一切，使破壞者不能觸及。

為什麼現在不降臨？

耶穌說：「這天國的福音要傳遍天下，對萬民作見證。」（太24：14）在祂恩典的佳音尚未傳遍天下之前，祂的國必不會降臨。因此，當我們將自己獻給上帝，並引領他人歸向祂的時候，我們就是催促祂的國降臨了。唯有那獻身為祂服務並說：「我在這裏；請差遣我」的人，才能誠心的禱告說：「願你的國降臨。」

「願你的旨意行在地上，如同行在天上」的請求，乃是祈求使世上邪惡的統治早日結束，罪惡永遠除滅，並使公義的國早日建立。那時，在地上和天上，都必成就「一切所羨慕的良善。」（帖後1：11）

未得完全的勝利，基督絕不滿意的，「祂必看見自己勞苦的功效，便心滿意足。」（賽53：11）地上的萬國都必聽見祂恩惠的福音。固然，不是人人都願意領受祂的恩典；但是，「必有後裔事奉祂，主所行的事必傳與後代。」（詩22：30）「國度、權柄，和天下諸國的大權必賜給至高者的聖民。」（但7：27）並且，「認識耶和華的知識要充滿遍地，好像水充滿洋海一般。」「人從日落之處必敬畏耶和華的名，從日出之地也必敬畏祂的榮耀。」（賽11：9；59：19）

「那報佳音，傳平安，報好信，傳救恩的，對錫安說：『你的上帝作王了！』……耶路撒冷的荒場啊，要發起歡聲，一同歌唱；因為耶和華安慰了祂的百姓，……耶和華在萬國眼前露出聖臂；地極的人都看見我們上帝的救恩了。」（賽52：7－10）

耶利
米書

31：34

因為他們從最小的到至大的都必認識我。……這是耶和華說的。

展望永恆

教會若願披上基督的義袍，而不順從世俗，在她面前就會有光明與榮耀的曙光出現。上帝對教會的應許必永遠堅立。真理必定跨越那些藐視並拒絕它的人，而終獲勝利。雖然有時真理的傳揚似乎是延緩了，但它的進展卻從未停止過。它既賦有神聖的能力，就必衝破最堅固的屏障，並戰勝一切阻礙。

那在上帝兒子辛勞犧牲的生命中支撐祂的是什麼呢？祂看見了自己「勞苦的功效，便心滿意足。」祂展望永恆的將來，看到許多人因祂的屈辱，得到了赦免並承受了永生的幸福。祂的耳朵聽到了贖民勝利的吶喊。祂也聽到蒙救贖的民歡唱摩西和羔羊的歌。

我們都可以看到將來的景象，就是天國中的福氣。聖經中顯示了許多有關將來榮耀的異象。這些是上帝親手描述的光景，也是祂教會所看為寶貴的。我們可以憑著信心，站在永恆聖城的門口，聽到基督如何歡迎在今生與基督合作人，因為他們以配為祂的緣故受苦而感到光榮。當祂說：「你們這蒙我父賜福的，可來……」時，他們就將自己的冠冕放在救贖主的腳前，大聲說：「曾被殺的羔羊是配得權柄、豐富、智慧、能力、尊貴、榮耀、頌讚的。……願頌讚、尊貴、榮耀、權勢都歸給坐寶座的和羔羊，直到永永遠遠！」（太 25：34；啟 5：12 － 13）

贖民要在那裏感謝引領他們歸向救主的人，於是大家同聲讚美基督，因為基督的死，使人類可領受那原本上帝所賜的生命。鬥爭已經過去，患難與紛爭也終止了。勝利的歌聲洋溢著全天庭，贖民都揚聲歡呼說，那被殺，復活，而得勝的羔羊是配得尊榮的。

路加
福音

21：28

一有這些事，你們就當挺身昂首，因為你們得贖的日子近了。

誰有資格承受呢？

DEC
08
十二月八日

上帝已經定出一個合乎祂律法和品格的標準，無論何人，只要達到祂的條件，就可以進入祂榮耀的國。基督親自説：「信子的人有永生；不信子的人得不不着永生。」「凡稱呼我『主啊，主啊』的人不能都進天國；惟獨遵行我天父旨意的人才能進去。」（約3：36；太7：21）祂又在啟示錄中説：「那些洗淨自己衣服的有福了！可得權柄能到生命樹那裏，也能從門進城。」（啟22：14）關於人最後的得救，聖經中所提出的只有這一種蒙揀選的標準。

凡恐懼戰兢，作成自己得救功夫的人，必蒙揀選。凡穿上全副軍裝，為真道打美好仗的人，必蒙揀選。凡警醒禱告，查考聖經，遠避試探的人，必蒙揀選。凡恆久相信，並順從上帝口裏所出的一切話的人，必蒙揀選。救贖的恩典是白白賜給人的，而救贖的結果，唯有那些合乎祂條件的人才能享受。

撒但不住地努力工作著，企圖歪曲上帝所説的話，來弄瞎人的心眼，痲痺他們的智力，藉以引誘他們陷入罪中。上帝之所以如此直言無隱，使祂的條例非常清楚明白，就是要使任何人都不至作錯。上帝經常吸引世人投靠在祂的保護之下，這樣撒但就無法在他們身上施行殘酷的欺騙勢力。上帝曾屈尊親口向他們説話，親手寫下祂活潑的聖言。而且這些瀰漫著生命，煥發著真理的言語，已經交給世人，作他們完全的嚮導。

聖經的每一章，每一節，都是上帝給世人的信息。上帝的子民若是研究並順從聖經的話，這話就必像日間的雲柱和夜間的火柱，領導他們，正如古時領導以色列人一樣。

箴言
3：35

智慧人必承受尊榮。

預備與天使同住

我們毫無疑問地……認為今日我們所持守的教義乃是現代真理，並且我們已經臨近審判的日子。我們正在預備迎接主，祂由聖天使護送，要在天雲中顯現，為忠信公義之人預備得永生的道路。

我們以各種不同的渠道接受上帝的真理，而且當我們受真理的影響時，真理就必為我們完成所必需的工作，使我們在道德方面準備好進入榮耀的國度，並能和天使來往相處。我們現在置身於上帝的工場中。我們中間有許多人乃是採自石礦的粗糙石頭。但當我們接受上帝的真理時，它就會在我們身上發生作用。它提拔我們，從我們身上除去各樣不完全之處和罪過。這樣我們便能預備妥當眼見主的榮美，並在最後能與純潔無罪的天使同在那榮耀的國度裏。這種工作要在此世完成，我們現在就要將身與靈預備妥當好承受永遠的生命。

我們所處的世界，乃是與公義聖潔的品格，以及在恩典中長進為敵的。我們無論往哪裏看，都是腐化與污穢，殘廢和罪惡。我們在即將接受永遠生命之前所當從事的工作是什麼呢？就是要保守我們身體的聖潔，心靈的純正。我們置身在這末後日子，雖然四周都敗壞了，我們卻要站立得穩而全無染污的現象。

真光照耀明亮，不致有人蒙昧無知，因為偉大的上帝在親自作人類的導師。祂定意要提倡健康改革這一偉大的主題，激起大眾的心思來研究，因為世人已養成破壞健康，損害頭腦的壞習慣，要他們不改變就來辨明神聖的真理是不可能的；他們需從這真理使之聖化，趨於文雅、高尚，這樣才能適合在那榮耀的國度裏與天使交往。

羅馬書

12：1

所以，弟兄們，我以上帝的慈悲勸你們，將身體獻上，當作活祭，是聖潔的，是上帝所喜悅的；你們如此事奉乃是理所當然的。

現在學唱得勝的凱歌

這一首詩所記念的偉大拯救，在希伯來人的記憶之中留下了深刻的印象，是永遠不能磨滅的。世世代代的先知和音樂家不斷地歌唱這一首詩，證明耶和華是倚靠祂之人的力量和拯救。這一首詩不只是屬於希伯來人，它遠指著義人的一切仇敵的滅亡，以及上帝選民以色列的最後勝利。拔摩島的先知曾看到那些得勝穿白衣的人，站在火攙雜的玻璃海上；「拿著上帝的琴，唱上帝僕人摩西的歌和羔羊的歌。」（啟15：2－3）

出埃及記

15：1

我要向耶和華歌唱，因祂大大戰勝。

「耶和華啊，榮耀不要歸與我們，不要歸與我們；要因你的慈愛和誠實歸在你的名下！」（詩115：1）這就是以色列得救詩歌的精神，也應該在敬愛上帝之人的心中。為使我們脫離罪惡的捆綁，上帝所施行的拯救，比在紅海邊為希伯來人所施行的更偉大。我們每天從上帝手中所領受的福惠，尤其是耶穌為要使我們得到福樂和天家，為我們捨命的恩典，應該是我們不斷感謝祂的緣由。上帝使我們這失喪的罪人，得以與祂聯合，成為祂特選的子民，祂向我們顯示的是何等的慈愛，何等的大愛！我們應當感謝上帝，因祂在救贖的大計劃中，把有福的指望擺在我們的面前，我們應當讚美祂，因為祂賜給我們天上的產業和祂豐富的應許，我們應當讚美祂，因為祂是長遠活著，為我們代求。

天上的一切居民都聯合一致讚美上帝。我們現在就要學唱天使的詩歌，使我們將來參加那光明的行列時，可以與他們同聲歌唱。我們要與詩人一同說：「我一生要讚美耶和華！我還活的時候要歌頌我的上帝！」「上帝啊，願列邦稱讚你！願萬民都稱讚你！」（詩146：2；67：5）

DEC
11
十二月十一日

路加
福音

12：35 — 36

你們腰裏要束上帶，燈也要點著，自己好像僕人等候主人從婚姻的筵席上回來。

當我們等待時

現在正是要為我們的主來臨作準備的時候。要準備妥當迎接祂，這絕非頃刻間即能達成的事。為應付那莊嚴的一幕，我們必須要警醒等待並注意，配合著認真的工作，這樣上帝的兒女便能將榮耀歸給祂。在人生的繁忙景況中，他們說出了講述鼓勵、信心和希望的話語，他們生命中的一切都已奉獻為主服務了。

基督告訴我們祂的國度何時會出現。祂並沒有說全世界都要悔改，乃說「這天國的福音要傳遍天下，對萬民作見證，然後末期才來到。」（太 24：14）藉著將福音傳遍天下催促上帝大日的來臨，乃是我們力所能作的。基督的教會若已遵照主的旨意成就指定給她的任務，全世界早就受到警告，而主耶穌也早就有能力有大榮耀降臨世上了。

伴隨著基督復臨的信息，是大有活潑的能力。直到看見有許多人已經悔改接受主復臨的洪福之望，我們就不可停息。在使徒的時代，他們所傳講的信息產生了實際的果效，使人撒棄偶像而來事奉永活的上帝。我們今日所要作成的工作也有同樣實際性質，真理還是真理；只是我們應當更加懇切的傳揚這信息，因為主的來臨迫近了。現代信息乃是確實、簡明，而極其重要的。我們行事為人務須表明我們是相信這信息的男女。等待、警醒、工作、祈禱、警告世界，這就是我們的任務。

最近在夜間蒙指示的景象，使我深受感動。好像有一個非常大的運動——一種奮興的工作——在多處進行著。我們的教友們正在加入行列，響應上帝的號召。我的弟兄們啊，主正在向我們說話。我們豈不應該聽從祂的呼召嗎？我們豈不應將手中的燈剔淨，行事為人猶如那等待自己的主來臨的人嗎？

「回家吧！」

基督的降臨較比我們初信的時候，更迫近了。善惡的大鬥爭已臨近結束了。上帝的刑罰已降在地上。我們聽到嚴重的警告，說：「所以，你們也要預備，因為你們想不到的時候，人子就來了。」（太24：44）

我們正生活於這世界歷史的結局之中。預言正在迅疾地應驗著。寬容的時日行將告終。我們再沒有時間——片刻時間也沒有——可浪費的了。但願我們不要在看守的崗位上打盹睡覺；但願沒有人在心裏或從他的行為表示說：「我的主人必來得遲。」（太24：48）但願基督即將復臨的信息，要以誠懇警告的話語傳揚開來。

主快要來臨了，我們務須預備妥當安然迎接祂。但願我們決心盡力將光亮分與我們四周的人。我們不要憂愁，乃要快樂，時常將主耶穌擺在面前。祂快要來臨了，我們務必預備妥當，等候祂的顯現。唉，看見祂來，得蒙悅納作祂救贖的群眾，這是何等樣的光榮啊！我們雖然等候已久，但我們的希望卻並不漸漸暗淡。只要我們能看見主的榮美，我們就必永遠享福了。我覺得我必須高呼「回家吧！」基督有能力有大榮耀的降臨，來接祂的贖民到他們永遠的家鄉去的時候快到了。

我們等待救主的復臨日子已久了。雖然如此，但應許仍然可靠。不久我們就要進入所應許的家鄉。在那裏耶穌要引我們到那從上帝寶座流出來的生命水旁，為我們解明，祂在此世為何讓我們經驗黑暗，乃是藉此使我們的品格完美無疵。在那裏我們要以清晰的視力觀看復原後伊甸園的美。我們要將救贖主放在我們頭上的冠冕擺在祂的腳下，彈奏著我們手裏的金琴，使整個天庭都洋溢著對坐寶座者的讚美之聲。

馬太福音

25：34

於是王要向那右邊的說：「你們這蒙我父賜福的，可來承受那創世以來為你們所預備的國。」

DEC
13
十二月十三日

哥林多
前書

3：14

人在那根基上所建造的工程若存得住，他就要得賞賜。

何等的賞賜

當忠心的工作者聚集在上帝和羔羊的寶座前時，他們要得到的賞賜該是何等的榮耀呢！約翰在肉身中看見上帝的榮耀就仆倒在地，像死了的人一樣，因他受不住所見的景象。但在上帝的兒女們披上了不朽生命之後，他們卻要「見祂的真體。」（約壹3：2）他們必站立在寶座前，在愛子裏得蒙悅納。他們所有的罪孽都已塗抹了，一切的過犯也都撤去了。現在他們可以觀看上帝寶座燦爛的榮光。他們曾與基督同受苦難，他們曾與祂在救贖計劃上一同工作，而且他們也與祂同享在上帝國裏蒙救之人的喜樂，在那裏讚美上帝直到永永遠遠。

當那日蒙救贖的人要煥發著聖父聖子的榮光。天使也彈著他們的金琴，迎接大君王和祂的戰利品。凱旋的歌聲宏亮，洋溢於全天庭之中。基督已經得勝了。祂帶著祂救贖的群眾走進天庭，這些人就證明祂受苦犧牲的使命並非枉然。

世上寄居的客旅在那裏安家。有禮服供給義人，他們還有榮耀的冠冕和勝利的棕樹枝。那在上帝允許的情況下，曾經困擾我們的一切，在將來的世界中都必說明清楚。難以瞭解的事那時都必得到解釋，恩典的奧祕都必展露在我們的眼前。我們這有限的智力，看到的只是混亂和不能實現的應許，將來我們必認為是十全十美和諧的。我們必明白，無限慈愛的主命定要給我們那些似乎難堪的經驗。我們既確認那位使萬事都互相效力，叫我們得益處之主親切的眷顧，心中就有莫可言喻而滿有榮光的大喜樂了。

我奉勸諸位要預備迎接那位駕雲降臨的基督，也要預備受審判，在基督降臨時，所有相信祂的人都要羨慕祂，那時希望你們也在那班安然迎接祂的人群中。

基督在榮耀裏顯現

DEC
14
十二月十四日

這時人要聽見上帝的聲音從天庭發出，宣告耶穌降臨的日子與時辰，並將永遠的約交給祂的子民。祂説話的聲音傳遍地極，像震動天地的雷轟一樣。上帝的以色列人站在那裏側耳傾聽，定睛望天。他們的臉上煥發著祂的榮耀。

不久之後，在東方出現一小塊黑雲，約有人的半個手掌那麼大。上帝的子民知道這就是人子的兆頭。他們肅靜的舉目注視，那雲彩越臨近地面，便越有光輝，越有榮耀，直到它變成一片大白雲，它底下的榮耀好像烈火，其上則有立約之虹。耶穌駕雲前來，作為一位大能的勝利者。……有不可勝數的大隊聖天使，歡唱天國的聖歌護送著祂。穹蒼似乎充滿了他們發光的形體，他們的數目有「千千萬萬」之多。人類的筆墨無法描述這種情景，屬血氣的人也不能想像到那輝煌的場面。

義人要戰兢説：「誰能站立得住呢？」天使的歌聲止息了，隨即有一刻的可怕沉寂。然後，主耶穌開口説：「我的恩典夠你用的。」於是義人的容貌煥發起來，他們心中洋溢著喜樂。當天使再臨近地面的時候，他們便以更悠揚嘹亮的聲音重新歌唱。

萬王之王四圍發著烈火駕雲降臨了。天就被捲起來像書卷一樣，地在祂面前顫動，各山巔海島都被挪移開本位。惡人寧願被埋在山巔和岩石之下，而不願與他們所藐視所拒絕的主見面。那些想要除滅基督和祂忠誠之民的人，這時要見到那加在他們身上的榮耀。惡人要在恐怖惶惑之中聽見聖徒歡樂的歌聲説：「看哪，這是我們的上帝；我們素來等候祂，祂必拯救我們。」（賽25：9）

馬太福音

25：31

當人子在祂榮耀裏、同著眾天使降臨的時候，要坐在祂榮耀的寶座上。

戰勝死亡

上帝兒子的聲音要把睡了的聖徒喚醒起來。他們要從死亡的監牢中出來，身上披著不朽的榮耀，呼喊著說：「死啊！你得勝的權勢在哪裏？死啊！你的毒鈎在哪裏？」（林前 15：55）

活著的義人要在「一霎時，眨眼之間」改變。上帝的聲音已使他們得榮耀，現在他們要變為不朽的，且要與復活的聖徒一同被提到空中與主相遇。

在進入上帝的聖城之前，救主要把勝利的徽號賜給跟從祂的人，並將王室的標記授與他。耶穌要親自用右手把冠冕戴在每一個得救的人頭上。每一個人都有一頂冠冕，上面刻著自己的「新名」（啟 2：17）和「歸耶和華為聖」的字樣，有勝利者的棕樹枝和光亮的金琴交在每一個人的手中。當司令的天使帶頭奏樂時，人人的手便要巧妙地撥動琴弦，發出和諧嘹亮的甜美音樂。各人心中洋溢著莫可言宣的歡樂熱情，一齊揚起感恩的頌讚。

在得贖的群眾面前有聖城出現。耶穌便打開珍珠的門，使謹守真理的國民進去。隨後有聲音發出，這聲音比人類耳朵曾經聽過的任何音樂更甜美，說：「你們的爭鬥終止了。」「你們這蒙我父賜福的，可來承受那創世以來為你們預備的國。」

救主曾為門徒禱告說：「願你所賜給我的人也同我在那裏。」這禱告此時便應驗了。基督要把自己寶血贖回的，「無瑕無疵、歡歡喜喜站在祂榮耀之前」（猶第 24 節）的人獻給天父。奇哉，救贖之愛！當無窮之父垂看這些蒙贖的子民，並在他們身上看見自己的形像時……那將是何等快樂的時辰啊！

帖撒羅尼迦前書

4：16 － 17

因為主必親自從天降臨，有呼叫的聲音和天使長的聲音，又有上帝的號吹響；那在基督裏死了的人必先復活。以後我們這活著還存留的人必和他們一同被提到雲裏，在空中與主相遇。這樣，我們就要和主永遠同在。

永遠的喜樂

基督頭一次到這世上來，祂存心謙卑，毫不引人注目，而且祂在此世所度的也是一種痛苦貧窮的人生。但祂第二次來時一切都必改變了，人們必看到祂不是被一群亂民所圍住的囚犯，而是天國的大君王。基督必在祂自己的榮耀，天父的榮耀，和眾聖天使的榮耀中降臨。有千千萬萬的天使，和上帝俊美而意氣昂揚的眾子，帶著超卓的可愛與榮耀，沿程護送著祂。祂頭戴榮耀的冠冕——冠上加冠，取代那荊棘的冠冕。祂不再穿那古老的紫色袍子，而是身穿極其潔白的衣服，「地上漂布的，沒有一個能漂得那樣白。」（可9：3）在祂衣服和大腿上，有名號寫著說：「萬王之王，萬主之主。」

對於所有忠心跟從祂的人，耶穌曾經作過他們的同伴和知己的好友。他們生活為人經常與上帝有親密的交往。主的榮光也曾出現照耀他們。那顯在耶穌基督臉上的，有關上帝榮耀知識的光輝，也曾從他們身上反射出來。現在他們在大君王威嚴輝煌的榮耀光中歡喜快樂。他們已經準備妥當，參與天國的社交，因為他們已有天國在心裏了。

他們挺身昂首，有公義日頭明亮的光線照在身上，心中歡喜快樂，因為得贖的日子已臨近了，他們便出去迎接新郎。

過不多時，我們就要眼見君王的榮美。過不多時，祂要擦去我們一切的眼淚。於是有無數的聲音要歌唱，說：「看哪，上帝的帳幕在人間。祂要與人同住，他們要作祂的子民。上帝要親自與他們同在，作他們的上帝。」（啟21：3）

「親愛的弟兄啊，你們既盼望這些事，就當殷勤，使自己沒有玷污，無可指摘，安然見主。」（彼後3：14）

以賽亞書

35：10

耶和華救贖的民必歸回，歌唱來到錫安；永樂必歸到他們的頭上；他們必得著歡喜快樂，憂愁歎息盡都逃避。

DEC
17

十二月十七日

終於到家了

如果你喜歡世界上動人的美麗景物時，你當想想那未來的世界，那裏永遠不再有罪惡和死亡的傷害；那裏大自然的外觀再也不會帶有咒詛的陰影。想像一下那得救之人的家鄉，並要記住：那裏的榮美遠過於你最超卓的想像所能描述的。我們從大自然中上帝賜予的各種恩物上所窺見的，不過是祂榮耀的最小的光輝而已。

再過不久天國的門將要開啟，容許上帝的兒女進入。而且有從榮耀之王的口中所發的祝福，在他們聽來有如極美妙的音樂，說：「你們這蒙我父賜福的，可來承受那創世以來為你們所預備的國。」（太25：34）那時，得蒙救贖的人要受到歡迎，進入耶穌為他們預備的家鄉。

我看見耶穌引領得贖的群眾到聖城的門口那裏去。祂手扶著城門，將它從閃光的鉸鏈上推開，囑咐那曾持守真理的國民進來，城裏的一切事物甚是悅目，到處可見的都是豐盛的榮耀。耶穌看著祂蒙贖的聖徒，他們的臉面煥發著榮光，而當祂慈愛的眼目定睛望著他們時，祂便以祂美妙音樂似的聲音說：「我看見自己勞苦的功效，便心滿意足了。這裏的榮耀全都是你們的，直到永永遠遠。你們的憂傷盡都終止了。不再有死亡，也不再有悲哀哭號，也不再有疼痛了。」

言語無法形容天國的榮美。這景象在我眼前出現時，我便詫異萬狀。這超卓的輝煌和極其美妙的榮耀景象，不禁讓我為之驚歎，便放下筆而大聲說：「這是何等的愛，何等不可思議的愛啊！」最高雅的言辭都不足以描述天國的榮耀，或救主無比深切的愛。

哥林多
前書

2：9

如經上所記：「上帝為愛祂的人所預備的是眼睛未曾看見，耳朵未曾聽見，人心也未曾想到的。」

恢復伊甸樂園

DEC
18
十二月十八日

人類被趕出樂園之後，伊甸園還留在地上一段很長的時期（見創4：16），墮落的人類還可以瞻望無罪的家鄉。只是進口之處有天使把守著。上帝的榮耀顯現在有基路伯守護著的樂園門口。亞當和他的子孫常來到這裏敬拜上帝。他們在這裏重新立約要遵守上帝的律法，他們被趕出伊甸園，原是犯了這律法。及至罪惡的洪流氾濫全地，世人的邪惡決定了他們被洪水毀滅的厄運時，當初栽植伊甸園的上帝就把它從地上收回去了。但是到了復興的日子，當新天新地出現的時候，伊甸園必要恢復，並妝飾得比起初更加美麗。

那時，那些遵守上帝誡命的人，主必將上帝樂園中生命樹的果子賜給他吃（見啟2：7；21：1；22：14）。而且在永恆的年日中，那些無罪的居民，必要在樂園中看到上帝完美的創造之工的樣本，其中毫無罪惡和咒詛的影響。這讓我們明白，起初人類若履行了創造主的榮耀計劃，則全地所呈現的光景是何等的佳美。

亞當最初的權力得到恢復。亞當喜出望外地看到從前所喜愛的樹木，這些樹上的果子是他在無罪而快樂的日子中所摘取吃用的，他見到自己親手修理過的葡萄樹，和自己所曾愛護的花卉。他的思想體會到了當前的現實，他認明這確是恢復的伊甸園。

蒙救贖的子民要吃那久已失落的伊甸園中之生命樹的果子，就漸漸長成人類起初時所有的身量。罪的咒詛所留下的殘痕餘跡都要完全消除，基督忠信的子民要顯現在「我們上帝的榮美」中（詩90：17），在意識、心靈和身體三方面反照耶和華完全的形像。唉！奇哉救恩！久被人所談論，久為人所仰望，久被人用熱切的心情默想，但始終不為人所完全領會。

啟示錄

2：7

得勝的，我必將上帝樂園中生命樹的果子賜給他吃。

一切痛苦終止了

在天國的氣氛中，疼痛不會存在。在蒙救贖者的家鄉絕沒有眼淚，沒有出殯的行列，沒有哀悼的表徵。「城內居民必不說：『我病了』；其中居住的百姓，罪孽都赦免了。」（賽33：24）豐盛的喜樂之感會愈來愈強。

時候到了，自從那發火焰的劍把始祖逐出伊甸園後，聖潔的義人所長久渴望的「上帝之民被贖」（弗1：14）已經到了。這最初賜給人類作為國度，後來被人出賣到撒但手中，而被他長久佔領的地球，現在已被偉大的救贖計劃贖回來了。那因罪惡而喪失的一切都被恢復了。上帝當初創造地球的目的現在已經實現了，這地要作為贖民永遠的家鄉。

「曠野和乾旱之地必然歡喜；沙漠也必快樂；又像玫瑰開花。」「松樹長出，代替荊棘；番石榴長出，代替蒺藜。」（賽35：1；55：13）「豺狼必與綿羊羔同居，豹子與山羊羔同臥；……小孩子要牽引牠們。」「在我聖山的遍處，這一切都不傷人，不害物。」（賽11：6，9）

要留作記念的只有一件事：我們救贖主被釘十字架的傷痕要永遠存在。罪惡殘忍工作的唯一痕跡，救是救主受傷的頭，刺破的肋旁，被釘的手腳。

善惡的大鬥爭結束了，罪與罪人也不再有了。全宇宙都是潔淨的，在廣大宇宙之間，跳動著一個和諧的脈搏。從創造萬物的主那裏湧流著生命，光明和喜樂，充滿這浩大無垠的宇宙。從最小的原子到最大的世界，一切有生和無生之物，都在他們純潔的榮美和完全的喜樂上，宣揚上帝就是愛。

啟示錄

21：4

上帝要擦去他們一切的眼淚；不再有死亡，也不再有悲哀、哭號、疼痛，因為以前的事都過去了。

伊甸生活的恢復

在天國我們還要做事。得贖並不是要我們遊手好閒的休息。

在新天新地中，得贖之民要從事那最初使亞當、夏娃得到幸福的事業與娛樂。他們要度伊甸園的生活，就是田園的生活。在那裏，每種能力必得到發展，每項才幹也有所增長。最偉大的事業要進行，最崇高的志向要達到，最卓越的願望也必實現。然而同時必出現新的高峰攀登，新的奇蹟要讚賞，新的真理要明瞭，新的目標讓人發揮體力、智力和靈力。

「祂的僕人都要事奉祂。」（啟22：3）地上生活乃是天上生活的開端，地上的教育乃是明瞭天上一切原理的初步，此世的畢生事業乃是來世畢生事業的訓練。我們現今在人格和神聖的服務上的成就，都是我們將來情況的預示。

「正如人子來，不是要受人的服事，乃是要服事人。」（太20：28）基督在地上作的工，也是祂在天上作的工；我們在地上與祂同工所獲的報償，就是有更大的能力和機會，能以在來世與祂同工。「所以耶和華說：『你們是我的見證。我也是上帝；』」（賽43：12）我們在永生中仍必如此。

在我們這受罪惡限制的地上生活中，最大的喜樂和最高的教育就是服務他人。到了將來，不受有罪性的限制束縛時，我們能得到的最大喜樂和最高的教育，還是在於服務，就是作見證，而且在作見證之時，仍能不住地重新學習「這奧祕……有何等豐盛的榮耀，就是基督在你們心裏成了有榮耀的盼望。」（西1：27）

以賽亞書

65：21 — 22

他們要建造房屋，自己居住；栽種葡萄園，吃其中的果子。他們建造的，別人不得住；他們栽種的，別人不得吃；因為我民的日子必像樹木的日子；我選民親手勞碌得來的必長久享用。

DEC
21
十二月二十一日

永遠的福樂

耶穌在世工作的時候，祂的大部分時間是在戶外。祂的教訓大部分也是在野外講的。

詩篇

16：11

你必將生命的道路指示我。在你面前有滿足的喜樂；在你右手中有永遠的福樂。

聖經上稱得救之人的基業為「家鄉」（來 11：14 － 16）。那裏有天上的好牧人，領祂的群羊到活水的泉源。生命樹要每月結果子，其上的葉子要供給萬民使用。湧流不竭的清泉，明淨如同水晶，河邊綠葉成蔭，使那為上帝救贖之民所預備的道路更為清幽。廣大無垠的平原一直伸到榮美的山麓之下，那裏有上帝的聖山，高峰聳立。上帝的子民，就是那些長久飄流的客旅，要在那寧靜的平原上，和生命水的河岸邊，找到他們的家鄉。

聖經告訴我們，天國有探尋不盡的財富和永存的珍寶。世人有很強的渴望要尋求快樂的嚮往，而聖經也認同這種嚮往，並告訴我們，全天庭要與人的努力合作，使人得到那真正的幸福。聖經啟示出基督賜給人類平安的條件。它描述到那一個永遠光輝而幸福的家鄉，在那裏永遠不再有眼淚和貧乏。

但願我們地上家鄉的一切美物，使我們想像到天國家鄉那水晶般的河流和蔥翠的田園，那搖曳生姿的高樹與活水的泉源，那光明的聖城和身穿白衣的歌隊，就是那美術家所不能繪畫，人間言語所不能形容的榮美世界。

永遠居住在這蒙福之人的家鄉，在身、心、靈方面表現的，並不是罪惡與咒詛的黑暗，而是我們創造主全備的形像，並得以世世無窮在智慧、知識與聖潔各方面有不住的長進。常常探究新的思想，發現新的奇事與新的榮美。常常在感應、享受和愛好的各方面有長進，同時也明白在前面仍有喜樂、愛、與無限的智慧，這一切就是基督徒所盼望的目標。

護衛的天使

DEC
22
十二月二十二日

到我們能憑永生的眼光看出上帝的旨意時，我們就能明白人是怎樣得蒙天使的照顧和保護。天上的眾生積極地參與人間的事務。他們曾穿著光耀如閃電的衣袍顯現；他們也曾穿著旅客的衣服，裝成人的樣式，他們曾接受人的招待；也曾引領迷路的人。

雖然世上的執政者並沒有察覺，但天使已經在他們的會議中作了發言人。人類的眼睛曾經看到過他們，人類的耳朵也曾傾聽過他們的懇求。在會議廳和法庭中，天上的使者曾為那遭受迫害和壓迫的人提出抗訴。他們曾打擊過有害於上帝兒女的計謀，也阻止過那使他們受苦的禍患。在將來天國的學校中，這一切的事都要向我們啟示明白了。

每一蒙贖之人必明瞭天使在他一生中的服務。那從他最幼小的時候起就保護他的天使，那保守他的腳步，在患難之日掩護他的天使；那在死亡的幽谷中與他同在，標明他的墳墓，並在復活之晨首先迎見他的天使，我們將會與他談話，並從他那裏得知上帝怎樣掌管人的生活，怎樣在人類歷史中與人合作，這該是何等快樂的事啊！

每個人，只要有上帝的聖言在手中，便可隨時與上帝交往。他可以住在此世，卻置身於屬天的氛圍中，每天逐漸接近永存世界的門，直到那門開了，他便可以進去。他會發覺自己不是陌生人，那歡迎他的聲音，乃是他在地上眼不可見之同伴，陪伴他之天使的聲音，這些聲音是他在世界上已經認識而且愛好的。凡藉著上帝的聖言與天國相交的人，將來置身於天國友伴之中，就必有如歸故鄉之感。

馬太福音

18：10

你們要小心，不可輕看這小子裏的一個；我告訴你們，他們的使者在天上，常見我天父的面。

天國的學校

天庭是一所學校，宇宙乃其研究的範圍，無窮之主乃為教師。這所學校曾在伊甸園設立一間分校，及至救贖計劃完成之後，教育工作又將在伊甸園學校中重行開始。

在最初設立於伊甸的學校與來生的學校之間，存在著這世界的全部歷史——就是人類犯罪受苦，以及耶穌犧牲與得勝死亡及罪惡的歷史。那第一所伊甸學校中的一切，在來生的學校中並不盡有。在那裏必不再有分別善惡的樹，使人有遭遇試探的機會。那裏不再有那試探人的，也沒有行惡的可能。各人都曾抗拒過罪惡的試探，再不至受它能力的影響了。

在那裏，當那遮蔽我們視線的黑幕被揭開，我們的眼目得見那現今只能從顯微鏡中看到的美麗世界時，當我們看到那現今只能從望遠鏡中看到的諸天榮耀時，當罪的傷痕被除去，全地都顯出「我們上帝的榮美」時，我們要學習的，將會是何等廣大啊！研究科學的人可以在那裏研讀創造的記錄，卻不會使人回憶起罪惡。他也可以聆聽自然的音樂，卻聽不見什麼悲鳴與憂傷的調子。在一切受造之物中，他只能看見一樣筆跡，就是在全宇宙中的上帝的名號，在地上、海裏或空中，必不再有任何罪惡的記號存留。

凡在此世盡力達到最高成就的人，必將這些有價值的造詣帶到來生。他們已經致力並尋得了永不毀壞之物。那賞識「眼睛未曾看見，耳朵未曾聽見」諸榮耀的可能性，要與今生對各種天賦所有的修養成正比。

以賽亞書

54：13

你的兒女都要受耶和華的教訓；你的兒女必大享平安。

基督仍為我們的導師

將來人重新到上帝面前，就必如同太初一般受上帝的教訓。我們根本不知道，將要展開在我們面前的諸事是怎樣的，我們要與基督同在生命水旁行走。祂要向我們展示大自然的榮美。祂也要啟示祂和我們的關係。現在我們因肉身的限制而不能明白的真理，將來我們必定會明白。

在那將要來的世界裏，基督要引導得救的群眾，走在生命河的河邊並教訓他們奇妙的真理。祂要向他們啟示大自然的奧祕。他們必曉得有一雙全能的手托著世界，使之不離原位。他們要觀看那位偉大的藝術家，如何把顏色加給田間的花朵，學習那位支配著每道光線的仁慈天父的旨意，此後聖天使和蒙救贖的人要藉著感謝報恩的詩歌，讚美上帝對這忘恩負義的世界所顯出的慈愛。

在那裏，學者必有廣大無窮並豐富的歷史可供研究。罪惡的起始，欺詐陰險的虛偽行為，那始終不離正路而最終獲勝的真理——這一切的歷史將來都必顯明。那隔絕能見的和不能見之世界的簾幕被揭開之後，許多奇妙的事就必顯明出來。

我們將以說不出來的音樂，得到未曾墮落之生靈的快樂與智慧。我們將要分享世代以來默想上帝的作為而得的珍寶。而且隨著永恆的歲月運轉不息，將會給我們帶來更榮耀的啟示。上帝賦予人的恩賜必存到永永遠遠，「充充足足地成就一切，超過我們所求所想的。」（弗3：20）

我們在地上學習的每一正當的原理和真理，都必使我們在屬天的學校有同樣的長進。我們在世界上必須受教，預備我們世世無窮與上帝同居。在這裏所開始的教育，將在天國裏變得完美，到那裏，我們只不過是高升了一級。

以賽亞書

52：6

所以，我的百姓必知道我的名；到那日他們必知道說這話的就是我。看哪，是我！

我們的課程

我們當憑著信心展望將來，並緊握住上帝的應許，在智力上增長，使人性的本能與神能相聯合，並使心靈全部的能力與眾光之源取得直接的聯絡。我們也當歡喜，因為那在上帝美意中曾使我們感到困惑的事，到那時都要瞭如指掌，難以瞭解的事也都得到解答。

凡存著不自私之精神而工作的人，必目睹自己工作的果效，也必看見真正原理與高尚行為所有的成果。我們在今世雖可看到一些這樣的成果，但世上最高尚的行為，能在今世向人顯明出來的，該是何等的微小！那不知感激與無力報答之人所作無私不倦的操勞，又是何等的多！有許多父母和教師到了彌留之際，覺得畢生的事業全是徒然的，殊不知他們自己的忠心，已開啟了永流不竭的福源，他們唯有憑著信心看見自己所訓練的兒童，成為造福人群與感化眾生的人，而所留的影響必一再擴大至千倍之多。有許多工作的人向世人傳揚帶給人能力、希望和勇氣的信息，宣佈一些將福樂帶給各地之人的話語，但他們工作的效果，卻是他們獨自在默默無聞中工作時所很少知道的。他們把禮物給了，負了重擔，辛苦操勞了。人們撒了種子，但死後卻有人獲得豐盛的收成。他們栽種樹木，別人得享用果實。他們知道自己在世發動了向善的動力，就心滿意足了。到了來生，這一切的行為及其結果都必彰顯出來。

上帝所賜的每一項恩賜，引領人作的每一種不自私的努力，在天上都有記錄。追溯這延伸廣闊的記錄，目睹因我們的努力被提高的人，在歷史中看出真原則的成果，這便是天上學校中所要研究的，並得到報償的。

哥林多
前書

13：9－10

我們現在所知道的有限，……等那完全的來到，這有限的必歸於無有了。

探究宇宙

「我們如今彷彿對著鏡子觀看，模糊不清。」自然界和主對待世人的作為好像一面鏡子，我們在其中模糊地看到上帝的形像；但將來我們都要面對面與祂相見，當中再沒有隔閡。

上帝所親自培植在人心中的友愛和同情，將要最切實最甜蜜的發揮出來。與眾聖者純潔的交通，與快樂的天使和歷代以來用羔羊的血洗淨衣服的忠心的聖徒的社交生活，以及那使「天上地上的各家」（弗3：15）團結一致的神聖關係，這一切就是得贖之民的幸福所在。

在那裏，永遠不衰殘的心智要因思考創造之能的奇妙和救贖之愛的奧祕，得到無窮的喜樂。再沒有殘忍詭詐的仇敵來引誘人忘記上帝。宇宙的全部寶藏都要開啟，讓上帝救贖的子民去研究。他們不再受必死亡之身體的捆綁，卻要展開不知疲倦的翅膀，一直飛翔到天外的諸世界，那些世界上的居民，曾看見這個世界上的人類的禍患，並為他們憂傷驚懼，也曾因聽到世人得救的喜訊而歡唱。他們要以清晰的目光觀察創造物的榮美——就是千千萬萬的太陽、星辰和天體，都環繞著上帝的寶座，在指定的軌道上運行。在萬物之上，從最小到最大，都寫有創造主的尊名，都顯示祂豐盛的權能。

永恆的歲月，要帶來有關上帝和基督的更豐盛更光榮的啟示。知識是怎樣發展的，照樣，愛心、敬虔和幸福也要增進。人越認識上帝，就越要欽佩祂的品德。當耶穌向人闡明救恩的豐盛，以及祂與撒但的鬥爭中所有驚人的成就時，得贖之民便要以更熱切的忠誠事奉祂，並以更熱烈的喜樂彈奏手中的金琴，億萬的聲音要一同歌頌讚美。

哥林多
前書

13：12

我們如今彷彿對著鏡子觀看，模糊不清，到那時就要面對面了。我如今所知道的有限，到那時就全知道，如同主知道我一樣。

與耶路撒冷同樂

新耶路撒冷是這榮美新世界的京都。在「耶和華的手中要作為華冠，在你上帝的掌上必作為冕旒。」（賽62：3）「城中有上帝的榮耀；城的光輝如同極貴的寶石，好像碧玉，明如水晶。」「列國要在城的光裏行走；地上的君王必將自己的榮耀歸與那城。」（啟21：11；21：24）「上帝的帳幕在人間。祂要與人同住，他們要作祂的子民。上帝要親自與他們同在。」（啟21：3）

在上帝的城中，「不再有黑夜」。沒有人再需要或希望休息。在奉行上帝旨意並頌揚祂聖名的事上，是不會疲倦的。我們必長久享有早晨清新的精神，「他們也不用燈光、日光，因為主上帝要光照他們。」（啟22：5）太陽要被一種比現今正午的日光更輝煌的光芒所勝，但它並不令人眼花目眩。上帝和羔羊的榮耀使聖城充滿永不熄滅的光榮。那裏永遠是白晝，得贖之民要在沒有太陽的榮光之中行走。

先知在異象中，見到那些戰勝了罪惡與死亡的人，這時都歡然侍立在他們的創造主面前，自由自在的和祂交談，猶如人類在起初與上帝交談一樣。主吩咐他們說：「你們當因我所造的永遠歡喜快樂；因我造耶路撒為人所喜，造其中的居民為人所樂。我必因耶路撒冷歡喜，因我的百姓快樂；其中必不再聽見哭泣的聲音和哀號的聲音。」「城內居民必不說：『我病了』；其中居住的百姓，罪孽都赦免了」（賽65：18－19；33：24）

當先知見到得贖之民住在上帝的聖城中，完全脫離了罪惡和一切咒詛的痕跡時，他就喜出望外的讚歎說：「你們愛慕耶路撒冷的都要與她一同歡喜快樂；你們為她悲哀的都要與她一同樂上加樂。」（賽66：10）

啟示錄

21：2

我又看見聖城新耶路撒冷由上帝那裏從天而降，預備好了，就如新婦妝飾整齊，等候丈夫。

永遠的安全

DEC
28
十二月二十八日

救贖大計劃的結果，就是使世人完全重得上帝的眷愛。一切因罪而喪失的都恢復了。不但人類得了救贖，就是地球也被救贖，作順從之人永久的居所。六千年來，撒但曾掙扎著要保持對地球的所有權。如今，上帝起初創造地球的旨意成全了。「至高者的聖民，必要得國享受，直到永永遠遠。」（但7：18）

「從日出之地到日落之處，耶和華的名是應當讚美的！」（詩113：3）「我學了你公義的判語，就要以正直的心稱謝你。我必守你的律例；求你總不要丟棄我！」（詩119：7－8）撒但所仇視所打算破壞的神聖律法，也要為無罪的全宇宙所尊重。

上帝的政府，藉著基督救贖的工作，便顯為公義了。「全能者」也被公認為慈愛的上帝。撒但的誣告被駁倒，他的品格也被揭露了。反叛永不能再起。罪惡永不能再進入宇宙。千秋萬世，再也沒有反叛的可能了。天上地上的居民，藉著出於愛的自我犧牲，與他們的創造主結成永不分離的關係了。

救贖的工作必要完成。只是罪在哪裏顯多，上帝的恩典就在哪裏更顯多了。地球就是撒但所說凡屬於他的地，不但要被贖回，而且還要受尊榮。我們這個小小的世界，在罪惡的咒詛之下，曾經是上帝光榮創造中的唯一污點，卻要得著尊榮，超乎上帝宇宙中的其他諸世界。上帝的兒子曾披著人性住在這裏，榮耀之君曾在這裏生活、受苦、受死；當祂將萬有更新之時，上帝的帳幕要設在人間，「祂要與人同住，他們要作祂的子民。上帝要親自與他們同在。」（啟21：3）在永遠無窮的世代中，當被贖之民在上帝光中行走之時，他們將因上帝所賜無可形容的「恩賜」而讚美祂，向祂歡呼：以馬內利——「上帝與我們同在。」

撒迦利亞書

14：9

耶和華必作全地的王。那日耶和華必為獨一無二的，祂的名也是獨一無二的。

完全的報償

上帝的忍耐是不可思議的。祂等了很久，要讓憐憫勸化罪人，但是「公義和公平是祂寶座的根基。」（詩97：2）世人在干犯上帝律法的事上已變得更膽大妄為了。由於祂的長久忍耐，世人竟敢蹂躪祂的權威。其實有一條界線他們不能越過的，他們即將達到那個限度了。就是現在，他們也已經幾乎越過了上帝忍耐的界限，就是恩典和憐憫的限度。主將要辯明自己的尊榮，解救祂的子民，並遏制邪惡的膨脹。

在這罪惡橫行的時代，我們知道最後的危機已經近了。正當侮蔑上帝律法的風氣幾乎普及全球，而祂的子民被世人壓迫苦害的時候，主就必出面干預。

「那時，保佑你本國之民的天使長米迦勒必站起來，並且有大艱難，從有國以來直到此時，沒有這樣的。你本國的民中，凡名錄在冊上的，必得拯救。」（但12：1）從閣樓裏，從茅屋中，從地窖裏，從苦刑架上，從山谷和曠野中，從地洞和海底裏，基督要將自己的子民聚攏來。上帝的兒女曾被世人所組成的法庭宣判為最可惡的罪魁。可是「上帝是施行審判的」日子近了（詩50：6）。那時世上所作的判決要被推翻。祂要「除掉普天下祂百姓的羞辱。」（賽25：8）將有白衣賜給他們各人。

上帝的兒女，不論他們曾經奉召背負過怎樣的十字架，不論他們曾經受過怎樣的損失，不論他們曾經遭遇過怎樣的逼迫，甚至喪失了暫時的生命，他們終必得著充分的報償。他們「也要見祂的面。祂的名字必寫在他們的額上。」（啟22：4）

希伯
來書

10：35 — 37

所以，你們不可丟棄勇敢的心；存這樣的心必得大賞賜。你們必須忍耐，使你們行完了上帝的旨意，就可以得著所應許的。因為還有一點點時候，那要來的就來，並不遲延。

務要仰望

DEC
30
十二月三十日

上帝的教會在與罪惡作長久爭鬥的最黑暗的日子中，曾得到有關耶和華永恆旨意的各項啟示。祂的子民得蒙許可，越過當前的試煉，展望到了將來的勝利。那時戰爭已終止，贖民必將承受應許之地。上帝親手所描述的這些未來榮耀的遠景，應當被祂今日的教會所珍視，因為那歷代的鬥爭迅將結束，而應許的福樂不久也將充分地實現。

這一切有關即將來臨之大事的描述，對我們這班已接近事情即將實現之時刻的人，該具有何等深重的意義，也是該予以何等熱烈的關切啊，這些大事也是我們的始祖掉轉腳步離開伊甸園以來，上帝的兒女所經常警醒等候和祈求的啊！

同行天路的客旅啊！我們現今固然仍處在陰影和擾亂之中，但我們的救主不久就要顯現，帶來拯救和安息。但願我們憑著信心仰望上帝親自描述的幸福來生。那位為世人的罪而捨命的主，現今正在為一切相信祂的人打開樂園的門戶。不久戰爭就要結束，勝利就必得到。我們很快就必見到永生希望所寄的主。而在祂的面前，今生一切的試煉與苦難都不足介意了。以前的事「不再被記念，也不再追想。」「所以你們不可丟棄勇敢的心，存這樣的心必得大賞賜。你們必須忍耐，使你們行完了上帝的旨意，就可以得著所應許的。因為還有一點點的時候，那要來的就來，並不遲延。」「以色列必蒙……拯救，得永遠的救恩，你們必不蒙羞，也不抱愧，直到永世無盡。」

務要舉目仰望，仰望！使你的信心不斷地增強。要讓這信心引領你行走那條窄路，穿越城門，直通到偉大的將來，就是贖民要享受的廣闊無涯的榮耀將來。

以賽亞書

40：1 — 2

你們的上帝說：「你們要安慰，安慰我的百姓。要對耶路撒冷說安慰的話，又向她宣告說，她爭戰的日子已滿了；她的罪孽赦免了。」

上帝的公義得到證實

大爭戰的累代延續，究竟是為了什麼原因？撒但背叛之後，為什麼還繼續令他存在呢？這是因為要使全宇宙深信上帝憑公義對待罪惡，是要使罪受永恆的譴責。在救贖的計劃中，有許多至高至深之處，是永恆的歲月所學習不盡的，也有許多的奇事是天使願意詳細察看的。在一切受造之物中，只有被贖的人才能有這經驗，可以在實際爭戰中認清罪惡；他們曾與基督同勞，和祂一同受苦，這是連天使也不能作到的。他們的經驗，難道不是對於救贖科學的最好的見證嗎？這對於未曾墮落的眾生，難道是沒有價值嗎？

「凡在祂殿中的，都稱說祂的榮耀。」（詩29：9）而且那些蒙救贖的人所要唱的歌——就是敘述他們自身經驗的歌——也必宣揚上帝的榮耀：「主上帝——全能者啊，你的作為大哉！奇哉！萬世（或譯：國）之王啊，你的道途義哉！誠哉！主啊，誰敢不敬畏你，不將榮耀歸與你的名呢？因為獨有你是聖的。」（啟15：3－4）

惡人也目不轉睛地觀看上帝聖子的加冠典禮。他們見到祂手中有神聖律法的法版，就是他們曾輕視並干犯的律法典章。在這長久鬥爭中一切有關真理與謬道的問題，現在都已顯明了。叛逆的終局和廢棄神聖律例的後果，都已在一切的受造之物面前赤露敞開了。撒但統治的結果和上帝政權的對照，已經擺在全宇宙之前。撒但的工作已經定了他自己的罪。上帝的智慧、公義和良善，現在都全然顯明了。同時也顯明：在這大鬥爭中，上帝的每一措施，都是以祂子民的永久利益，和祂的創造之諸世界的利益為前提的。這大鬥爭的全部真相既已顯明在全宇宙之前，因此無論是忠誠或是叛逆之徒，都要同聲讚揚「萬世之王啊，你的道途義哉！誠哉！」（啟15：3）

羅馬書

14：11

主說：「我憑著我的永生起誓：萬膝必向我跪拜；萬口必向我承認。」

國家圖書館出版品預行編目資料

奇妙的恩典 / 懷愛倫（Ellen G White）著；焦望新,
譯.-- 初版.-- 臺北市：時兆, 2013.11
　　　面；　　公分
ISBN 978-986-6314-43-8（精裝）

1. 基督徒　2. 靈修

244.93　　　　　　　　　　102019453

God's Amazing Grace 奇妙的恩典

| 作　　　者 | 懷愛倫（Ellen White） |
| 編 譯 者 | 焦望新 |

董 事 長	李在龍
發 行 人	周英弼
出 版 者	時兆出版社
客服專線	0800-777-798
電　　話	886-2-27726420
傳　　真	886-2-27401448
地　　址	台灣台北市105松山區八德路2段410巷5弄1號2樓
網　　址	http://www.stpa.org
電　　郵	service@stpa.org

主　　編	周麗娟
文字校對	宋道明、蔡素英、陳美如
封面設計	時兆設計中心、邵信成
美術編輯	時兆設計中心、林俊良
法律顧問	洪巧玲律師事務所　TEL：886-2-27066566

商業書店	總經銷　聯合發行股份有限公司 TEL：886-2-82422081
基督教書房	總經銷　TEL：0800-777-798
網路商店	http://store.pchome.com.tw/stpa

I S B N	978-986-6314-43-8
定　　價	新台幣420元　美金16元
出版日期	2013年11月　初版1刷